건축·교통·마을만들기를 잇다

공생의 유니버설디자인

건축·교통·마을만들기를 잇다
공생의 유니버설디자인

인쇄 2017년 5월 25일 1판 1쇄 **발행** 2017년 5월 30일 1판 1쇄

지은이 미호시 아키히로·다카하시 기헤이·이소베 도모히코 **옮긴이** 이석현·장진우
펴낸이 강찬석 **펴낸곳** 도서출판 미세움 **주소** (150-838) 서울시 영등포구 도신로51길 4
전화 02-703-7507 **팩스** 02-703-7508 **등록** 제313-2007-000133호
홈페이지 www.misewoom.com

정가 13,800원

이 도서의 국립중앙도서관 출판예정도서목록(CIP)은 서지정보유통지원시스템 홈페이지(http://seoji.nl.go.kr)와
국가자료공동목록시스템(http://www.nl.go.kr/kolisnet)에서 이용하실 수 있습니다.
CIP제어번호: CIP2017010860

ISBN 978-89-85493-17-8 93540

잘못된 책은 구입한 곳에서 교환해 드립니다.

건축·교통·마을만들기를 잇다

공생의 유니버설디자인

미호시 아키히로·다카하시 기혜이·이소베 도모히코 공저
이 석 현·장 진 우 공역

미세움

이 책의 목표와 학습도달목표

이 책의 목표와 특성은 다음과 같다.

1 건축, 교통, 마을만들기에 필요한 유니버셜디자인의 사고를 설명한 최초의 본격 입문서이다.

- □ 사진·도표·일러스트를 적극적으로 사용하여 알기 쉽고, 계획업무를 고려하여 기술자와 현장의 에피소드를 더하여 내용이 친근하도록 하였다.
- □ 토목·건축·마을만들기의 각 분야를 동시 또는 횡적으로 정리하였다.
- □ 교통공학·건축학·지역계획·도시계획·지역매니지먼트 등의 수업의 일부로서, 배리어프리·유니버셜디자인을 도입할 때 참고서가 되도록 고려하였다.
- □ 전체의 구성은 크게 3부분으로 나누어져 있는데, 전반을 개론, 후반을 필요한 기술지식의 수양, 마지막에 지속적인 개선 및 방재문제를 다루었고 전체적으로 사례를 들어 해설하였다.
- □ 공공교통·건축물·교통서비스에 인간공학·생리학에 기반한 계획·설계수법, 행정시스템을 배움과 동시에 기술자 윤리를 포함한 유니버셜디자인의 실천에 필요한 종합적 힘을 해설하였다.

2 공학계만이 아닌 문과계에도 필요한 '복지마을 만들기'의 지식을 배울 수 있다. 그 의미는 단순한 공학서만이 아닌 복지적 관점과 지식을 중시한 것이다.

3 탁상의 학습서가 아닌 창조적, 문제해결형, 체험형학습의 도구로서, 마을만들기의 퍼실리테이터, 코디네이터의 육성에 활용가능하다.

이 책에 의한 학습도달목표는 다음과 같다.

1 복지마을 만들기, 배리어프리디자인, 유니버셜디자인이 좁은 전문영역의 개별지식이 아닌 윤리성을 가진 사회만들기, 사람들의 생활 속에 폭넓게 필요한 영역이라는 점을 이해한다.

2 '마을'을 구체적으로 들여다볼 때, 복지마을 만들기, 배리어프리디자인, 유니버셜디자인의 관점에서 문제의식·문제발견·문제설정, 나아가 해결법이 고찰되도록 한다.

3 이상에 의해 발견된 계획·설계는 광범위한 분야에 걸쳐 있으며, 이를 기획하고 코디네이트하고, 실현하는 프로세스를 몸에 익힌다.

4 문과·이과와 같은 전문분야를 가리지 않고 폭넓은 지식을 배우는 태도를 가진다.

5 이 책을 양손에 들고 '마을'로 나가 걸어다니며 검증하고, 배리어프리디자인, 유니버셜디자인을 적용한 복지마을 만들기 워크숍의 코디네이터, 퍼실리테이터의 기술을 몸에 익힌다.

용어 정의와 관련해서
본 번역에서는 기본적으로 외래어표기법에 입각하여 번역을 진행했습니다.
단, 현재 국내에서 일반화되어 사용되는 용어는 그대로 적용하였습니다.
예: 마치즈쿠리 – 마을만들기
그리고 육체적으로 건강하게 생활하는 사람을 의미하는 '健常者'라는 단어는 이해를 도모하기 위해 '비장애인'으로 번역하였습니다. 여기에는 장애인을 비하하는 것이 아닌 단지 읽는 편의성만을 고려한 점임을 넓게 이해 바랍니다.
그 외의 번역은 일반적인 관례를 따랐으며, 이름과 원어 등의 고유명사는 첫 부분만 원어를 표기하고와 발음 그대로의 한글을 같이 표기하였습니다. 그 뒤로는 한글만을 표기하여 중복되지 않도록 하였습니다.

역자서문

공생의 도시를 위한 다양한 접근은 인류가 걸어나가야 할 길이다. 인류가 공동체를 구축하고 도시를 만들어 온 과정은 다양한 위험으로부터 사람을 보호하고 행복을 공유할 수 있는 환경을 구축해 온 것이었으며, 인류는 단순한 물리적 쾌적함에서부터 문화적 일체감과 정체성을 차별 없이 공유할 수 있는 요건을 다양한 도전을 통해 확대시켜 왔다. 힘과 권력, 경제적 종속관계로 구축해 온 도시의 역사는 오래 가지 못했지만, 공유하고 소통하며 배려하는 도시의 역사는 쉽게 무너지지 않았다. 마치 민주주의의 역사가 참여의 내면을 넓혀 온 것과 같이, 도시에서의 공생의 여건을 만드는 것도 생활공간에 있어 다양한 조건을 가진 사람들이 차별 없이 살 수 있는 도시환경에서의 민주주의를 만들어나가는 과정이라고 할 수 있는 것이다. 따라서 이러한 사람이 사람답게 살 수 있는 공생의 도시공간을 만들기 위해서는 같은 도시를 살아가는 사람들에 대한 배려와 이해가 필수적이며, 이는 도시의 다양한 공간에서 신체적으로 불리한 조건을 가진 사람이나 건강한 사람의 구분이 없이 쾌적하게 살 수 있는 환경을 구축해 나가는 것이 필수적이다.

국내의 도시공간도 21세기 들어 많은 변화를 겪고 있다. 무분별하게 진행되던 도시개발에서 사람과 문화를 배려한 공간조성의 움직임이 본격화되고 있고, 자연생태에 대한 배려와 안전 및 약자를 고려한 도시공간의 구축 움직임도 다양하게 이루어지고 있다. 하향식의 도시개발에서 참여를 통한 상향식 계획도 눈에 띄게 나타나고 있고, 그 속에서 약자를 고려한 도시의 환경개선도 적극적으로 이루어지고 있다. 도시외형의 결과만을 중시하던 풍조에서 제도적·환경적·문화적으로 인간 중심의 도시공간을 만들고자 하는 변화의 움직임이 이제야 도시 곳곳에서 형태를 가지고, 규칙을 가지고 나타나고 있는 것이다. 이것은 불과 10여 년 전에 보행자의 권리와 공간사용의 권위적인 억압이 만연했던 시대적 상황을 고려하면 놀라울 만한 발전이다. 보행자는 보도의 주인인 적이 없었으며 시각장애인이 거리를 감히 돌아다니기 힘들었던 상황, 또는 유모차를 끌고 겁 없이 동네를 돌아다니는 것이 불가능했던 상황을 돌아볼 때 획기적인 전환의 시기를 우리가 구상하고 있는 것이다. 그러나 … 그럼에도 이것이 아직 구현된 공간이 우리에게는 많지 않다 … 여전히 도시 곳곳은 건강하고, 빠르고, 잘 아는 사람들만의 전유물이다. 더욱이 한글을 모르고 우리 나라의 노동 현장을, 또는 새로운 사회구성원으로 참여한 그들에게는 더욱 견디기 힘든 족쇄가 곳곳에 덫처럼 놓여 있다. 이렇듯 도시에 있어서 민주주의의 길은 멀기만 하다.

적어도 분명한 사실은 있다. 최소한 10년 이상 우리가 하고자 했던 공생의 도시를 위한 도전이 결과적으로는 나쁘지 않다는 것이다. 누구나 나이가 들 것이고, 누구나 가족이 생기면 의도하지 않게 약자가 되며, 누구나 자신이 신체적 약자가 될 수 있는 상황 속에서 그러한 사람들을 배려할 수 있는 공간을 구상한다는 것은 좋은 투자이기 때문이다. 혹자는 자신이 느끼지 못하는 사회적 비용이 크다고 불평을 할 수 있다. 하지만 결국은 사회적 함의에서는 그보다 좋은 투자가치를 가진다고 판단했기 때문에 여러분들이 불평하는 그 국민의 대표들이 대행하여 결정하였을 것이다.

따라서 제도는 분명 중요하다. 규칙과 법률과 제도는 우리를 문화로 이끄는 좋은 길이다. 그것이 아니면 우리는 동물의 세계에서 크게 벗어나지 못했을 것이다. 그러기에 우리는 공생의 도시를 만들기 위한 좋은 제도를 만들고, 우리가 일상에서 밥을 숟가락과 젓가락으로 먹듯이 – 물론 포크와 나이프로 먹을 수도 있다 – 습관으로 만들어나가야 한다. 그리고 그것이 결국 우리에게 도움이 된다. 예를 들어, 우리가 도로 위를 운전하고 있을 때 뒤에서 울리는 사이렌 소리를 듣고 반응하는 것을 보라. 지금도 많이 개선해야 하지만 훨씬 더 이전에는 전혀 움직이지 않았다. 당연히 그 차선을 비켜 주어야 함에도 내가 가는 길이 바쁘지 저 사람의 생명이 나에게는 크게 중요하지 않았다. 많은 사람들에게는. 그런데 이제는 조금씩 – 법으로 벌금을 부여한 것을 정말 아쉬운 대목이다 – 변화하고 있다. 다른 사람들의 아픔을, 위급함을, 배려를 우리가 조금씩 이해하기 시작한 것이다. 그것이 문화의식의 힘이다.

공생이 그렇다.

서로가 서로를 받치는 힘이다. 추상적 힘이 아닌 위기에서 나타나는 힘이다. 그러나 정착되기까지는 그것을 이해하기 위한 제도가 필요하다. 가이드라인, 매뉴얼이 그러한 제도의 일부이다. 이 책에서 서술하고 있는 것이 바로 다른 사람의 보행과 생활을 같이 나누기 위한 아주 섬세하고 배려 있는 제도에 관한 내용이다. 생활에서 공생의 공간을 만들기 위한 자세한 설계방법이라는 지침서인 것이다.

이런 것까지 해야 할까라고 생각한다면 책을 보지 않아도 될지 모른다. 나는 혼자 살고 남과 상관없다고 생각한다면 책을 보지 않아도 될지 모른다. 적어도 … 그렇지 않다면 이것은 모두의 문제이다. 이것이 우리가 동물이 아닌 사람으로서 도시 속에서 존재하는 가치와 이유를 찾는 방법이다. 이 책도 그러한 방법의 일부이다. 적어도 일본이라는 사례를 대상으로 한. 그대에게도 도움이 된다면 거부할 이유가 없지 않은가.

도시는 디테일이다. 고집스러운 당신. 언젠가도 당신도 배려를 필요로 할 때가 올 것이고, 당신이 그렇지 않더라도 더 많은 이들이 그러한 도시를 원할 것이다. 외국인, 아이가 생긴 부모, 임산부, 노약자, 장애인, 여행객 … 당신이 여기에 해당되지 않고서 평생을 살 수 있을 것인가? 그렇지 않다면 공생의 도시는 당신의 문제이다.

이 책은 그러한 제도와 규칙의 사례이다. 우리에게 좋은 지침서가 될 것이다. 그래도 중요한 것은 배려의 마음일 것이다. 같이 준비하는 것이 더 좋은 결과를 가져올 것이다. 적어도 하나도 안 하는 것보다는.

2017년 4월

대표역자 이석현

차 례

제 1 장

개념과 전개

복지마을 만들기와 배리어프리, 유니버설디자인

핵심

1절에서는 배리어프리, 유니버설디자인, 복지마을 만들기의 의미와 관계를 이해한다. 이들은 모두 사람들이 동등한 사회참여가 가능한 노멀라이제이션(normalization) 사상에 입각하고 있다. 그리고 이러한 개념들은 상호 관계성을 바탕으로 다양한 분야에 걸친 연대적·통합적 분야라는 점을 이해해야 한다.

2절에서는 일본에서 진행된 흐름을 파악한다. 복지마을 만들기는 70년대부터 시작되었지만, 그 배경에 무엇이 있었고, 어떻게 일본의 배리어프리, 유니버설디자인이 추진되었는지 그 연혁에 대해 이해한다. 그리고 오늘날의 저출산·고령화사회 속에서 이후 어떻게 전개될 것이가에 대해서도 복지마을 만들기, 배리어프리, 유니버설디자인의 흐름으로부터 파악한다. 더불어 일본의 모델이 된 주요한 서구의 동향도 이해한다.

1 개념

1 복지마을 만들기와 배리어프리, 유니버설디자인

'복지마을 만들기'는 고령자, 장애인, 병자, 임산부 등 신체에 장애가 있어도 일반적으로 장애가 없는 사람들과 동등하게 생활할 수 있고 사회참여가 가능한(normalization) '도시'를 만드는 것이다. 따라서 그 개념은 '마을만들기'의 모든 분야에 걸쳐 있다. 복지마을 만들기는 좁은 의미로는 물리적인 시설과 공간의 장애를 없애는 것(배리어프리)이라고 할 수 있지만, 포괄적으로는 그것에 그치지 않고 모든 사람이 자기의 능력을 전면적으로 활용하여 사회참여가 가능한 체계를 하드·소프트 양면에 걸쳐 구축하는 것을 말한다(유니버설 사회만들기). 그리고 그 안에는 사람들과의 관계에서 마음의 장애가 있는 사람을 지원하고 다양한 사람들과 공존하도록 한다는 넓은 의미도 포함되어 있다. 이렇듯 배리어프리를 기초로 모든 사람을 대상으로 다면적인 복지마을 만들기를 추진하고자 하는 디자인사상을 '유니버설디자인'이라고 이해할 수 있다.

여기서 디자인이 가진 의미를 정리하고 갈 필요가 있다. 좁게는 사물의 형태와 색 등을 그리는 것이 일반적인 의미이지만, 영어의 '디자인'에는 사물의 형태와 색만이 아닌 어떤 목표를 향한 이념과 체계, 소프트 등을 창조해 나가는 행위도 포괄적으로 포함되어 있다. 따라서 이 책에서는 유니버설디자인의 용어를 상황에 맞추어 사용할 것이다.

복지마을 만들기, 배리어프리, 유니버설디자인은 근본적으로 같은 곳에 뿌리를 두고 있다. 사용하는 경우에 따른 용어로서 이해하는 것이 중요하며 이 책에서는 이 세 가지 언어의 차이를 무리해서 강조하지는 않고자 한다. 이 분야에서는 용어가 넘치고 있어

칼럼 장벽을 다면적으로 이해한다

전통적으로 장애인에게는 4개의 장벽이 있다고 본문에 서술하였지만 현실에서는 여기에 '경제적 장벽'의 영향도 크다. 경제적 장벽은 건강한 비장애인도 마찬가지지만, 장애인은 그에 비해 수입이 적은 경우가 많다는 점을 잊지 않아야 한다. 정보적 장애는 일반적으로 시각·청각 정보면에서 장벽이 많지만 현대의 정보사회에서는 정보획득의 기술이 없어서 생기는 불이익·격차의 영향도 크다. 신체적인 이유, 연령의 이유, 지각적 이유로 컴퓨터와 인터넷을 사용할 수 없는 점도 큰 장벽이다. 장애가 있기 때문에 고등교육을 받기 어려우며 결과적으로 취업의 기회가 없어지는 것이 현대의 고도기술사회에서는 장벽이 된다.
마음의 장애에 대해서는 일반적으로 사회가 가진 차별감을 의미하는 경우가 많으며, 복지마을 만들기에서는 그 제거를 '마음의 배리어프리'로 부른다. 또한 장애 당사자 자신이 스스로 마음 속에서 생기는 벽을 넘어서는 것도 장애인 운동에서는 중요하게 여겨지고 있다. 나아가 현대사회에서는 '이동성'이 중요해지고 있다. 장애로 인해 이동이 어려운 불이익이 크다는 점도 이해해야 한다.

독자들도 이해하기 어려울 수 있기에 처음부터 의미의 차이에 집착할 필요는 없다.

일반적으로 장애인에게는 물리적인 장벽, 제도적인 장벽, 정보적인 장벽, 마음의 장벽의 4가지 장벽이 있다. 이러한 장벽을 없애는 것이 배리어프리의 기본이 된다. 나아가 그것을 발전시켜 적극적으로 다양한 모든 사람들이 능력을 키워 살기 좋은 도시와 사회를 창조하는 것이 중요하다. 이것은 장애인·고령자만이 아닌 모든 비장애인의 이익과 관계된 문제이다.

한편 '장애인'은 복지분야의 행정용어이며 복지마을 만들기의 대상인 '장애인'과 일치하는 것은 아니다. '고령자'도 행정용어로는 65세 이상의 사람을 지칭하지만, 실제로는 건강한 고령자도 있으며 65세 미만이라도 체력이 저하된 사람도 많다. 마을만들기 분야에서는 '이동을 포함한 생활행동에 장애를 가진 사람'이 대상이 되며, 복지분야에서는 가벼운 장애를 가진 사람이라도 복지마을 만들기 분야에서는 중요한 대상이 된다. 복지마을 만들기 분야의 중요한 중심을 차지하고 있는 것이 '이동과 교통이 곤란한 사람'(여기서는 교통곤란자로 부르지만 이동제약자, 이동곤란자와 같은 뜻)이다.

'교통곤란자'와 '장애인', '고령자', '비장애인' 이 4가지 분류를 그림 1.1에 나타냈다. 그리고 그 비율을 하비키노시(羽曳野市)의 사례로 나타낸 표가 1.1이다. 이러한 '이동 시에 교통이 곤란한 사람'은 전 시민의 1/4에 가까울 정도로 높으며 결코 소수라고 말하기 어렵다는 것을 알 수 있다. 교통곤란의 연령비율을 그림 1.2

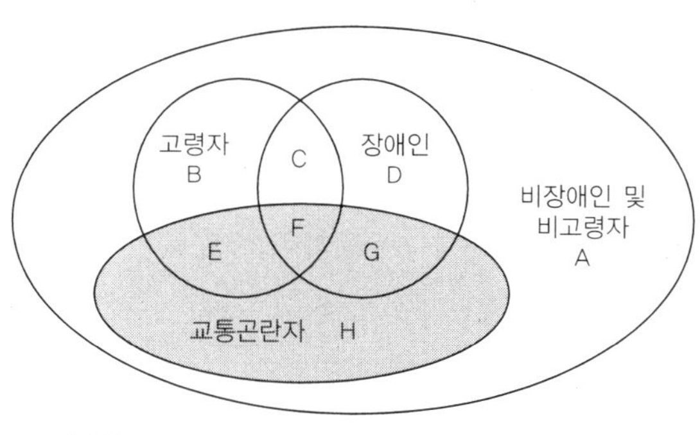

그림 1.1 교통곤란자의 구성

칼럼 '유니버설 사회' 개념과 발전

서술한 바와 같이 배리어프리의 용어가 정착하고 그 조례와 법률이 만들어졌지만, 1990년대 후반 무렵부터 많은 지자체에서는 그 발전으로서 '유니버설 사회'만들기의 개념이 법률·조례·행정에 도입되게 되었다. 또한 '유니버설 사회'요망, 사용법, 가이드라인을 만드는 지자체도 증가하고 있다.

표 1.1 교통곤란자의 비율(하비키노시) A-H는 그림 1.1에 상응

분류	교통곤란자 해당 / 비해당	고령자·비고령자	장애인·비장애인	구성비(%)
A	비교통곤란자	비고령자	비장애인	67.3
B	비교통곤란자	고령자	비장애인	6.8
C	비교통곤란자	고령자	장애인	0.2
D	비교통곤란자	비고령자	장애인	0.7
E	교통곤란자	고령자	비장애인	5.7
F	교통곤란자	고령자	장애인	0.9
G	교통곤란자	고령자	장애인	1.7
H	교통곤란자	고령자	비장애인	16.7

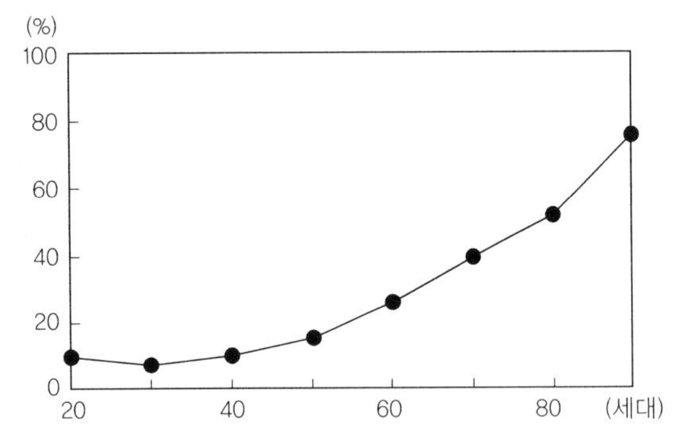

그림 1.2 연령과 교통곤란자의 비율(하비키노시)

에 나타냈다. 연령이 높아짐과 동시에 교통곤란 비율도 상승하고 있다. 후기 고령자에서는 그 수치가 매우 높아지고 있으며, 청년과 중년층에서도 일정 비율을 보인다는 점을 주목할 필요가 있다. 또한 복지마을 만들기 대상자에 교통곤란자 외의 생활곤란자까지 포함하면 그 비율은 더욱 커지게 될 것이다.

오랫동안 행동을 구속받고 있던 장애인 당사자는 1960년대 무렵부터 '외출하는 운동'을 개시하였다. 그 후 1980년대의 '국제연합 장애인 10년', 1990년대의 '아시아 태평양 장애인 10년'을 거쳐 지금의 배리어프리는 복지시책에 그치지 않고 '마을만들기'로서도 발전·정착했다. 그러는 사이, 장애인에 대한 사회적 인식은 크게 변했다고 할 수 있다. 장애를 본인이 가진 고유의 숙명으로 다루던 '사회적 관용'이나 그들을 '구제'한다는 발상에서 벗어나 모든 사람이 동등하게 사회에 참여하고 자립할 권리를 가진다는 노멀라이제이션 사상으로 확대되어, 환경을 정비하고 장애가 장애가 아닌 사회 시스템을 구축하고자 하는 사고가 착실히 퍼져나가고 있다. 이렇듯 장애를 어떻게 다룰 것인가와 같은 사고의 전환이 배리어프리의 기본이라고 할 수 있다. 이러한 생각은 장애인만이 아닌, 모든 사람이 가진 특징과 개성에 관계없이 서비스를 제공받는다는 '유니버설디자인'의 사고로 발전되고 있다.

한편, 복지마을 만들기의 배경에는 사회의 고령화 진행도 있다. 서구에서는 인구의 고령화가 지난 100년간 지속적으로 증가한 것에 비해, 일본에서는 제2차 대전에 의한 극단적인 인구구성 변화를 거친 후 약 30년 사이에 급속하게 고령화가 진행되었다. 그리고

칼럼 '교통곤란자' 비율의 공식적 수치

교통곤란자의 구성과 비율은 복지마을 만들기의 출발이 되는 기본데이터임에도 불구하고 일본에서는 오랫동안 과학적 근거에 의한 수치는 없었다. 또한 정확한 통계수법도 정해져 있지 않아 고령자와 장애인의 수로 그것을 대체하였다. 그러나 그것은 복지행정의 지표이며, 고령자·장애인에 해당되지 않거나 비장애인에 해당되는 사람도 다수 있는 것으로 파악되었다(참고문헌 4). 북미를 시작으로 서구에서는 일찍부터 이러한 수치를 공적으로 조사하여 온 나라가 많으며 공식 수치도 발표되고 있다. 사람들의 이동과 관련된 본격적인 조사를 '퍼슨 트립(Person Trip) 조사(PT조사)'(10년 간격)라고 하며, 기존의 교통곤란 항목에는 없었다. 후쿠이(福井) 도시권 PT조사에서는 처음으로 적용되어 2012년의 긴키권(近畿圏) PT조사에서 겨우 대도시권에서 본격적인 조사가 개시되었다. 이것은 서구의 조사에 근거하고 있으며 향후 분석결과가 기대된다.

지금은 서구를 넘어서 세계에서 유래를 찾기 힘든 고령화 사회가 되었다. 그런 과정에서 사회생활을 확보하기 위한 고령자의 사회참여 문제가 제기되었고 배리어프리가 그 일환으로 정비되어 온 측면도 있다.

배리어프리 분석에 의하면, 서구와 비교하여 전반적으로 20-30년 이상 뒤쳐져 있는 것으로 보인다. 그 배경에는 선진국이 가진 문제에 일본 장애인 시책의 후진성과 급속한 고령화가 있다. 지금도 그러한 상황은 유사하지만 급속하게 개선되고 있다. 그 배경에는 세계의 글로벌화, 보더리스(Borderless)화가 있다. 교통과 정보의 보더리스화에 의해 세계정보가 단기간에 들어오게 되었고, 선진 사례가 대량으로 들어오자 개선 문제가 급속하게 축적된 것이다. 최근은 미국의 ADA법(장애를 가진 미국인법), 논스텝 버스와 STS 시스템, 그 외의 배리어프리 시책에 관한 세계의 경험이 시책 추진에 도움이 되고 있다. 역으로 점자 블록과 배리어프리 ITS(4장 10절 참조)와 같이 일본에서 시작되어 세계로 확산되고 있는 것도 있다. 교통 시스템의 발달에 의해 '관광'은 세계적으로 확대되고 있으며, 그 중에서도 배리어프리는 각 도시·지역의 국제요건이 되고 있고 이벤트 개최를 위한 도시환경의 조건이 되었다. 이러한 보더리스화는 지금 아시아를 중심으로 한 도상국의 배리어프리 추진을 촉진시키고 있으며 이후 더욱 발전될 것으로 기대된다.

한편 마을만들기 분야에서는 1992년의 도시계획법 개정 이후, 급속하게 시민참여·참획의 시책이 추진되고 있다. 이전의 '상명하달', '중앙집권'적인 마을만들기에서 탈피하여 '생활자의 시선'으로 거리를 만들어나가는 사고방식이다. 그러나 여전히 낡은 습관이 남아 있어 지금도 이전의 시선으로 생활관련 시설이 정비되고 있는 곳도 많다. 그럼에도 '생활자' 중심의 사고는 국가 정책인 '지방분권'으로 이어지고 있다. 또한 한신·아와지(阪神·淡路) 대지진이나 동일본 대지진의 교훈이 생활자의 안전성과 편리성을 우선시하는 마을만들기 사고의 발전에 크게 기여하고 있다. 이러한 사고는 유니버설디자인 사상과 근원을 하나로 보는 것이며, 배리어프리화의 프로세스에 차츰 적용되고 있다. 교통 배리어프리법에서도 당사자 참여·참획을 중시하고 있으며, '이동 등 원활화 기본구상'(배리어프리 기본구상) 책정을 위한 현지 점검에서는 다수의 장애인·시민이 참여하여 일반의 마을만들기 워크숍에도 보기 힘든 큰 규모가 되고 있다. 지금 배리어프리·유니버설디자인화는 참여형 마을만들기를 견인하는 성공을 위한 전략이 되고 있다. 배리어프리법(이후, 법)은 이러한 흐름을 더욱 법적으로 성장시키고 있다.

이것을 정리하면 장애 당사자가 밖으로 나가는 운동에서 출발하여 배리어프리의 사회 시스템화를 거치면서 유니버설 사회라는 언어가 사회의 주류가 되고 있다고 말할 수 있다.

2 사회기반정비 분야와 의료·복지 분야의 연대

배리어프리의 목적은 정해진 결정에 따라 배리어프리화하는 것도, 각 부서의 정비목표를 달성하기 위한 것도 아니다. 어디까지나 고령자·장애 당사자의 자립을 달성하는 것이다. 그 의미로서 사회기반정비(마을만들기)부서만으로 그 자치단체가 결과(목적·목표를 향해 달성된 결과)를 설정하거나 시책을 평가하기는 쉽지 않다. 또한 복지부서에서는 '지역을 지탱시키는 복지-지역복지'가 업무의 중요한 기둥이 되어 있지만, 시책의 설정은 마을만들기 부서와의 연대가 필요하다. 즉, 배리어프리에 의해 그 마을의 장애인·고령자의 자립이 어느 정도 달성되는가가 중요한 것이다.

21세기 후반의 배리어프리화의 흐름은 장애인의 권리론에 입각한 '투쟁'에서 시작되었다고 할 수 있지만, 지금 사회시스템의 정비목적은 '누가 이익을 받을 것인가에 대한 섬세한 시책'으로 발전하고 있다. 자치단체는 그 흐름에 맞추어 나가는 것만이 아닌 솔선하여 추진해나갈 적극성이 요구된다. 유니버설디자인을 추진해나갈 모든 시민의 개성이 발휘되는 마을을 만드는 것이 가장 중요한 것임에는 분명하다.

3 유니버설디자인

유니버설디자인의 사고가 세계적으로 확산되고 있다. 최근은 마을만들기 분야에서도 그러한 사고가 스며들고 있으며, 교통 배리어프리법과 하트빌법을 통합하여 2006년에 제정된 '배리어프리법'에서도 유니버설디자인의 특징인 사람들의 다양성 중시와 당사자 참여·참획을 한 단계 더 진전시키는 내용이 포함되어 있다. 효고현(兵庫県)에서는 그에 선행하여 '유니버설 사회만들기 종합지침'을 추진하고 있다. 이제는 마을만들기 유니버설디자인은 다양한 '생활자'의 시선에서 지속가능한 마을을 만들어나가고 있다. 이것은 법률 등에 기반하여 역할을 명확히 분담해 온 지금까지의 '종적' 행정을 넘어서는 것이다. 효고현 등에서는 '유니버설디자인 사회담당과'가 설치되어 추진과 정비를 담당하고 있다. 여기서 중요한 것은 이 흐름을 담당과만 관여하는 것이 아니라는 점이다. 즉, 유니버설디자인은 마을만들기의 구비조건이기보다도 목표 그 자체인 것이다. 따라서 각각의 부서에서 유니버설디자인의 발상으로 과제설정·요구파악·계획과 설계·실시·평가·유지관리가 이루어져야 한다. 문제해결의 영역을 넓히지 않으면 '생활자의 시선'은 확보되지 않는다. 건강·복지부서는 생활환경 전반에서 개선과제를 발상하고, 마을만들기 부서는 사람들의 다양성을 확실히 파악하여 접근한다. '복지를 넓힌다', '마을만들기를 넓힌다' 등과 같은 것이다. 예를 들어 '건강마을 만들기' 등, 양 부서 간의 협력을 중시하는 과제가 그로 인해 더욱 부각되어 나갈 것이다.

유니버설디자인의 제창자 로널드 메이스(Ronald Mace, 1941-1998) 교수는 그 원칙으로 다음의 7가지를 들고 있다.

① 어떤 사람이라도 공평하게 사용할 것
② 사용상 자유도가 높을 것
③ 사용법이 간단하고 즉시 알기 쉬울 것
④ 필요한 정보를 즉시 알 수 있을 것
⑤ 순간의 실수가 위험으로 이어지지 않도록 할 것
⑥ 신체에 부담이 가지 않도록 할 것(약자라도 사용가능할 것)
⑦ 접근과 이용을 위한 충분한 크기와 공간을 확보할 것

이들은 유니버설디자인의 7원칙으로 알려져 있지만, 현대 일본에서는 과제 해결을 위해 다음의 3가지를 보완하였다.

· '다양한 모든 사람'이 생활하기 쉬운, 사용하기 쉬운 디자인
· '적극적으로 오감을 활용한' 개성적인 디자인
· 모든 사람과 함께 '지구환경'을 포함한 모든 환경에도 배려하는 디자인

또한 유니버설디자인을 구현하는 과정에서의 포인트가 되는 점을 들자면 다음과 같다.

· 특별한 것이 아닌 '공용'화(메인 스트림화)한다.
· 당사자 참여·참획으로 사용하기 쉽도록 한다.
· 요구를 정확하게 파악한다.
· 집요하게 생각하고 대화해 나간다.(사람의 의견을 잘 듣

는다)

· 지속적으로 파악한다.(PDCA 사이클)

나아가 마을만들기의 유니버설디자인에서는 다음의 관점이 중요하다.

· 모든 사람을 고려할 것
· 모든 사람이 참여할 것
· 종적으로 다루지 않고 유연하게 사고할 것
· '그것을 어떻게든'과 같이 끝까지 포기하지 않을 것
· 되고 나서도 개선을 지속할 것

이것에 기반한 계획·설계·제도·행정·체계의 사상이 유니버설디자인 마을만들기일 것이다.

또한 유니버설디자인에 의한 마을만들기가 왜 필요한 것인가? 또한 그 실현이 어려운 배경에 대해서는 다음과 같이 지적하고 있다.

① 배리어프리를 시작으로 '방치해 두었던' 과제를 해결하기 위해
② 대상자가 소수라는 이유로 다루어지지 않아서
③ 실현이 어렵기 때문에
④ 비용이 들어서
⑤ 기술이 없어서

⑥ 규범·법률·행정의 종적 체계가 실현 네트워크로 되어 있어서(습관과 권위에 눌려 있음)
⑦ 사업자·행정·당사자의 이해대립이 있어서
⑧ 마을만들기가 밀실에서 행해지고 있어서

또한 마을만들기에서 배리어프리·유니버설디자인의 과제특징으로는 다음을 들 수 있다.

① 공공성이 강하다.(공용재를 대상으로 함)
② 모든 사람이 사용하기 때문에(노멀라이제이션의 흐름) 세금이 투입되는 경우가 많다.
③ 대상자의 폭이 넓다.(속성·지역·장소 등)
④ 합의형성 프로세스 자체가 중요하다.

나아가 당사자 참여·참획의 필요성을 다음에 들고자 한다.

① 당사자 자신이 스스로 결정
② 이용성·안전성·쾌적성의 확보
③ 배리어프리 수준의 향상
④ 어려움을 극복하는 조직적 보장
⑤ 생활자 시선의 마을만들기 발전
⑥ 시민의 이해, 마음의 배리어프리
⑦ 배리어프리 정보의 보급
⑧ 목표가 일관성
⑨ 이용자와 서비스 제공자의 인간관계를 구축
⑩ 지속적·계속적 개선

4 복지마을 만들기·배리어프리·유니버설디자인의 대상자

복지마을 만들기·배리어프리·유니버설디자인의 대상자는 다양하다. 모든 사람이 다양한 신체적·정신적·환경적·사회적 특징을 가지고 있기 때문이다. 그 점에 유의하면서 일반적으로 다루고 있는 대상자를 표 1.2에 나타냈다.

표 1.2 복지마을 만들기 대상자

대상자	주된 시설(보다 구체적인 요구)
고령자	·계단, 단차의 이동이 곤란 ·긴 이동의 연속보행과 긴 시간 서 있기가 곤란 ·시각, 청각능력의 저하로 인해 정보인지와 커뮤니케이션이 곤란
신체부자유자(휠체어 사용자)	휠체어의 사용으로 ·계단, 단차의 이동이 불가능 ·이동 및 차내에서 일정 이상의 공간을 필요로 함 ·높이가 낮아서 높은 곳의 표시는 보기 힘듦 ·양팔의 장애가 있는 경우, 손으로 섬세한 조작과 작업이 곤란 ·뇌성마비 등으로 인해 언어장애를 동반하는 경우가 있는 등
신체부자유자(휠체어 비사용자)	지팡이, 의족, 의수, 인공관절 등을 사용하고 있는 경우 ·계단, 단차와 경사도의 이동이 곤란 ·긴 거리 연속보행과 긴 시간 서 있기가 곤란 ·양팔 장애가 있는 경우, 손으로 섬세한 조작과 작업이 곤란 등
내부장애인	·겉으로 보기에 알기 어려움 ·급한 몸상태의 변화로 인한 이동이 곤란 ·피곤하기 쉽고 긴 시간 보행과 서 있는 것이 곤란 ·인공 배설기로 인해 화장실 전용설비가 필요 ·장애로 인해 산소 펌프 등의 휴대가 필요 등
시각장애인	전맹 이외에 약시와 색각이상으로 보이는 것이 다양함으로 인해 ·시각에 의한 정보인지가 불가능 또는 곤란 ·공간파악, 목적지까지의 경로파악이 곤란 ·안내표시의 문자정보 파악과 색의 판별이 곤란 ·지팡이를 사용하지 않는 경우 등 외견상 알기 어려운 경우
청각·언어 장애인	완전 청각상실, 난청의 경우에 따라 들리는 정도의 차이가 큼으로 인해 ·음성에 의한 정보인지와 커뮤니케이션이 불가능 또는 곤란 ·음성, 음향 등으로 인해 주의환기가 안 되는 또는 곤란 ·발성이 어려운 언어에 장애가 있는 경우 전달이 어려움 ·겉으로 보기에 알기 어려움
지적장애인	처음 접한 장소와 상황변화에 대응이 어렵기 때문에 ·도로에서 헤매거나 다음 이동을 대비하기 어려운 경우가 있음 ·감정 제어가 곤란하여 커뮤니케이션이 어려운 경우가 있음 ·정보량이 많으면 이해가 안 되어 혼란스러운 경우가 있음 ·주위 언동에 민감하여 혼란해 하는 경우가 있음 ·읽고 쓰기가 곤란한 경우가 있음
정신장애인	상황변화에 대응하기가 어렵기 때문에 ·새로운 것에 대한 긴장과 불안을 느낌 ·혼잡하고 밀폐된 상황에 극도의 긴장과 불안을 느낌 ·주위 언동에 민감하여 혼란해 하는 경우가 있음 ·스트레스에 약하고 쉽게 피로해지고 두통과 환청, 환각이 나타나는 경우가 있음 ·복용을 위해 빈번하게 물을 마셔 화장실에 자주 가는 경우가 있음 ·겉으로 보기에 알기 어려움
발달장애인	·주의력결핍과잉행동장애(AD/HD) 등으로 인해 차분하지 못하고 돌아다니는 등의 충동성, 과잉행동이 나오는 경우가 있음 ·아스퍼거 증후군 등으로 인해 특정한 것에 강한 흥미와 관심, 집착을 하는 경우가 있음 ·반복적인 행동을 취하는 경우가 있음 ·학습장애(LD) 등으로 인해 읽고 쓰기가 어려운 경우가 있음 ·타인과의 대인관계 구축이 곤란 등
임산부	임신상태로 인해 ·보행이 불안정(특히 내려가는 계단에서는 발밑이 잘 안 보이는) ·장시간 서 있기가 곤란 ·갑자기 기분이 나빠지거나 피곤해지기 쉬운 경우가 생김 ·초기 등에는 겉으로 보기에 알기 어려움 ·산후에도 몸상태가 안 좋은 경우가 생기는 경우 등
유아 동반	유모차의 사용과 유아를 안거나 유아의 손을 잡고 있음으로 인해 ·계단, 단차 등 내릴 때 곤란(특히 유모차, 화물, 유아를 안고 계단이용은 곤란함) ·장시간 서 있기가 곤란(어린이를 안고 있는 경우 등) ·기저귀 교환과 수유 가능한 장소가 필요 등
외국인	일본어를 이해하기 어려운 경우는 ·일본어로 정보 취득, 커뮤니케이션이 불가능 또는 곤란 등
그 외	·일시적 부상의 경우(목발과 깁스를 사용하고 있는 경우를 포함) ·난치병, 일시적으로 병이 생긴 경우 ·무겁거나 큰 물건을 가지고 있는 경우 ·새로운 장소를 방문하는 경우(안내 없음) 등

*고령자와 장애인 등에서는 중복장애의 경우가 있음

출처: '배리어프리 정비 가이드라인(여객시설편)' 국토교통성 종합행정국 안심생활 정책과 감수, 공익 재단법인 교통 에콜로지 모빌리티 재단, 2013

장애인에 대해 복지분야에서는 이전부터 신체부자유자, 시각장애인, 청각·언어장애인, 내부장애인이 중심이 되어 있다. 2000년의 교통 배리어프리법에서 인공 배설기 등을 사용하는 내부장애인에게의 배려가 강화되었지만, 2006년의 법에서는 지적·정신·발달장애인에 대한 배려가 더욱 강화되었다. 또한 최근 '육아 중인 남녀', 외국인 등도 중시되고 있다.

지금부터의 대상자는 각각 심신의 특징에 따라 같은 장애라도 정도와 질이 매우 다르다. 예를 들어 신체부자유자라도 휠체어 사용자와 지팡이 등의 사용자는 요구조건이 전혀 다르다. 시각장애인도 전혀 안 보이는 사람과 약시에게 필요한 배려가 다른 것이다. 그와 함께 차와 자전거를 사용하는지, 가족과 자택의 조건, 자택과 직장의 위치 등 신체 이외의 각 조건에 따라 달라진다. 그것을 고려하여 눈이 오는 도시인가, 산지인가, 도심부인가 등의 지리적·풍토적 조건이 관계하고 있다. 이렇듯 대상자를 구체적 상태만으로 특징짓는 것이 아닌 지리풍토와 커뮤니티, 가족조건 등까지 고민할 필요가 있다. 표 1.2에 든 대상자의 정리는, 일본의 기본대상자와 신체특징으로 이해하고 실제 복지마을을 만들 장소에서는 각 지방의 상황을 고려하여 대상자의 요구를 집중적으로 파악하는 것이 중요하다.

신체적 특징과 필요한 공간기반으로서 표 1.2의 참고 가이드라인에서는 휠체어 사용자를 사례로 들고 있다. 이것은 전국의 공통요건으로 사용되고 있다.

지적·정신·발달장애인에 대해서는 개인에 따라 특징이 다양하여 마을만들기에서의 배려사항은 연구가 진행중이다. 외국인에게 배려해야만 하는 언어에는 지역성도 있다. 서구와 같은 다언어 사회와 달리 일본의 경험은 깊지 않기에 향후 이 분야에서 지속적인 연구가 필요하다.

대상시설은 '인간과 관계된 모든 시설·설비·공간'이다. 자연과 역사시설에는 기술적인 경관과 역사가치와 정비 가능한가를 검토해야 하지만, 목표의 본질은 배리어프리 대상자의 사회참여를 지향해야 한다. 구체적인 대상시설은 아래와 같다.

① 주택 : 공동주택, 개인주택
② 공공적 건축물 : 시청·보건소·체육시설·교육시설·복지시설·병원·회관·홀·미술관·박물관 등
③ 민간 건축물 : 상업시설·공업시설·호텔·점포·영화관·오락시설·음식점 등
④ 공공교통기관 : 항공기·선박·전차·버스·LRT·신교통 시스템·택시·보트 등
⑤ 교통결절점 : 공항·여객터미널·철도역·버스터미널·주차장
⑥ 도로공간 : 보도·차도·자전거도·역전 광장·서비스시설·버스정류장 등
⑦ 그 외 공공공간 : 공원·녹지·지하도·하천·연안·동식물원·야구장 등 스포츠 시설·공용 화장실 등
⑧ 그 외 관광시설 등 : 역사적 건축물·대규모 공원·연안·산간 및 고원·온천·캠프장 등 자연과 문화체험시설

이 책에서는 주로 다루지 않았지만 소프트면에서의 '복지마을 만들기'도 있다. 복지로 상호연대하는 네트워크, 사회적 고립을 막는 네트워크만들기 등도 앞으로 '지역복지'로서의 복지마을 만들기에서 중요한 분야이다.

2 과정

1 복지마을 만들기의 발상

일본에서 배리어프리디자인, 유니버설디자인의 발상, 즉 복지마을 만들기는 1970년 초기부터 시작되었다. 잘 알려진 계기의 하나는 1969년 겨울 센다이(仙台) 시내에서 심한 장애를 가진 어린이들을 집 안에서 밖으로 이끈 자원봉사 활동이었다. 이 활동은 미야기현 신체부자유협회의 한 직원이 제안한 것이었는데, 이러한 활동에 자원봉사자로 참여한 휠체어 사용 청년과 대학생, 그 지원자들에 의해 일본의 복지마을 만들기, 배리어프리 활동이 시작된 것이다. 이 활동은 2년 후 '복지마을 만들기 운동'으로 불리며 센다이만이 아닌 도쿄(東京)와 나고야(名古屋), 교토(京都) 등에서도 휠체어 사용자의 활동을 중심으로 폭넓게 확대되었다. 센다이의 움직임은 언론 등의 보도를 통해 전국으로 알려졌고, 1973년에는 센다이에서 '전국 휠체어 시민교류집회'가 개최되었다.(그림 1.3)

그림 1.3 전국 휠체어 시민교류집회(1973)

2 복지마을 만들기가 생겨난 배경

일본의 복지마을 만들기가 생겨난 배경에는, 1964년의 도쿄 올림픽을 계기로 고도경제성장기에 활발하게 시작된 도시개조사업이 관계되어 있다. 이러한 움직임은 뒤늦은 장애인대책을 장애인 시설수용으로 대응하려는 움직임에 반발하여, 젊은 휠체어 시민을 중심으로 복지마을 만들기, 도시환경 개선운동이 시작된 것이다. 경제활동을 우선하여 장애인을 도시에서 소외시키려는 듯 보였던 도시개조의 방향에 장애가 있는 시민 자신이 이의를 제기하고 나선 것이다.

복지마을 만들기는 일본 마을만들기 역사 속에서는 처음으로 장애인이 등장한 마을만들기라고 말할 수 있다. 그 후 복지마을 만들기는 전국 각지에서 꽃을 피워 생활을 우선시한 시민운동의 상징이 되어 있다.

예를 들어, 보행분리라는 교통정책으로 통학로에 어린이나 고령자를 지키고자 하는 육교가 건설되어 안전, 안심의 마을만들기가 이루어진 것으로 보이기도 했으나, 실제의 시책은 자동차 우선이었다. 엘리베이터가 없는 계단을 4명 이상의 사람이 휠체어를 들고 올라가야 하는 상황이 생겼는데, 고령자, 어린이, 장애인에게 새로운 배리어프리가 생겨나고 있었던 것이다.

3 복지마을 만들기와 생활거점의 획득

휠체어 사용자들은 그러한 도시만들기가 장애인의 인권, 생활권, 이동권을 무시하고 있다고 주장하며 도시와 시설의 개선, 복지마을 만들기, 배리어프리를 요구하는 운동으로 진행해 나갔다.

사이타마현(埼玉県) 가와구치시(川口市)에서는 뇌성마비 환자에 의해 '가와구치에 장애인이 살만한 장소를 만드는 모임'(1974)의 활동이 시작되었다. 그들은 '마을에서 떨어진 콜로니주1가 아닌 자신들은 친형제가 있는 동네에 살고 싶다'고 시장에게 요구하였고, 그 결과 시내에 24시간 치료가 가능한 10명 정도의 치료시설을 구비한 주택이 건설되었다. 살고 있는 거점을 요구하는 이러한 운동은 당연하게도 도시의 도로, 도시환경의 개선에도 연결되게 되었다.

장애인 스스로에 의한 장애인 자립생활운동인 '푸른 싹의 모임'주2은 1970년대 초부터 답보상태인 인권을 부각시킨 선구적인 활동을 전개하였다. 그로 인해 도쿄 푸른 싹의 모임의 참획에 의해 건설된 치료시설 구비주택 '하치오지(八王子) 자립 홈'(1981)에서는 생활거점의 확보와 도시환경의 개선이 하나로 모아지게 되었다.

4 복지마을 만들기 운동을 뒷받침한 국제 액세스 심벌마크

센다이에서 시작된 '복지마을 만들기'운동은 짧은 기간에 전국 각지로 퍼져나갔다. 교통기관 등에서 휠체어 사용자의 이동이 곤란한 것은 누구의 눈에도 분명하였지만, '배리어프리'라는 말이 장애인 자신과 일본의 시민사회에 정착되지 못한 시대였었다. 이러한 운동을 뒷받침한 것이 1969년에 아일랜드 더블린에서 개최된 국제재활훈련협의회에서 정한 국제 액세스 심벌마크이다.(그림 1.4)

그림 1.4 국제 액세스 심벌마크
(International Symbol of Access)

1969년 아일랜드 더블린에서 개최된 국제재활훈련협의(RI)의 총회에서 제정되었다.

표 1.3은 국제 액세스 심벌마크의 게시기준이다. 이 마크는 현재는 장애인이 이용가능한 정비를 갖춘 시설을 나타내는 세계공통의 픽토그램으로서 폭넓게 활용되고 있다. 휠체어 사용자를 포함하여 장애인이 건축물과 도시시설·설비를 이용할 수 있는 최저한의 정비기준이다.

센다이 시민은 이 마크를 시내 각 공공시설에 표시할 것을 하나의 목표로 한 복지마을 만들기 운동을 전개하였다.(그림 1.5)

표 1.3 국제 액세스 심벌마크의 게시기준

기 준
① 현관 : 지면과 같은 높이를 하며 계단 대신에 슬로프를 설치한다.
② 출입구 : 폭은 80cm 이상으로 한다. 회전문의 경우, 별도의 입구를 병설한다.
③ 슬로프 : 경사는 1/12 이하로 한다. 실내외 모두 계단 대신에, 또는 계단 외에 슬로프를 병설한다.
④ 통로·복도 : 폭은 130cm 이상으로 한다.
⑤ 화장실 : 이용하기 쉬운 장소로 하며, 밖으로 여는 문을 설치하고 내부는 넓게 하고 손잡이를 설치한다.
⑥ 엘리베이터 : 입구 폭은 80cm 이상으로 한다.

그림 1.5 센다이 시내의 백화점에 개조된 휠체어 사용자용 화장실(1971)

5 국제장애인의 해가 수행한 역할

1981년의 국제장애인의 해에 '장애인의 완전참여와 평등'이라는 웅대한 이념이 국제연합에 의해 제시되었다. 그리고 국제장애인의 해의 구체적인 행동목표로서 누구나 지역사회 속에서 장애가 없는 사람과 동등하게 살 수 있는 환경을 지향하는 '노멀라이제이션' 사상이 일본에 스며들었다.

그 후, 국제연합은 1983-1992년까지를 '국제연합 장애인 10년'으로 정하고, 각국은 장애인 문제의 해결을 계획적으로 시도하게 되었다. 아시아에서는 '국제연합 장애인 10년'에 이은 시도로 국제연합의 지역위원회 중 하나인 국제연합 아시아 태평양 사회경제 위원회(UNESCAP)에서 '아시아 태평양 장애인 10년(1994-2002)'을 결정하였다. 2003년 이후는 '제2차 아시아 태평양 장애인 10년'으로 이행되었다.

이러한 20년간, 아시아 각국에서는 일본뿐 아니라 중국, 한국 등에서도 도시환경의 배리어프리 정리가 단계적으로 진행되었다. 이것 역시 국제장애인의 해가 거둔 큰 성과의 하나이다.

1981년의 국제장애인의 해부터 지금까지 일관된 장애인 문제의 발생요인이 본인 자신에 의한 것이 아닌 사회, 환경의 측면에 있다는 것을 세계가 공유하고 문제해결에 나서고 있는 것이다.

6 복지환경정비요망에서 복지마을 만들기 조례로의 발전

센다이에서 전국 휠체어 시민교류집회가 열린 1973년, 후생성은 신체 장애인 모델 도시사업으로, 전국에서 6개 도시(센다이, 마치다(町田), 히로시마(広島), 교토, 나고야(名古屋), 기타큐슈(北九州))를 지정하였다. 국가에 의해 본격적인 복지마을 만들기 정책이 시작된 것이다. 이 해에는 국철(JR) 야마노테(山の手)선의 다카다노마바(高田馬場)역에서 시각장애인이 홈에서 떨어져 사망한 가슴 아픈 사고가 일어났다. 이것을 계기로 전국 각지의 전철역의 홈에 시각장애인 유도 블록(점자 블록)이 설치되었다.

한편, 1974년 도쿄도 마치다시를 시작으로 민간시설과 공공시설, 주택의 배리어프리화를 지방공공단체 수준에서 행정 지도하는 '복지환경정비요망'이 제정되었다(그림 1.6). 이 요망은 대상이 되는 건축물 등을 건축할 때, 사전 협의를 통해 시가 정한 정비기준에 부합되는가를 지도하는 것이다. 이 마치다시의 시도는 그 후 80년대 후반까지 약 60개 도시에서 복지환경정비요망 또는 복지마을 만들기에 관한 정비지침 제정의 도화선이 되었다.

1990년대에 들어와 복지환경정비요망을 법적으로 더욱 확충하는 복지마을 만들기 조례의 제정이 시작된다. 복지마을 만들기 조례는 자치단체에 의한 임의 조례이지만 복지환경정비요망의 전국적인 발전으로 정비기준의 불일치 제정과 배리어프리의 법적 담보장치로서 강한 기대감을 가지고 등장하였다.

그러나 조례도 지방자치단체 독자적으로 제정이

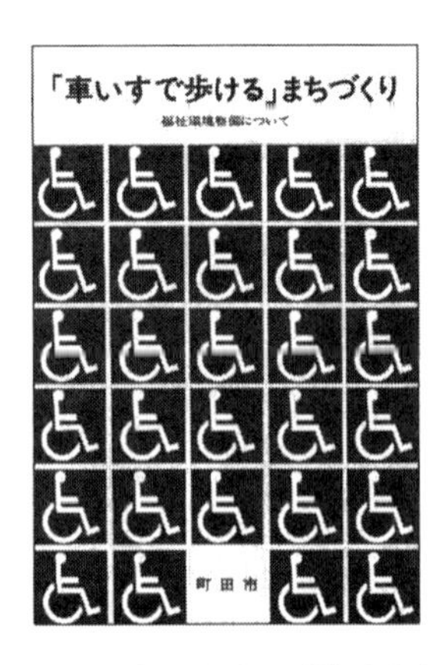

그림 1.6 마치다시의 복지환경정비요망

마치다시는 이 요망을 기본으로 '휠체어로 걷자' 마을만들기를 표방하고 실천하였다. 70년대의 복지 자치단체 모델 중 하나로 전국에 알려졌다.

가능하기 때문에 요망이나 지침과 같이 지역에 의한 정비는 해소되지 않았으며, 아쉽게도 법이 제정된 오늘날에도 여전히 그 문제는 계속되고 있다.

이러한 지방공공단체에 의한 복지마을 만들기 행정의 문제를 극복하기 위해서 등장한 것이 1994년에 제정된 '고령자·신체장애인 등이 원활하게 이용 가능한 건축물의 건축촉진에 관한 법률(하트빌딩법)'이다.

7 고령자 사회의 법 제정

하트빌딩법의 성립을 촉진시킨 1994년 1월의 건설성 건축심의회 답신(현재의 사회자본정비 심의회 건설분과회)은 다음과 같이 기록하고 있다.

'(생략) 이후의 건축물 정비는 고령자·장애인 등 운동기능 등에 일정한 제약을 가진 사람이 이동 등 이용의 자유와 안전성을 확보하면서 자립 생활이 가능한, 또한 사회활동에 적극적으로 참여가 가능하도록 배려해 나가는 것이 필요하다. 이를 위해 건축행정의 분야에서도 고령자·장애인 등의 이용을 배려한 건축물의 정비를 촉진하기 위한 체계를 시급히 확립하고 적극적으로 시책을 추진해 나가는 것이 필요하다. (생략) 특히 건축물의 건축에서는, 건축물이 사람들의 생활에 기본적으로 중심적인 장소라는 점을 재확인하고, 기존과 같이 경제생활중심, 성인중심과 같은 효율우선의 사고에서 고령자에서 유아까지 모든 사람들이 공생하는 장소의 창출이라는 사고로 전환이 요구된다. (생략)'

그렇지만 요망과 조례의 법적 부재를 개선하기 위해 등장한 하트빌딩법이지만, 2002년의 개정까지는 노력의무법이며, 동법에 의한 지도와 조언도 대상시설이 한정되어 건축확인법령으로는 정해져 있지 않았다.

하트빌딩법이 제정된 다음 해 1월에 일어난 한신·아와지 대지진에서는 많은 고령자와 장애인이 학교에 피난하였는데, 법의 대상에서 빠져 있던 기존 학교시설의 배리어프리화의 부재가 문제가 되어 문부과학성도 학교시설의 배리어프리화를 의식하게 되었다.

2000년, 많은 장애인이 오랫동안 요구해 온 교통 배리어프리법이 성립되어 신규 도로와 철도역 등의 교통기관의 배리어프리화가 법적으로 의무화되었고, 기존 시설도 노력목표가 설정되었다. 제정된 교통 배리어프리법의 의무는 단순하게 하나의 교통시설의 배리어프리화를 추진하는 것이 아닌 역을 중심으로 한 보행권역에서 면적인 배리어프리화를 추구하는 것이다. 즉, '교통 배리어프리법 기본구상'을 제정해 놓고, 그 다음 지역의 배리어프리화를 이끌 '중점정비지구'를 법적으로 결정하는 구조이다.

한편 2000년에 제정된 교통 배리어프리법의 의무화로 촉발되어, 하트빌딩법은 2002년, 2000m² 이상의 신축 건축물에 대해 기초적인 배리어프리 기준(건축물 이동 등 원활화 기준)을 의무화하는 법률이 제정되었다. 일정범위이지만 2000m² 이상의 건축물은 법에 제정된 기초적인 배리어프리 기준을 준수하도록 요구되어 건축기준법상의 법령으로서 등장한 것이다.

2006년, 교통 배리어프리법의 5년 실시상황과 하트빌딩법과의 연대문제를 검토·확대하고, 다양한 이용자의 요구에 대응한 유니버설디자인의 개념을 도입하기 위한 하트빌딩법과 교통 배리어프리법을 통합한 새로운 법이 제정되었다.

법에 의해 이용자와 대상시설을 확대하고 일상과 여가활동에 필요한 도로, 교통기관, 건축, 공원 등이 법에 포함되도록 한 것이다. 또한 교통 배리어프리법의 특징이었던 역을 중심으로 한 교통 배리어프리 기

표 1.4 복지마을 만들기의 주된 전개

년도	내 용
1961	미국에서 세계 최초로 배리어프리 기준 ANSI117 제정
1965	오카야마시에서 점자 블록이 생겨남
1969	**센다이시에서 장애가 심한 아동의 외출을 지원하는 활동**
1970	센다이시에서 복지마을 만들기 출발점이 되는 '무지개 그룹' 활동 시작
1971	센다이시에서 독거 장애인의 생활권 확장운동, 복지마을 만들기 운동
1972	·교토에서 누구나 탈 수 있는 지하철을 위한 시민운동 ·미국 캘리포니아주 버클레이시에서 장애인 자신에 의한 CIL(자립생활센터) 시작
1973	**·야마노테선 다카다노마바역에서 시각장애인 추락사** **·휠체어 시민교류집회(센다이시)** ·휠체어 TOKYO 가이드 발행 ·미국 재활훈련법 개정(장애인 차별을 금지하는 504조)
1974	**·마치다시 복지환경정비요망(전국 최초로 자치단체 배리어프리 기준)** ·국제 재활훈련회의 보고 '배리어프리디자인' 발행
1974	·하트빌딩법 제정 ·국제 재활훈련회의 보고 '배리어프리디자인' 발행
1975	스웨덴 건축법 개정(주택의 배리어프리화)
1976	가와고에시 뇌성마비 장애인이 버스운행에 저항 운동
1981	·고베시 포트라이너에서 홈도어 설치(전국 최초의 홈도어) ·교토 시영 지하철에서 배리어프리화(지하철에서는 최초)
1983	·운송성 '공공교통 터미널에서의 신체장애인용 시설정비 가이드라인' ·국철 점자 블록 설치 의무화
1985	·건설성 시각장애인 유도용 블록의 정비지침 ·로널드 메이스 '유니버설디자인'의 개념을 발표
1990	미국 장애인법(ADA: 차별금지 규정)
1991	운송성 '철도교통에서의 에스컬레이터 정비지침'
1993	운송성 '철도교통에서의 엘리베이터 정비지침'
1994	운송성 '공공교통 터미널에서의 고령자·장애인 등을 위한 시설정비 가이드라인'
1995	·논스텝 버스 운행 시작(도쿄, 오사카 등) ·미국에서 유니버설디자인의 7원칙 발표
1999	시즈오카현에서 유니버설디자인실 설치
2000	**교통 배리어프리법 제정, 배리어프리 기준구상 시작**
2002	**하트빌딩법의 개정(의무화, 임의조례의 제정)**
2005	국토교통성 유니버설디자인 정책대강
2006	**배리어프리법(도로, 교통, 건축 등의 일체화된 배리어프리 정비)**
2010	JR 동일본 야마노테선에 홈도어 설치 시작
2011	배리어프리 기본방침의 수정(여객시설의 배리어프리 정비대상을 하루 5000명에서 하루 3000명으로 축소, 교통기관, 건축물, 공원 등 정비목표의 상향)
2013	장애인 차별해소법
2014	국제연합 '장애인 권리조약' 정부비준

본구상의 범위도 역 이외의 주택지와 공공시설이 모인 지역에서도 책정되도록 확대되어 본격적인 배리어프리의 마을만들기가 시동하게 된다.

8 해외의 영향과 유니버설디자인

1969년의 국제 심벌마크의 도입 이후, 1981년의 국제 장애인의 해, 1990년의 ADA법(장애를 가진 미국인법: 장애인 차별금지법), 1990년대 후반부터의 유니버설디자인의 전개, 나아가서는 2006년 국제연합 장애인의 권리조약 등, 일본은 끊임없이 국제적인 동향에 강한 영향을 받아 왔다. 이것은 장애인 문제와 고령자 문제뿐만 아닌 어린이 문제도 같은 것이다.

세계화 시대에서는 나아가 국제적인 동향에 주목해 나갈 필요가 있다. 여기에서는 일본의 복지마을 만들기와 배리어프리에 영향을 줬던 서구의 주된 동향에 대해 서술하고자 한다.

미국의 건축물 배리어프리 동향은 장애인의 경제활동 참여를 보장하기 위해 제정된 세계 최초의 건축물 액세스 기준 ANSI117(1961년)에서 시작되었다. 1968년에는 미국에서 세계 최초로 건축물 배리어프리법이 제정되었다. 주택의 배리어프리화 규정에서는 1975년 스웨덴 건축법의 개정이 세계 최초이다.

교통기관에서는, 1970년 초기에 이미 미국에서 UMTA(도시대량운송법)과 연방도로법에서 장애의 유무, 연령에 관계없이 모든 사람이 이용하도록 제정되어 있다. 1980년대에 들어와 서구에서도 ECMT(서구교통대신회의)에서 EC 가맹국 사이에서 같은 규정이 정해지게 된다. 특히 프랑스에서는 1982년 국회교통기본법에서 '교통권'이 인정되게 되었다.

1990년, 미국의 장애인이 오랫동안 요구해 온 공민권법의 하나인 ADA법이 성립된다. 이 법률의 성립 이후에 미국에서는 배리어프리디자인을 발전시킨 개념으로서 '유니버설디자인'의 개념이 등장하였다.

이른바 배리어프리디자인이라는 명칭이 일본에 넓게 알려지게 된 것은 1974년의 국제연합 장애인의 생활환경문제 전문가회의에 의해 발신된 '배리어프리디자인' 리포트의 영향이 크다. 일본 사회에서는 배리어프리디자인이라는 용어는 1980년대에 들어와 침투된 것으로 보인다.

미국에서는 유니버설디자인의 개념이 생겨난 배경으로 지금까지의 접근성, 배리어프리라는 사고가 장애인만을 대상으로 하였기에, 개발된 주택과 상품이 기업과 일반사회에는 받아들여지기 어려웠다.

그래서 유니버설디자인의 제창자인 로널드 메이스는 1980년대 후반부터 주택디자인을 대상으로 많은 사람이 받아들일 수 있는 방안에 대해 연구와 실천을 거듭하여, 간단한 방법으로 주택상품을 조립할 수 있게 되었고 장애를 가진 사람들과 비장애인도 받아들일 수 있는 가변형 주택시설(Adaptable Housing)을 개발하게 되었다. 이것이 유니버설디자인의 시작이다.

1995년, 미국에서 '유니버설디자인의 7가지 원칙'이 발표되고 일본에 전해진 후 지금까지의 복지마을 만들기에서 유니버설디자인 마을만들기로 전환이 일어나게 되었다. 지방공공단체에서 일찍이 유니버설디자인의 개념이 정책으로 추진된 곳이 1999년의 시즈오카현(静岡県)이다. 그 후 전국으로 보급되었다. 현재의 일본은 복지마을 만들기, 배리어프리, 액세스빌리티디자인, 유니버설디자인, 그리고 유럽형의 모두를 위한 디자인(for Inclusive Design (design for all))이라는 표현이 폭넓게 사용되고 있다. 유니버설디자인을 발전시킨 미국에서는 이용자 주체의 디자인, 인간본연의 디자인의 표현으로서 인간중심의 디자인(Human Centered Design)이라는 명칭도 사용되고 있다.

9 앞으로의 문제와 장애인차별해소법

복지마을 만들기와 유니버설디자인 마을만들기와 관계된 앞으로의 문제에 대해 다음의 4가지 측면을 들어서 설명하고자 한다.

① **복지마을 만들기와 시민참여** : 고령자·장애인 등을 포함한 다양한 시민이 참여하는 복지마을 만들기사업이 일본의 복지마을 만들기, 배리어프리, 유니버설디자인의 특징이다. 이후도 이러한 사고가 계승될 것으로 생각된다.

② **재해에 강한 복지마을 만들기** : 한신·아와지 대지진, 동일본 대지진을 시작으로 최근 큰 자연재해가 계속되고 있다. 재해에 강한 복지마을 만들기, 배리어프리, 유니버설디자인이 앞으로 계속 요구될 것이다.

③ **배리어프리와 유니버설디자인 기술의 갱신** : 최근 40년간 해외에서 다양한 배리어프리, 유니버설디자인 기술이 도입되어 많은 혜택을 보고 있다. 그 결과, 국제적으로도 가장 진보된 배리어프리 국가가 된 일본이지만, 지금도 연구되고 있지 못한 기술표준이 적지 않다. 고도의 진화된 일본 사회에 새로운 배리어프리 기술표준의 개발이 요구된다.

④ **세계화와 국제협력** : 일본은 지금까지 방대한 정보와 귀중한 국제경험을 해외에서 얻었으며, 일본사회에 응용하여 왔다. 지금까지의 경험은 다른 나라에 대해서도 적절한 자문이 될 내용들이다. 특히 아시아 각국과의 연대를 심화시켜 나가야 하며, 동시에 이후 일본이 해야만 하는 기술적 진보의 방향성이기도 하다.

2006년 국제연합에서 장애인의 권리조약(표 1.5)이

채택되었다. 이 비준조건이 된 장애인차별금지법의 제정이 2013년 6월 '장애인차별해소법'으로 성립되었다(표 1.6). 장애인차별해소법은 장애인기본법에 기반한 실효법이지만 장애인에게는 최초의 인권법이며, 향후 이 법률이 이후의 복지마을 만들기와 배리어프리화, 유니버설디자인화에 미칠 역할은 클 것이다.

'모든 사람이 장벽 없는' 삶, 이동 가능한 환경만들기 목표가 장애인차별해소법의 체계에 존재한다. 우리는 차별을 해소하는 배리어프리, 유니버설디자인의 수준을 어떻게 높일 것인가? 개별적인 대응이 요구되는 합리적인 배려방법이 대상자와 지역, 도시에 따라 다를 것이다. 차별을 없애는 것은 인류사회의 과제이기도 하며 일본 시민의 의지를 모아나가야 할 과제이기도 하다.

표 1.5 국제연합, 장애인의 권리조약 포인트

① 세계 모든 지역에서 사회구성원으로서 참여를 막는 장애와 인권침해가 있는지 확인할 것
② 장애를 가진 사람의 다양성을 인정하고, 장애에 기반한 차별은 인간의 존엄을 침해한다는 것을 확인할 것
③ 장애가 있는 사람이 정보와 기술에 관련된 의사결정과정에 적극적으로 관여 가능한 사회를 만들어내는 것
④ 장애를 가진 사람이 다른 사람과 평등하게, 모든 인권, 기본적 자유를 공유하고 또한 행사할 수 있기 위한 '합리적 배려'를 행할 것

표 1.6 장애인차별해소법의 핵심

① 장애를 이유로 한 차별 등의 권리침해행사의 금지 누구나 장애인에 대해 장애를 이유로 차별하거나 그 외의 권리를 침해해서는 안 된다.
② 사회적 장벽의 제거를 소홀히 하여 생기는 권리침해의 방지 사회적 장벽의 제거는 그것을 필요로 하는 장애인이 이미 있으며, 또한 그 실시에 수반되는 부담이 과하지 않을 때에는 그것을 방치하여 ①의 규정에 위반되지 않도록 그 실시에 대해 필요, 또는 합리적인 배려가 수반되어야 한다.
③ 국가에 의한 계몽과 지식의 보급을 위한 체계 국가는 ①에 위반하는 행위방지를 위한 계몽 및 지식의 보급을 위해, 해당 행위의 방지를 위해 필요한 정보수집, 정리 및 제공을 행하도록 한다.

주

주1) 콜로니 : 어원과 의미는 다양하지만 여기서는 지역사회에서 격리된 장애인 수용시설의 총칭으로 사용되고 있다. 1960년대 중반 무렵부터 각 현의 장애인정책에 적용되어, 가족 사후에 사망까지 거처와 시설부족의 해소를 지향했지만, 자립생활운동을 지향하는 장애인으로부터는 '격리정책'이라는 큰 반발을 가져왔다.

주2) 푸른 싹의 모임 : 1957년 도쿄도 내의 뇌성마비 장애인이 중심이 되어 발전된 상호협력단체이다. 장애 당사자의 단체로서 인권과 거주, 이동, 연금, 보조문제 등에서 일본의 장애인운동을 이끌어 왔다.

참고문헌

1) 秋山哲男·三星昭宏『講座高齢社會の技術6 移動と交通』日本評論社, 1996.
2) 小澤温·大島巌編『障害者に對する支援と障害者自立支援制度第6章』ミネルヴァ書房, 2013.
3) 土木学会土木計画学研究委員会『参加型福祉の交通まちづくり』学芸出版社, 2005.
4) 三星昭宏新田保次「交通困難者の概念と交通 需要について」『土木学会論文集』No.518, IV-28, 土木学会, 1995.
5) (財)国土技術センター『改訂版 道路の移動等円滑化整備ガイドライン』大成出版社, 2008.
6) 日本福祉のまちづくり学会『福祉のまちづくり検証』彰国社, 2013.
7) 髙橋儀平『高齢者·障害者に配慮の建築設計マニュアルー福祉のまちづくりの実現に向けてー』彰国社, 1996.

제 2 장

법률의 체계

1970년대 이후의 조례·법의 발전

핵심 복지마을 만들기에 관련된 복지마을 만들기 조례, 배리어프리법을 중심으로 기본적인 사고, 응용대상, 범위, 각종 용어에 대해 이해할 필요가 있다. 그 위에 복지마을 만들기 조례와 법에 존재하는 과제, 문제점을 생각해 보자. 조례에 대해서는 일본을 대표하는 도쿄도와 오사카의 조례를 사례로 다룬다. 각종 시설의 배리어프리 정비수법은 이후 장에서 서술한다.

1 복지마을 만들기 조례

복지마을 만들기 목적과 과제

많은 지방자치단체에서는 복지마을 만들기 조례의 목적으로 '고령자·장애인 등이 원활하게 이용 가능한 생활관련시설의 정비와 촉진, 그 외의 복지마을 만들기에 관한 시책을 촉진하여 모든 시민이 안심하고 생활하고, 또한 동등한 사회참여가 가능한 풍요롭고 살기 좋은 지역사회의 실현에 기여한다'(사이타마현)로 기록하고 있다. 조례의 대상으로는 고령자, 장애인, 임산부, 어린이 등 모든 시민이 된다.

조례에 규정된 정비대상시설은 학교, 병원, 극장, 백화점, 호텔, 음식점, 은행 외에 불특정 다수가 이용하는 건축물, 공공교통기관, 도로, 공원, 일상생활권에 존재하는 대다수의 공공시설을 포함하고 있다.

복지마을 만들기 조례는 하트빌딩법(1994), 교통 배리어프리법(2000)이 시행되기 전까지는 유일한 광역적인 배리어프리 관계법령이었으며, 시읍면을 넘어 동일권에서 적용되어 왔다. 또한 그 제정을 위해 장애가 있는 시민을 중심으로 적극적인 활동을 전개하여 왔다.

그러나 오늘날은 법(2006)의 제정으로 인해 복지마을 만들기 조례의 역할로 차츰 변화하고 있다. 큰 변화는 복지마을 만들기 조례가 자치단체를 근거로 하고 있기 때문에, 건축기준법과 동격이 된 법과 법의 세칙인 배리어프리 조례처럼 건축물의 배리어프리화를 위한 의무법으로서의 기능을 가지고 있지 못한 것이다. 즉, 건축법의 경우 복지마을 만들기 조례에서 요구되는 정비는 건축확인신청에서 사전협의와 제출이 필요한 항목이지만, 현실에서는 건축확인신청 시 엄수해야 하는 법 제도로는 기능하고 있지 않기 때문이다.

제
1
장

제
2
장

제
3
장

제
4
장

제
5
장

제
6
장

일본에서 본격적인 복지마을 만들기 조례로서 지방자치단체의 모델이 된 오사카부(大阪府), 효고현의 복지마을 만들기 조례(1992년 시행) 등, 하트빌딩법의 성립(1994) 이전에 제정 또는 적용된 조례의 경우는 다른 배리어프리의 엄수를 요구하는 법제도가 없었기 때문에 건축주와 설계자에게 일정한 이해를 구하는 형식을 띄고 있었다.

그러나 2002년의 하트빌딩법의 개정으로 인해 2000m² 이상의 건축물에 관해서는 배리어프리 정비가 의무화되어 복지마을 만들기 조례에 의한 건축물 정비 지도가 차츰 약화되기 시작하였다. 이 경향은 하트빌딩법과 교통 배리어프리법이 통합되어 더욱 현저해진다. 오늘날, 전국 각지에서 제정된 복지마을 만들기 조례는 건축 시에는 사전협의의 대상이지만, 실제의 엄수까지는 행정지도가 불가능한 상황이 계속되고 있다.

그러나 ① 복지마을 만들기 조례에서 요구되는 정비가 지역에 있어 광범위한 시설을 대상으로 하고 있는 점, ② 사전협의 단계의 항목이지만, 주민의 대표에 의해 의결된 중요한 조례라는 점, ③ 소프트적인 면(시민협의의 개선, 시민참여의 관점 등)과 도로, 교통기관, 건축물 등 하드적인 면의 정비를 일체화하여 운용하는 것이 가능하다는 점에서 실효성 있는 새로운 방안의 검토가 필요하다.

복지마을 만들기 조례 이후의 과제로는, 법과 배리어프리 조례와 연동시키면서 사전협의에 의한 지도를 철저히 시행하고 그 목적을 달성해 나갈 것이 요구된다.

복지마을 만들기 조례의 개요

전국에서 선도적으로 복지마을 만들기 조례를 제정한 오사카부의 조례를 참고로 복지마을 만들기 조례의 특징을 정리하였다. 오사카부의 조례는 복지마을 만들기 조례 수립의 전국적 모델이 되었다(표 2.1). 조례에는 행정, 사업자, 시민의 역할이 명기되어 복지마을

표 2.1 오사카부 복지마을 만들기 조례의 개요

[전문]
진정으로 풍요로운 복지사회의 실현을 위해 모든 사람이 스스로의 의지로 자유롭게 이동하고 사회참여가 가능한 복지마을 만들기를 추진한다.
[목적]
행정·사업자의 의무 등, 행정의 기본시설 및 건축물 등의 도시시설의 정비에 필요한 항목을 정하고 자립지원형 복지사회의 실현을 구현한다.
[책무]
행정의 의무 ① 복지마을 만들기에 관한 종합적인 시책의 책정, 실시 ② 자치단위의 기술적인 조언, 지원 ③ 자치단위의 연결조정 사업자의 의무 ① 설치·관리하는 도시시설을 안전·용이하게 이용 가능하도록 정비 ② 행정의 시책에 협력 시민의 역할 깊은 이해와 상호협조의 마음을 가지고 복지마을 만들기에 협력
[행정의 시책]
기본방침 ① 환경의 조성 ② 도시환경의 정비 ③ 사회참여의 지원 ④ 지역사회 만들기 계몽과 학습의 촉진 추진체제의 정비 재정조치
[도시시설의 정비] 사업자의 정비기준 적합노력의무
도시시설 불특정 다수의 사람이 이용하는 건축물, 도로, 공원 및 주차장(문화재, 가설건축물, 전통적 건축물군은 제외) 정비기준 ① 도시시설에 적용하는 정비기준을 규정(불특정 다수의 사람이 이용하는 부분) ② 정비기준의 적용제외에 대해, 기준에 적합한 경우와 동등 이상의 안전·용이하게 이용 가능한 경우, 규모와 구조 등 이용의 목적, 지형 및 부지의 상황, 연도의 이용상황 등은 사업자의 부담 정도 등에 의해 기준적합 곤란한 경우는 예외로 한다. 유지보전 관리자 등 ① 정비기준 적합시설의 기능 유지 ② 기준에 적합할 때까지 기간을 배려 ③ 장애인 등의 이용을 막는 행위를 금지 정비기준적합증의 교부(적합증 교부제도는 2009년도에 폐지)

을 만들기 추진체제의 구축이 명문화되었다. 추진제제는 통상 '복지마을 만들기 추진협의회'로 칭하여져 복지마을 만들기의 추진관리, 정책검증, 평가 등을 담당한다. 또한 허가제도에 의해 중점적으로 정비해야 하는 대상시설을 보다 명확히 하여, 광범위한 시설에 대한 유도방법을 제시하고 있다. 정비 후는 적합증을 교부(단 2009년에 폐지)하고 양호한 유지관리를 시설관리자에게 요구하고 있다.

조례의 대상시설

오사카부에서는 사전협의와 개선계획의 대상이 된 도시시설을 '특정시설'로 칭했다(표 2.2). 향후 이 명칭은 전국 조례 만들기에 파급된다. 특정시설은 허가에 의해 건축물의 확인신청에 관한 사전협의가 필요한 도시시설군이다. 그 이외의 시설은 사전협의의 필요는 없으며, 건축주가 임의로 복지마을 만들기 조례의 취지를 엄수하여 자율적인 배리어프리 정비에 노력하는 시설군이다. 이 구분은 그 후 각 지방자치단체에 채용되었다.

복지마을 만들기 사전협의의 흐름

오카사부는 법의 제정 이후 복지마을 만들기 조례 내에 법의 위임 부분을 작성하여, 통일적으로 지도, 조언을 행하고 있다. 이 흐름에서 중요한 점은 확인신청 전의 사전협의와 시공 후의 완료검사이다. 법을 기반으로 한 건축물 배리어프리 조례를 가진 과반수의 자치단체에서는 의무화된 기준체크(확인신청 시)와 공사완료 후의 완료검사로 정비확인을 하고 있다. 하지만 많은 수의 복지마을 만들기 조례는 공사완료 후만을 대응하고 있다. 현장검사를 하는가 하지 않는가는 배리어프리 공사의 확인 시 매우 중요한 요소인데, 복지마을 만들기 조례에 남겨진 중요한 과제 중 하나이다.(그림 2.1)

표 2.2 오사카부 복지마을 만들기 조례 대상시설(사전협의가 필요한 '특정시설'의 범위)

용도 등	규모	사전 협의처
학교	모든 대상	행정기관
박물관, 미술관, 도서관		
병원, 진료소, 공공회관, 집회장(주1)		
아동·노인 복지시설		
화장장		
음식점, 물품판매업을 포함한 점포(주유소 포함), 자동차수리공장	200㎡ 초과	
극장, 영화관, 소극장, 관람시설, 전시장	500㎡ 초과	
체육관, 볼링장, 스키장, 스케이트장, 수영장, 스포츠 연습장	1000㎡ 초과	
공중목욕탕, 위락시설		
호텔, 여관		
공동주택	50호를 초과 또는 2000㎡ 초과	
공공청사 등	모든 대상	
전기사업, 가스사업, 전기통신사업의 영업소		
은행, 신용금고, 신용조합, 농협 등		
증권회사, 자금업 영업소		
공중화장실, 집회장(주2)		
이발소, 미용실, 세탁소	50㎡ 초과	
전당포, 부동산, 관광 영업소, 티켓판매소, 의류점, 서점 등	100㎡ 초과	
편의점		
절, 사찰, 교회, 성당	300㎡ 초과	
관혼상제 시설, 사무소	500㎡ 초과	
댄스홀, 자동차 교습소	1000㎡ 초과	
기숙사	50호를 초과 또는 2000㎡ 초과	
공장	3000㎡ 초과	
여객시설, 지하철, 유원지, 동물원, 식물원	모든 대상	오사카부
도로, 도시공원, 도시계획 등 33조에 기반한 개발공원, 항만녹지 공중이용을 위해 정비된 해안보존시설		
주차장(주차장법 등 12조의 신고대상 시설)	모든 대상	※

주1) 최대 1실의 바닥면적이 200㎡ 이상인 것
주2) 최대 1실의 바닥면적이 200㎡ 미만의 것
주3) ※는 오사카시, 인접 시의 행정에 대해서는 오사카부

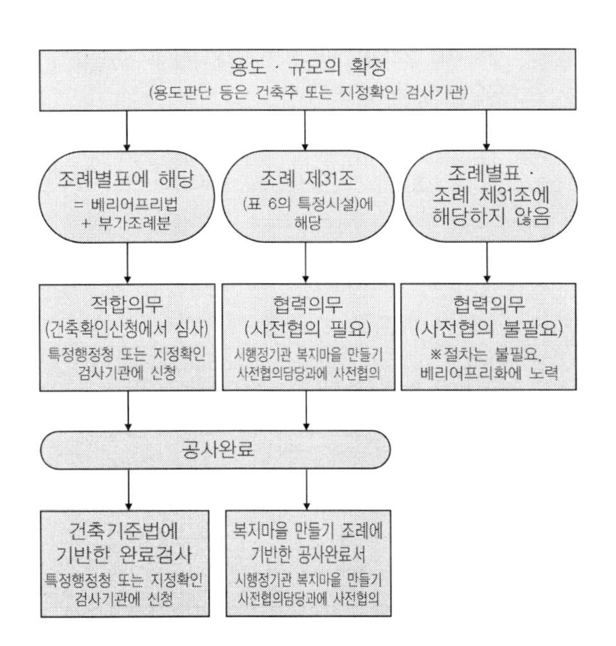

그림 2.1 복지마을 만들기 조례와 배리어프리법 (부가 조례를 포함)

2 배리어프리법

배리어프리법은 남녀 공동참여의 추진과 국제화의 영향으로 2005년 '어디에서나, 누구나, 자유롭게, 사용하기 쉬운'이라는 유니버설디자인의 개념을 기반으로 정리된 '유니버설디자인 정책대강'에 의해 새로운 법제도로 등장하였다. 과거 교통 배리어프리법과 하트빌딩법이 개별적으로 적용되어 온 상황을 반성하고, 시민생활의 연속성을 담보하기 위해서는 배리어프리를 일체적·종합적인 관점에서 정비, 추진해야만 하는 중요성이 확인된 것이다.

법의 개요

법(그림 2.2 정식명칭 : 고령자·장애인 등의 이동 등의 원활화 촉진에 관한 법률)의 역할은 ① 주무장관에 의한 기본방침의 결정, ② 여객시설, 건축물 등의 구조와 설비기준의 책정, ③ 행정이 배리어프리 기본구상과 중점정비지구를 책정하고 여객시설, 건축물 및 이러한 사이를 연결하는 도로의 일체적인 정비를 추진하는 것이다. 이를 위해서는 주민 등 관계자의 참여계획이 필요하며, 특히 고령자·장애인 등 관계 당사자의 참여가 불가결한 것으로 법에 기반하여 기본방침을 명시하고 있다.

주민참여라는 틀의 복지마을 만들기가 70년대 초기에 생겨난 이후, 약 40년을 경과하여 국가의 법으로 명기된 것은 획기적이라고 할 수 있다.

법에 기반한 기본방침은 다음과 같이 기록되어 있다. '국가, 지방공공단체가 힘을 합하여 고령자·장애인 등, 시설설치관리자, 그 외의 관계자와 상호연대·협력하면서 이동 등의 용이성을 종합적 또는 획기적

표 2.3 배리어프리법의 정비목표(배리어프리법에 기반한 기본방침, 2020년도까지의 목표)

1 여객시설

하루 평균 이용자수 3000명 이상의 모든 철도역, 버스터미널, 여객선터미널 및 항공여객터미널 대상
(1) 단차의 해소, (2) 시각장애인 유도용 블록의 정비, (3) 장애인용 화장실의 설치 등의 배리어프리화를 실시. 홈도어 또는 가동식 홈 울타리에 대해서는 우선적으로 정비할 역을 검토하고 설치를 촉진

2 차량 등

차량 등의 종류		차량 등의 총수	배리어프리화시킬 차량 등의 수
철도 차량		약 5만 2000	약 3만 6400(약 70%)
승합버스	논스텝 버스	약 5만	약 3만 5000(약 70%)
	리프트 설치 버스 등	약 1만	약 2500(약 25%)
택시차량		(약 2만 8000대의 복지택시를 도입)	
여객선		약 800	약 400(약 50%)
항공기		약 530	약 480(약 90%)

3 도로

원칙적으로 중점정비지구 내의 주요한 생활관련경로를 구성하는 모든 도로의 배리어프리화

4 도시공원

(1) 공원도로 및 광장 약 60%
(2) 주차장 약 60%
(3) 화장실 약 45%

5 노상 주차장

특정도로 외 주차장의 약 70%

6 건축물

2000m² 이상의 특별특정 건축물의 총수의 약 60%

으로 추진해 간다'(요약). 2011년 3월에 개정된 배리어프리 추진의 목표(2020년도까지)가 표 2.3이다. 여객 관련 시설에서는 하루 평균 승객수 3000명 이상의 시설을 대상으로 한다. 이로 인해 전국 과반수의 역사가 개선될 것으로 예상된다.

법의 대상

법의 목적인 된 시설 대상자에 대해 하트빌딩법, 교통 배리어프리법에서는 '고령자·신체장애인 등'으

고령자와 장애인 등의 자립된 일상생활과 사회생활을 확보하기 위해
· 여객시설 · 차량 등, 도로, 노상 주차장, 도시공원, 건축물에 대해 배리어프리화 기준(이동 원활화 기준)을 요구함과 동시에
· 역을 중심으로 한 지구와 고령자와 장애인 등이 이용하는 시설이 집중된 지구(중점정비지구)에서 주민참가에 의한 중점적 또는 일체적인 배리어프리화를 추진하기 위한 조치 등을 정하고 있다.

공공교통시설과 건축물의 배리어프리화의 추진

· 이하의 시설에 대해 신설 · 개량 등의 배리어프리화 기준(이동 등 원활화 기준)의 적합의무.
또한 기존의 시설에 대해 기준적합의 노력의무 등

여객시설 및 차량 등 / 도로 / 노상 주차장 / 도시공원 / 건축물

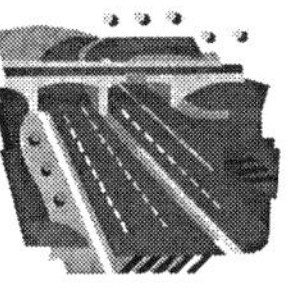

지역에 있어 중점적 · 일체적인 배리어프리화의 추진

· 행정이 작성한 기본구상에 기반하여 역을 중심으로 한 지구와 고령자, 장애인 등이 이용하는 시설이 중점정비지구에 있어 중점적 또는 일체적인 배리어프리사업을 실시

★주민 등의 계획단계에서부터의 참가촉진을 위한 조치
○기본구상 책정 시의 협의회제도
○주민으로부터의 기본구상작성 제안제도

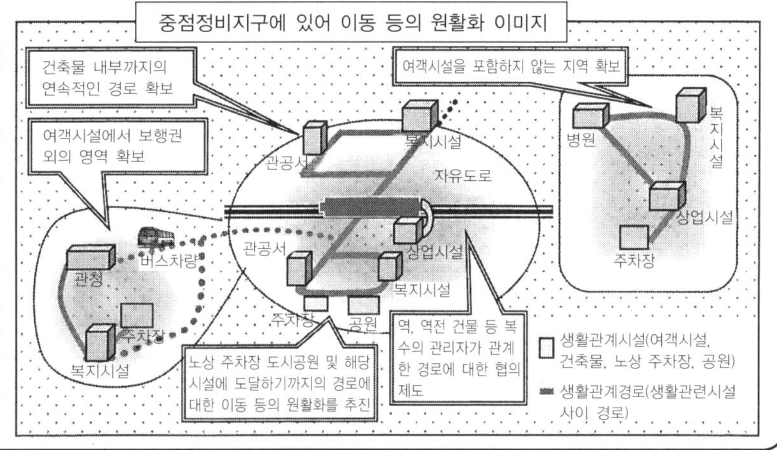

마음의 배리어프리 추진

배리어프리화의 촉진에 관한 국민의 이해 · 협력의 촉진 등

그림 2.2 배리어프리법의 개요

출처: 국토교통성 홈페이지

로 정하고 있다. 법에서는 '고령자·장애인 등'으로, 신체장애인뿐만 아니라 지적장애인, 정신장애인 및 발달장애인을 포함한 모든 일상생활 또는 사회생활에 신체기능의 제한을 받는 사람을 대상으로 하고 있다. 당연하게도 '장애인 등'의 '등'에는 임산부, 부상자 등이 포함되어 있으며 유니버설디자인의 대상영역과 많이 중첩된다.

1　배리어프리법에 기반한 건축물정비

도로, 교통기관과 달리 건축물은 압도적으로 많은 수가 민간사업자에 의한 것이며, 또한 그 용도, 규모도 다양하기 때문에 건축물 이동 등 원활화 기준(이하, 건축물 원활화 기준)을 하나의 기준으로 통합시켜 정비하는 것이 기본이 된다. 그 위에 지역의 마을만들기 계획에 통합시키면서 배리어프리 기준구상을 활용한 계획적·면적 정비에 의한 이용, 이동의 연속성을 계획하는 것이다.

건축물의 배리어프리화에 관련된 기본용어

2000m² 이상의 특별특정 건축물 : 병원, 백화점, 관공서, 복지시설, 음식점 그 외의 불특정 다수의 사람 또는 주로 고령자와 장애인 등이 이용하는 법 제5조에 정해진 건축물로 바닥면적(증축 또는 개축, 용도변경의 경우에는 그 부분의 바닥면적)의 합계가 2000m²(공중화장실은 50m²) 이상의 시설이 배리어프리 의무화의 범위이다. 또한 지방공공단체에서 정한 배리어프리 조례에서 특별특정 건축물에 특정건축물을 추가하는 것, 또한 대상규모를 바닥면적의 합계 2000m² 미만(공중화장실은 50m² 미만)으로 줄이는 것이 가능하다.

특별특정 건축물 : 병원, 백화점, 관공서, 복지시설, 음식점, 그 외의 불특정 다수의 사람, 또는 주로 고령자와 장애인 등이 이용하는 건축물로서 정령 제5조에서 정한다.

특정건축물 : 학교, 병원, 극장, 관람장, 집회장, 전시장, 백화점, 호텔, 사무소, 공동주택, 노인홈, 그 외의 다수가 이용하는 건축물로서 정령 제4조에서 정하고 있다.

건축물 특정시설 : 출입구, 복도, 계단(층계참을 포함), 경사로(층계참을 포함), 엘리베이터 그 외의 승강기, 화장실, 호텔 또는 여관의 객실, 부지 내의 도로, 주차장 및 욕실 또는 샤워실로서 정령 제6조에 정해져 있다.

건축물 원활화 기준 등

건축물 원활화 기준이란 정령 제10조에서 제23조까지에서 정해진 이동 등 원활화를 위해 필요한 건축물특정시설의 구조 및 배치에 관한 기준이다.

법의 위임에 의해 지방공공단체가 제정한 특별특정 건축물의 추가 및 규모의 축소에 관한 부가기준도 같은 것이다.

건축물 원활화 기준의 적용범위

건축주와 시설관리자는 특별특정 건축물을 법령에서 정한 배리어프리 기준에 적합하도록 할 의무가 있다. 또한 기존의 시설 등에 대해서도 배리어프리 기준에 적합하도록 노력할 의무가 있다. 당연한 말이지만 건축주와 시설관리자는 배리어프리화된 시설, 설비의 원활한 유지관리를 위해 노력해야 한다. 건축물의 배리어프리화의 의무기준(건축물 원활화 기준)은 표 2.4에

표 2.4 기준적합의무의 범위

	기준적합의 의무	기준적합의 노력의무
법 14조, 16조에 의해 건축물 이동 등 원활화 기준이 적용된 대상	2000m² 이상의 특별특정 건축물(신축, 증축, 개축, 용도변경 시)	특별특정 건축물(좌측 제외)
		특별특정 건축물을 제외한 특정건축물(신축·증축·개축·용도변경 시)
	50m² 이상의 공중화장실	특정건축물의 건축물 특정시설(보수·형태변경 시)

있는 2000m² 이상의 건축물이 해당된다. 원칙적으로 신축의 불특정 다수 또는 고령자와 장애인 등이 주로 이용하는 건축물이다. 공중화장실만 실제로 현황에 맞추어 50m² 이상 부합하도록 할 의무가 있다.

또한 특정의 시설용도별에서는 특히 숙박시설의 객실 총수 50실 이상에 대해 1실 이상의 휠체어 사용자용 객실을 정비할 것, 화장실에 대해서는 인공 배설기 사용자를 위한 수세식 설비를 1곳 이상 정비할 의무를 가지고 있다.

벌칙규정

법에서는 시설관리자에 대한 책무가 강화되어 시설정비 시에는 엄수만이 아닌 양호한 상태의 시설유지 및 관리가 요구되고 있다. 건축주에 대한 법령위반의 벌칙규정으로는 건축물 원활화 기준을 엄수하지 않는 법령위반, 명령위반에 대해서 300만 엔 이하의 벌금이 부과된다.

2 배리어프리법에 기반한 교통시설 등의 정비

시설설치관리자의 기준적합의무

대상시설인 여객시설과 차량, 도로, 노상 주차장, 공원시설의 각 시설설치관리자는 그러한 시설을 설치 또는 대규모 개량할 경우, 시설마다 배리어프리 기준에 적합하도록 할 의무가 있다. 또한 기존의 각 시설에 대해서도 기준에 적합하도록 할 노력의무가 부과되어 있다.

중점정비지구의 지정과 기본구상 작성

고령자와 장애인이 일상생활 또는 사회생활을 하며 이용하는 여객시설, 관공서, 복지시설 등의 시설을 정리하여 '생활관련시설'이라고 정의한다. 행정은 다음의 요건에 해당하는 지구를 '중점정비지구'로 지정하여 지구 내를 어떻게 연속적으로 배리어프리화할 것인가에 관한 기본적 사항을 '기본구상'으로서 작성할 수 있다.

- 생활관련시설을 포함한, 또는 그러한 시설 상호간의 이동이 통상 도보로 이루어지는 지구
- 생활관련시설과 시설 상호간의 경로(이것을 '생활관련경로'로 함)을 구성하는 일반 교통용 시설(도로, 역전 광장, 통로 그외의 일반교통용도로 공급하는 시설)에 대해서 배리어프리화를 위한 사업의 실시가 특히 필요한 것으로 인정되는 지구
- 배리어프리화를 위한 사업을 중점적 또는 일체적으로 실시하는 것이 종합적인 도시기능 증진의 계획상, 유효 또는 적절하다고 인정되는 지구

특정사업계획의 실시

기본구상에 기반하여 공공교통 사업자, 도로관리자, 노상 주차장 관리자, 공원관리자의 각 시설설치관리자, 건축주는 각각 특정사업계획을 작성하고, 이 계획에 기반하여 배리어프리화 계획을 목적으로 한 특정사업이 실시된다.

여기서 특정사업에는 다음과 같은 것이 있다.

공공교통 특정사업 : 특정 여객시설 내에 실시하는 엘리베이터, 에스컬레이터 등의 설비정비사업, 저상화 등의 차량정비사업

도로 특정사업 : 보도, 도로용 엘리베이터, 통행경로의 안내표식 등의 설치사업 및 보도폭 확대, 노면의 구조개선 등의 도로구조 개량사업

노상 주차장 특정사업 : 면적이 500m² 이상의 유료주차장에서 휠체어 사용자가 원활하게 이용 가능하도록 하기 위한 정비사업

도시공원 특정사업 : 도시공원의 이동 등 원활화를 위해 필요한 정비사업

건축물 특정사업 : 특별특정 건축물의 건축물 특정시설사업 및 특정건축물의 생활관련경로의 배리어프리화를 위해 필요한 건축물 특정시설 정비사업

교통안전 특정사업 : 공안위원회가 실시하는 사업으로서 신호기와 도로표식, 도로표시의 설치사업 및 생활관련경로에서 주차위반 행위의 방지를 위한 활동

이동 등 원활화 경로협정

기본구상에 정해진 중점정비지구 내의 토지의 소유자는 해당 지구의 배리어프리화를 위해 경로의 정비 또는 관리에 관한 사항을 정하는 이동 등 원활화 경로협정을 체결할 수 있다. 그때, 협정은 자치단체장의 허가를 받아야 한다. 이것은 중점정비지구 내의 역과 역전 빌딩 복수관리자가 관계하는 경로에 있는 건물 엘리베이터 이용에 관한 협정을 체결하는 등의 예가 상정되고 있다.

범칙규정

법에서는 기본구상에 기반한 특정사업의 실시를 담보하기 위한 시설설치관리자(교통, 주차장, 공원)에 대해 권고, 시정명령하고, 교통과 주차장의 시설설치관리자가 명령에 위반한 경우는 300만 엔 이하의 벌금을 부과할 수 있다.

3 지역 독자적으로 추가하는 배리어프리 조례

건축물 배리어프리 조례의 목적

이용자로부터의 법에 대한 비판으로는 기존 건축물의 대응이 불충분하다는 것과 정비를 의무화해야만 하는 대상시설(용도, 규모)을 확대해야 한다는 점이다.

이에 대해 법 14조 3항에서는 지방공공단체가 지역의 실정에 부응하여 독자적으로 배리어프리 대상시설의 확대와 시설면적 규모의 축소 등이 가능한 부가조항(임의조례)을 세우고 있다. 국가가 일률적으로 정하는 배리어프리의 의무기준 대상은 2000㎡ 규모 이상의 특별특정 건축물의 범위에 그치고 있어 그 이외는 지방공공단체의 실정에 따라 유연하게 적합의무 대상시설, 적합의무기준을 정하는 제도를 활용하고 있다. 또한 그 조항은 2002년 하트빌딩법의 개정 시에 추가된 것이다.

단, 지방공공단체가 부가 가능한 범위는 다음과 같다.

① 노력의무가 필요한 특정건축물을 특별특정 건축물로 변경하는 것

② 건축면적을 2000㎡ 이상에서 2000㎡ 이하로 축소하는 것

③ 특정시설의 배리어프리 기준의 내용을 추가(강화 또는 완화)하는 것

어느 쪽이건 건축기준법과 동등한 의무화법령으로 적용된다. 따라서 지방공공단체가 독자적으로 제정한 것으로, 배리어프리 정비를 의무화하기 어려운 범위에 속한 대상을 복지마을 만들기 조례로 연동시키면 지역의 배리어프리 정비가 보다 강화되게 된다.

건축물 배리어프리 조례의 개요

여기서는 한 예로 도쿄도의 건축물 배리어프리 조례를 소개하고 그 특징을 살펴보자.(표 2.5)

도쿄도는 법에 기반하여 다음과 같은 부가조례(2006년 개정)를 제정하였다.

① 의무대상이 되는 용도의 확대

법의 대상에 부가적으로 공동주택, 학교, 보육원, 복지시설, 요리점, 복합건축물(임대 등 개별용도는 적지만 합계 바닥면적이 2000㎡ 이상인 것)을 추가하여 불특정 다수에서부터

특정 다수가 이용하는 시설확대를 도모하고 있다. 그 추가범위는 다른 자치단체에서도 거의 유사하다.

② 대상규모의 축소

배리어프리화의 의무대상 규모 2000m^2의 요건을 줄여 특별특정 건축물의 용도에 맞추어 ㄱ) 규모에 관계없이, ㄴ) 500m^2 이상, ㄷ) 1000m^2 이상의 3가지로 구분한다. 도쿄도 이외의 자치단체도 거의 이와 같은 조치를 취하고 있다.

표 2.5 도쿄도 배리어프리 조례의 개요

명칭: 고령자·장애인 등이 이용하기 쉬운 건축물정비에 관한 조례(건축물 배리어프리 조례, 2006년 개정) 〈대상건축물의 확충〉

특별특정 건축물	바닥면적의 합계
학교	해당없음
병원 또는 진료소(환자의 수용시설이 있는 것으로 한정)	
집회장(하나의 집회실 바닥면적이 200m^2를 넘는 것을 한정) 또는 집회당	
보육원, 세무서 그 외의 불특정 또는 다수가 이용하는 관공서	
노인홈, 보육원, 복지홈 그 외에 유사시설	
노인복지센터, 유아후생시설, 신체장애인복지센터, 그 외의 유사시설	
박물관, 미술관 또는 도서관	
차량의 정차장 또는 선박, 항공기의 탑승을 구성하는 건축물에서 여객의 승하차 또는 대기에 이용하는 시설	
공중화장실	
진료소(환자의 수용시설을 갖추지 않는 것에 한정)	500m^2 이상
백화점, 마트, 그 외의 물품판매업을 하는 점포	
음식점	
우체국 또는 이용원, 세탁소, 전당포, 의류매장, 은행, 그 외 유사한 서비스를 행하는 점포	
자동차의 정류 또는 주차를 위한 시설(일반공공용으로 공급되는 시설에 한정)	
극장, 관람장, 영화관 또는 연극장	
집회장(모든 집회실의 바닥면적이 200m^2 이하의 것으로 한정)	1000m^2 이상
전시장	
호텔 또는 여관	
체육관, 수영장, 볼링장, 그 외의 이와 유사한 운동시설 또는 경기장	
공중목욕탕	
요리점	
공동주택	2000m^2 이상

비고 : 바닥면적의 합계에 정해져 있지 않은 특별특정 건축물은 규모에 관계없이 건축물 이동 등 원활화에 적합하도록 해야 한다

③ 정비기준의 강화

도쿄도에서는 특별특정 건축물에 포함된 공동주택에 독자적인 특정경로를 마련하여 복도 등 통로 폭원을 120㎝ 이상으로 하고, 출입구 폭원은 80㎝로 하였다. 공동주택 이외에는 현관 출입구 폭원 100㎝ 이상, 거실 출입구 폭원 85㎝ 이상, 통로 폭원 140㎝ 이상, 계단 폭원 120㎝ 이상, 계단 한 단의 높이를 18㎝ 이하, 경사로는 옥외 1/20 이하, 실내 1/12 이하로 확충하고 있다. 또한 육아환경 지원책을 적극적으로 마련하여 면적에 따라 유아용 의자, 침대, 수유실의 설치 등을 포함하였다. 이러한 육아지원 환경설치의 강화는 다른 자치단체에서도 같이 적용된 부가조례의 핵심이라고 할 수 있다.

도로 등의 정비기준의 조례화

지방분권의 흐름이 진행되어, 제1차·제2차 일괄법(2011년)의 시행으로 국가 법령(내각이 제정한 명령)과 성령(省令, 각성대신이 제정한 법령: 여기서 '성'은 우리의 부처에 해당)의 내용은 지방공공단체의 회의에서 제정된 조례에 따라 정해지게 되었다.(조례위임)

지방행정 및 자치단체의 구조기술적 기준은 도로구조령(정령)에서 정한 일반적 기술기준을 참고로 하여, 해당 도로의 도로관리자인 지방공공단체의 조례에서 정한다. 충분히 참조한 결과라면 지방의 실정에 따라 다른 내용을 정하는 것도 가능하다. 폭원, 경사, 포장구조 등에 대한 독자규정을 정한 사례도 있다. 또한 국도는 지금과 같이 정령을 따른다.

또한 '도로 이동 등 원활화 기준'은 국토교통성령에 따라 정해져 있지만 이 성령을 참고로 하여 지방

공공단체의 조례로 정해지게 되었다. 또한 국도는 성령을 따르게 된다.

'도시공원 이동 등 원활화 기준'도 도로와 마찬가지이다. '신호기 등 이동 등 원활화 기준'은 국가공안위원회규칙에서 정하고 있으며, 이를 참조하여 지방행정 조례가 정해져 운영되고 있다. 새로운 타입의 신호기 설치가 가능하게 된 것이다.

4 앞으로의 배리어프리 환경정비를 위한 법제도

복지마을 만들기 조례, 법 및 건축물 배리어프리 조례 등은 각각 성립배경도 다르고, 적용방법도 다르지만, 일본 내의 복지마을 만들기, 배리어프리, 유니버설디자인 환경을 추진하기 위한 중요한 법제도라는 점은 분명한 사실이다.

그 목표는 장애의 유무에 관계없이 장벽이 없는 공평한 환경만들기(공생사회)에 있다. 적어도 앞으로는 법제도를 엄수하면 누구나 불편 없이 이용 가능한 이동, 건축, 거리의 환경에 한발 더 가까이 가게 될 것이다.

그리고 매력적인 도시환경과 건축환경을 구축하기 위해서는 이러한 법제도를 기본으로, 계획가, 설계자의 고민이 무엇보다 중요하다. 이용자 한 사람 한 사람의 요구를 적절히 파악하면서, 이용자를 시작으로 많은 관계자의 경험을 집약시킨 배리어프리 환경정비의 시스템과 디자인 실현을 구현해야 한다. 그로 인해 각종 법의 기준이 디자인을 방해하는 것이 아니라는 것을 이해되게 될 것이다.

다시 말하자면 살기 좋고, 이동하기 쉬운 환경은 도로와 교통기관, 건축물이 따로따로 정비되어서는 안 된다. 각종 시설까지의 접근 및 시설 내부에서의 이동, 이용에 과도한 부담이 되지 않는 것, 필요한 이용정보가 자연스럽게 들어오는 것, 나아가 곤란한 경우에 대비한 인적 지원체제, 재해 등의 대비, 양호한 상태로의 시설 유지관리 체제가 필요한 것이다.

참고문헌

1) 国土交通省『バリアフリー法施行状況検討結果報告書』2012.
2) 国土交通省『高齢者, 障害者の円滑な移動等に配慮した建築設計標準』2012.
3) 東京都『建築物バリアフリー条例』2012.
4) 埼玉県『福祉のまちづくり条例設計ガイドブック』2005.
5) 大阪府『福祉のまちづくり条例(逐条解説)』2013.
6) 横浜市『福祉のまちづくり条例施行規則改正案』2012.

제 3 장

교통시설

시설·시스템·서비스의 정비

핵심 교통기관의 바람직한 방향에 대해 복지마을 만들기의 시점에서 생각해 보자. 현대 도시에서는 도시 내부의 이동을 통해 보다 많은 사람의 생활이 이루어진다. 이를 위한 각종 교통시설은 그것을 필요로 하는 사람들의 요구에 맞춘 정비가 필요하다. 3장에서는 주로 공공교통기관에 대해서 서술하고, 도로 등에 대해서는 4장에서 서술할 것이다.

1 복지마을 만들기에서 교통시설의 위치

1 도시생활과 교통

도시는 재화와 서비스 교환의 장이며, 사람과 사람의 교류의 장이기도 하다. 이전의 농촌사회에서 이루어졌던 자급자족의 생활은 감소하고, 현대사회 생활의 기본은 재화와 서비스의 교환을 전제로 한 도시사회인 것이다. 그 내용은 재난에 강하고 이동하기 쉬운 장소에 적절한 인구밀도로 거주하고, 주거와 분리된 생산의 장에서 노동을 제공하여 자금을 얻어 상가 등에서 재화와 서비스를 구입하는 것이다. 때로는 의료시설에서의 치료와 레저 시설에서의 오락도 필요하다.

이러한 도시생활을 지탱하기 위해서는 적절한 교통수단을 이용할 수 있어야 한다. 교통수단이란 사람이 스스로 걷고(보행), 자동차·자전거 등의 교통기기를 조작하여 도로를 이동하고, 교통사업자가 운영하는 철도와 버스에 승차하여 이동하는 등의 행위의 총칭이다. 그 안에는 개인의 노력으로 실현되는 교통수단과 사회적인 대응이 없으면 이용될 수 없는 수단이 있다. 실제로는 민간의 교통사업자도 많지만 그 경영은 결코 순조롭다고 할 수 없으며, 행정의 지원(보조금과 특례)을 제공받지 않으면 교통서비스(사람과 물건을 운반하는 것)의 지속적인 제공이 어려워지는 점이 중요한 과제가 되고 있다.

교통의 요소로서 다음의 3가지 항목을 고려하는 경우가 많다. 그것은 ① 교통주체, ② 교통도구, ③ 교통도로이다.

교통주체란 교통으로 인해 움직이는 사람과 물건으로서 여기서는 사람에 대해서 생각해보자. 사람에는 개인차가 있다. 그것은 신체의 크기와 보행능력의 차이만이 아닌 자동차의 운전능력과 운동판단능력의 차도 나타난다. 또한 경제조건(예를 들어 소득과 자산의 유무)와 사회조건(예를 들어 직업의 유무), 가족조건(예를 들어 자녀의 유무)에서도 개인차가 나타난다. 때로는 기호의 차이(예를 들어 자전거 애호가)에 따른 차이도 들 수 있다. 복지마을 만들기를 생각할 때에는 개인차의 발생요인을 고려하고 다니고 싶어도 그럴 수 없는 상황을 만들지 않도록 할 필요가 있다.

교통도구란 교통을 원조하는 도구이다. 자전거와 자동차, 전차의 차량 등이 이른바 좁은 의미에서의 '탈것'에 해당한다. 나아가 보행지원기기(예를 들어 실버카트)와 정보를 얻기 위한 기기(예를 들어 환승안내정보를 검색하는 모바일장치)도 여기에 해당된다. 단, 의족 등의 보조장치도구 등은 렌탈 등으로 교환하기 어려운 것이므로 위의 교통주체의 특성(신체의 일부)으로 생각해도 좋다.

교통로란 교통시설을 말한다. 구체적으로는 도로, 철도선로와 같은 선상의 시설과 역, 항구, 공항과 같은 승강장소의 시설(광역적인 시점에서는 점적인 시설이다)이다. 그 정비는 국가 등의 공적기관이 정비하는 것과 교통사업자 등의 민간기업이 정비하는 것이 있다. 어느 쪽도 이용자에게는 안전과 안심, 쾌적하고 그 주위에 대해서도 악영향을 미치지 않는 것이 중요하다.

교통이란 위 3요소의 종합으로 성립된다. 따라서 복지마을 만들기에서도 각각 개별적으로 생각하는 것이 아닌, 보행능력이 한정된 사람에 대해서도 그 사람의 도시생활의 목적이 달성되기 위해 필요한 교통방향을 고려하여 그 사람에 적합한 교통도구와 교통로를 정비해야 한다.

2 교통시스템 정비

여기서는 교통의 3요소 중에서 교통도구와 교통로로 구성된 교통시스템에 대해 생각해보자. 교통로는 선상의 시설이지만, 나아가 그것을 확대하여 망의 형상으로 길게 이어지도록 하는 것이 중요하다. 그것을 교통 네트워크라고 말한다. 민간기업만으로 그 모든 것을 준비하는 것은 어렵다. 따라서 공적인 입장에서 네트워크의 방향을 검토하고 정비계획으로 정리한다. 그와 함께 교통사업자(자치단체가 경영하는 공적기업, 민간기업, 나아가 제3섹터로 불리는 민관공동출자의 기업이 있다)가 각 노선을 담당한다. 시설의 건설과 교통서비스 제공을 분리하는 경우도 있다.

교통도구와 교통로는 그 조합이 정해진 경우도 많다. 철도의 예를 들어보면, 좌우 레일의 내부 폭을 축간이라고 하는데 여기에는 여러 종류가 있다. 축간은 1435㎜로서 JR의 신칸센, 간사이(関西)의 사철, 노면전차, 많은 지하철 등의 예가 있다. 한편 JR의 기존 선로 등에서는 축간이 1067㎜이며, 게이오(京王)전철 등에서는 1372㎜가 사용된다. 이러한 선로에 맞춰서 차량이 제조되고 있으며, 축간이 다른 노선의 통행은 기본적으로 불가능하지만 차간 가변전차라는 기술개발이 진행되고 있다.

점적 선형의 교통로(터미널의 경우가 많다)로서는 철도역이 있다. 역은 이용자가 타고 내리는 장소이며, 차량에 타고 내릴 때 안전하고 원활하게 진행되도록 해야 한다. 또한 역의 주변지구와의 연속성도 중요하다. 이를 위해 역전 광장을 설치한다. 역전 광장은 교통광장이라고 불리며, 역전에 집중하는 대량의 교통을 원활하게 분산함과 동시에 교통기관 상호의 환승의 편리성을 증진시킨다. 또한 도시의 얼굴로서 그 미관(도시미관)을 배려하는 경우가 많다. 나아가 방재공간(피난, 긴급활동의 거점이 된다)으로 정해져 있다.

교통시설은 교통이라는 행위에 대해 적절해야 하

며, 도시 전체에서의 위상, 방재 등의 비상사태에 대한 대비도 고려하여 정비가 추진되어야 한다. 당연하게도 복지마을 만들기 시점에서 역의 이용자 요구는 다양하며 비상시를 포함하여 적절한 대응이 요구된다.

또한 배리어프리법에 기반한 '이동 등 원활화의 촉진에 관한 기본방침'이 2011년에 개정되어, 2020년도 말까지 새로운 이동 등 원활화의 목표가 제시되었다. 이동 등 원활화의 대상 여객시설을 1일 평균 이용자 수 3000명 이상으로 확대할 것과, 홈도어, 가동식 낙하방지벽의 설치를 가능한 촉진할 것, 철축도 차량의 이동원활화를 70%, 논스텝 버스의 도입을 70%, 복지 택시차량의 도입 2만 8000대 등의 목표가 제시되어 있다. 달성 가능한 곳에서는 목표치를 넘어서는 적극적인 정비가 요구된다.

또한 이용자수가 특히 많은 여객시설, 복수의 노선이 들어오는 여객시설, 복수의 사업자의 여객시설이 존재하는 시설, 여객시설 이외의 시설과의 복합시설 등에서는 이용자수의 규모와 공간의 복잡함 등을 감안하여 특별한 배려를 행하도록 하고 있다.

2 터미널의 정비

1 공통사항

터미널에는 철도역, 버스터미널, 여객선터미널 등이 있다. 여기에 여객시설마다의 정비에 유의할 점이 있다.

먼저 각종 여객 교통시설의 이동 등 원활화에서는 표 3.1에 나타낸 공통원칙을 고려한다. 이것은 이용자 측의 시점에서 정리된 것이다.

나아가 개별 여객교통시설 공간에서는 각각의 조건에 맞는 구체적인 정비가이드라인이 정리되어 있다. 여기에 기반하여 적절한 여객정비를 행하도록 한다.

'원칙Ⅰ 이동하기 편한 경로'를 달성하기 위해서는 먼저 이동경로를 전체적으로 파악하는 것이 중요하며, 표 3.1에 나타낸 경로의 부분부분에서도 충분한 배려가 필요하다.

'원칙Ⅱ 알기 쉬운 유도안내설비'를 달성하기 위해서는 시각장애인, 청각장애인, 지적장애인, 발달장애인 등의 다양한 사람들과의 적절한 대응이 요구된다. 시각장애인에게는 청각정보(귀로 듣는 정보)와 촉각정보(만져서 파악하는 정보)가 중요하며, 청각장애인에게는 시각정보(눈으로 파악하는 정보)가 효과적이다. 나아가 지적장

표 3.1 여객시설의 이동 등 원활화 공통원칙

원 칙	내 용	구체적인 검토가 필요한 내용
Ⅰ 이동하기 편한 경로	고령자, 장애인 등이 여객교통시설을 안전하고 무리 없이 이동 가능하도록 가능한 최단거리로, 또한 알기 쉬운 경로로 구성할 것	① 이동 등 원활해진 경로 ② 공공용 통로와의 출입구 ③ 승차권 등 판매소·대합실·안내소의 출입구 ④ 통로 ⑤ 경사로(슬로프) ⑥ 계단 ⑦ 승강기(엘리베이터) ⑧ 에스컬레이터
Ⅱ 알기 쉬운 유도안내 설비	여객교통시설 내에서는 고령자와 장애인 등의 이동을 지원하기 위해 알기 쉽게 공간을 정리함과 동시에 적절한 유도안내용 설비를 설치할 것	① 시각표시설비 ② 시각장애인 유도안내용 설비 ③ 음성유도 ④ 다국어 대응 ⑤ 픽토그램
Ⅲ 사용하기 쉬운 시설·설비	여객교통시설 내의 시설과 설비는 고령자와 장애인 등이 안전하고 용이하게 이용 가능하도록 하고, 또한 이러한 시설과 설비에는 용이한 접근이 가능하도록 할 것	① 화장실 ② 승차권 등 판매소·대합실·안내소 ③ 판매기 ④ 휴게 등을 위한 설비 ⑤ 그 외의 설비

출전: 배리어프리 정비 가이드라인

애인, 발달장애인 등 복잡한 정보를 이해하기 어려운 사람과 문자정보만이 아닌 그림에 의한 정보(픽토그램)가 필요한 이용자에게도 필요한 정보가 전달되도록 해야 한다.

'원칙Ⅲ 사용하기 쉬운 시설·설비'를 달성하기 위해서는 시설·유도안내설비를 정비할 때 표 3.1에 나타낸 제반설비를 적절하게 배치할 필요가 있다.

이를 통해 개별설비를 제작할 때 유니버설디자인으로 설계하고 제작되어야 한다. 그러나 여객시설 내부에 설치되었을 때, 각 설비의 사용방법의 차이가 발생하는 경우도 있다. 따라서 개별설비의 좋고 나쁨을 판단함과 동시에 여객시설 내부에 배치된 상황을 검토해 나갈 필요가 있다.

2 철로역의 정비

철축도와 그 역

여기서 철축도란 철도와 축도를 합한 표현이다. 철도와 축도는 함께 평행하여 설치된 2개의 선로 위를 전용차량이 주행하는 것이다. 일본의 법률에서는 철도는 철도사업법으로, 축도는 축도법으로 각각 관리되고 있다. 철도는 전용주행공간을 가지는 것에 비해 축도는 도로상에 레일을 설치(예를 들어 노면전차)하는 것이 원칙이다. 그러나 그 정의에 해당되지 않는 교통기관(지하철, 신교통시스템, 모노레일 등)이 나타나, 한편으로 이용자에게는 특별히 구분할 필요가 없으므로 양자를 합하여 철축도라고 하는 경우가 많다. 법률상의 표현에 집착할 필요가 없다면 철도라는 표현을 사용해도 무방하다. 이 책에서는 철축도로 표현한다.

철축도에는 역을 설치하고, 여객은 그곳에서만 승하차를 한다. 따라서 철축도의 배리어프리를 고려할 때에는 역과 차량이 중요한 요소가 된다. 여기서는 역에 대해서만 서술하고, 차량에 대해서는 본 장 3절에 서술한다.

역은 승차권을 확인하는 장소(개찰구)와 차량을 타는 장소(플랫폼, 단순히 홈이라고 하는 경우도 많다)에 배리어프리 정비가 필요하다. 이동경로 전체의 배려사항으로는 엘리베이터와 완만한 경사로 등을 통한 단차의 제거계획이 있다.

또한 계단에서는 고령자와 지팡이 사용자, 시각장애인 등의 원활한 이용을 배려하고 손잡이의 설치도 필요하다.

승차권 구입의 원활화

철축도를 이용하기 위해서는 목적지까지의 승차권을 정식으로 구입해야 한다. 역무원이 있는 곳에서는 역무원에게 승차권의 종류(언제, 어디에서 어디로, 특급인가 아닌가, 어떠한 좌석지정인가, 금연 또는 흡연석인가, 각종 할인의 유무)를 설명하고 구입한다. 자동판매기·정산기가 있으면 상황에 맞게 기기를 조작해야 한다. 여기서 정확한 커뮤니케이션이나 조작이 가능하면 문제가 없지만 그것이 곤란한 여객의 경우에는 적절한 대응이 필요하다.

휠체어 사용자에게는 역무원과 대면할 때의 높이 배려가 필요하며, 또한 자동판매기·정산기의 이용에서도 조작 가능한 높이에 조작 버튼 등을 설치할 필요가 있다. 시각장애인에게는 먼저 촉지도에 의한 역 전체 안내가 필요하며 창구와 자동판매기·정산기까지의 유도와 점자표시가 필요하다. 시각장애인에게는 터치패널식 기기는 사용할 수 없으므로 촉각을 감지할 수 있는 버튼에 의한 조작을 가능하도록 한다(그림 3.1)

청각장애와 언어장애가 있는 여객에게는 필기에 의한 대응이 효과적이다. 말로 커뮤니케이션이 불가능한 여객에게도 필기와 메모는 효과적이다.

유도안내설비의 배려사항

시각장애인을 위해서 출입구에서부터 승차위치까지 시각장애인용 유도 블록을 설치한다. 또한 차량 등의 운행이상과 관련해서 연착상황, 연착이유, 운전 재개예정, 도착예정시각 등 정보안내를 음성으로 실시한다. 그러나 음성정보만으로는 불충분하며 정보를 상시 확인할 수 있도록, 또한 청각장애인에게도 배려하기 위해 문자표시(전광판과 수기의 안내)로 정보를 제공하거나 인터넷과 통신회선 등을 활용한 문자정보를 제공한다.

원활한 개찰구의 정비

개찰구를 설치하지 않고 여객을 승차시키는 역도 있다. 예를 들어 차량에서 승차권을 확인·회수하는 경우(차내 개찰)도 있으며, 최근은 개찰구를 설치하지 않는 철도(유럽의 철도 등)도 있다. 또한 유인개찰구(역무원이 승차권을 확인·회수)와 자동개찰구(기계에 의한 승차권의 확인·회수)가 있으며, 양자가 혼합되어 있는 역도 있다.

개찰구를 휠체어 사용자가 통과하는 경우, 기존의 폭으로는 이용이 어려운 경우가 많으며, 화물 등의 투입구 등을 이용하는 특별한 경로로 이동하고 있는 예도 있지만 일반여객과 동일한 개찰구를 이용하도록 하는 것이 바람직하다. 또한 개찰기의 자동화가 진행되고 있지만 고령자와 시각장애인, 임산부 등은 이용하기 어려운 경우가 있기 때문에 유인개찰구를 병설하는 것도 바람직하다.

그림 3.1 경사형 자동판매기·정산기(나고야 시영지하철)

휠체어 사용자와 고령자 대상으로 현금투입구가 낮으며, 시각장애인 대상의 음성안내와 숫자입력 키가 정비되어 있다.

개찰구는 시각장애인이 철축도를 이용할 때의 시종착점이 되는 장소임과 동시에 역무원과 커뮤니케이션을 하면서 인적 지원을 요구할 수 있는 장소라는 점을 고려하여 그 위치를 알릴 수 있는 음성안내를 설치한다.

안전·안심·쾌적한 플랫폼의 정비

플랫폼에는 낙하방지를 위한 조치를 중점적으로 행할 필요가 있다. 특히 시각장애인의 추락방지 시점에서 홈도어, 스크린도어, 추락방지경고 블록, 점자블록 등의 조치를 해두어야 한다.

플랫폼과 열차의 단차를 가능한 한 평탄하게 하고 간격을 최소한으로 한다. 그를 위해서는 신설역과 대규모 역사 개축 시 그 입지조건을 충분히 감안하여 가능한 한 플랫폼을 직선으로 배치하는 것이 바람직하다. 부득이 단차와 간격이 발생하는 경우에는 단차·간격 해소장치와 미끄럼방지 등에 대응할 필요가 있다. 경사면의 경사는 승차 시의 보조와 전동 휠체어의 등반성능을 고려하여 가능한 한 10도 이하로 한다. 휠체어 사용자의 승차를 위해 경사면을 시설 쪽·차량 쪽 둘 다 신속하게 설치 가능한 장소에 배치한다. 그 경우 신속하게 대응 가능하도록 체제를 정비할 필요가 있다.

또한 지방철도 등에서 단차가 심하고 큰 경우에는 ① 시설 쪽은 홈으로 올리고, ② 차량 쪽에서는 바닥면을 낮추고, ③ 단차해소설비를 설치하는 등으로 가능한 단차해소를 위해 노력한다.(그림 3.2)

그림 3.2 스크린도어(나고야 시영지하철 사쿠라츠우桜通선)
(좌: 차량이 없을 때, 우: 승차시)

커뮤니케이션 수단의 확보 등

역무원과 커뮤니케이션이 가능하도록 플랫폼의 알기 쉬운 위치에 인터폰 등과 같은 역무원 연결장치의 설치, 또는 휴대전화 등에 의한 연락이 가능하도록 알기 쉬운 위치에 전화번호 등의 연락처를 게시한다. 시각장애인에게는 커뮤니케이션 수단의 확보를 배려하여, 인터폰 등의 역무원 연락장치를 설치하는 경우에는 해당 장소까지 시각장애인 유도용 블록을 설치한다. 또한 휴대전화번호를 게시하는 경우에는 사전에 사업자의 홈페이지 등에 전화번호 등의 연락처를 게시해두면 효과적이다. 또한 지역 자원봉사자 등과의 연대에 의한 커뮤니케이션, 접객과 보조가 이루어지도록 하는 것도 효과적이다.

무인역의 대응

이용자가 적은 역에서도 역무원을 배치하는 것이 바람직하나, 부득이 무인역으로 운영하는 경우에는 이동경로의 배려, 유도안내설비의 배려, 플랫폼의 배려, 커뮤니케이션 수단의 확보 등의 배리어프리 정비를 적극적으로 추진해야 한다.

3 노선버스의 승강장

버스 승강장

노선버스는 가장 근접한 교통수단으로서 고령자와 장애인의 이용요구가 높다. 또한 논스텝 차량의 보급 등으로 고령자·장애인 등의 이용증가가 예상된다.

노선버스는 여객의 승강장소가 지정되어 있다. 그것은 도로상인 경우도 있고, 도로 외인 경우도 있다. 특히 도로상에 버스정류장을 설치하는 경우에는 다른 차량에 방해가 되어서는 안 되며, 승차대기중인 사람들이 안전하게 체류할 수 있는 공간이 필요하다. 또한 노선버스의 버스정류장의 기둥사인에서 반경 10m의 도로공간에는 주정차금지라는 교통규제가 설정되어야 한다. 더불어 버스정류장의 위치는 도로관리자(시도의 경우 시청)와 공안위원회(지역의 경찰서) 등과 버스회사가 협의하여 결정한다.

버스터미널

버스터미널은 '여객의 승차를 위해 사업용 자동차를 동시에 2대 이상 정차시키기 위한 목적으로 설치한 시설로서, 도로의 노면 외의 일반 교통의 용도로 공급한 장소를 정류장소로 사용하는 곳 이외의 곳'으로 정의(자동차 터미널법 제2조)되고 있다. 철축도역과 유사한 설비를 가지므로, 배리어프리화에서도 철축도역의 정비내용과 동등한 배려와 논스텝화의 추진차량(본장 3절 3항 참조)과의 정합성도 중요하다.

3 차량 등의 배리어프리화

1 공통사항

차량 등의 배리어프리화에 관해서는 법(고령자·장애인 등의 이동 등의 원활화 촉진에 관한 법률)에 기반한 의무기준(공공교통 이동 등 원활화 기준(이하, 공공교통 원활화 기준))에 정비내용이 명확하게 정리되어 있다.

공공교통 원활화 기준은 공공교통 사업자 등이 여

객시설과 차량 등을 정비할 경우의 의무기준으로서 엄수해야 할 내용을 나타내고 있다. 대상이 된 차량으로는 철도차량·축도차량, 버스차량, 복지택시차량, 항공기, 여객선이 있다.

차량 등을 이용하는 대상자로는 고령자와 장애인 등의 이동제약자를 염두에 두면서 '어디든, 누구라도, 자유롭게, 사용하기 쉽게'라는 유니버설디자인의 개념을 배려하면서 모든 이용자에게 사용하기 쉬운 차량이 될 것을 기대하고 있다.

그러나 공공교통 원활화 기준은 어디까지나 최소한의 정비기준이며, 고령자·장애인 등의 원활한 이동 또는 시설의 이용(배리어프리화)을 실현하기 위해서는 바람직한 차량 등의 정비방침을 더 명확하게 하고 해당 방침에 따라 차량 등의 정비를 촉진할 필요가 있다.

한편으로 각 공공교통기관에 있어 ① 현황의 제약조건과 기술개발의 동향 등을 고려할 때 비교적 용이하게 실현 가능한 내용과, ② 실현을 향한 기술개발과 제도보완 등 검토할 문제가 많은 내용으로 크게 구별된다.

따라서 차량 등의 정비내용의 규칙화를 추진하고 표 3.2에 나타낸 것과 같은 의무적인 '이동 등 원활화 기준에 기반한 정비내용'에 그치지 않고 '표준적인 내용'과 '바람직한 내용'에 따라 보다 바람직한 차량 등의 정비방침을 검토하는 것이 좋다.

나아가 정비내용은 인간공학, 안전성, 유니버설디자인 등을 배려하고, 가능한 근거와 배경을 나타냄과 동시에 그 구체적인 사양(수치에 의한 기술)을 설정해야 한다. 지금은 수치로 서술하기 어려운 것과 성능적으로 서술하는 것이 바람직한 것은 성능으로 서술하도록 한다.

상기의 정비내용은 '공공교통기관의 이동 등 원활화 정비 가이드라인(여객시설편·차량 등편)'(2013년 개정)에 정리되어 있다. 이 가이드라인의 여객시설편은 1983년에 제정된 '공공터미널에 있어 신체장애인용 시설정비 가이드라인' 이후 4회의 개정을 거친 것이며, 차량 등편은 1990년에 제정된 '신체장애인·고령자를 위한 공공교통기관의 차량구조에 관한 모델디자인' 이후 3회의 개정이 이루어진 것이다.

표 3.2 정비내용의 3가지 레벨

레벨	내용
이동 등 원활화 기준에 기반한 정비내용(◎)	국토교통성령의 이동 등 원활화 기준이란 공공교통 사업자 등이 여객시설 및 차량 등을 새롭게 정비 및 도입할 경우에 의무적인 기준으로 엄수해야 할 내용을 나타낸 것으로, 이 기준에 기반한 최소한의 원활한 이동을 실현하기 위한 내용
표준정비내용(○)	이동 등 원활화 기준에는 없지만 고령자와 장애인 등을 포함한 모든 사람이 이용하기 쉬운 공공교통기관의 실현을 향해 사회적 변화 및 이용자의 요청을 포함한 정비내용 중에서 표준적인 정비내용
바람직한 정비내용(◇)	상기의 '이동 등 원활화 기준에 기반한 정비내용'과 '표준적인 정비내용'의 정비를 행한 후에 나아가 원활한 이동을 실현하기 위한 이동 등 원활화와 이용자의 편리성, 쾌적성에 대한 배려를 위한 내용

출전: 배리어프리 정비 가이드라인

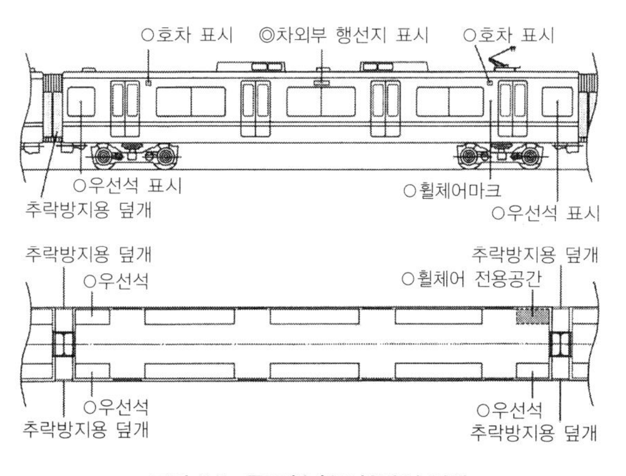

그림 3.3 통근형 철도차량의 외관

출전: '배리어프리 정비 가이드라인(차량 등편)' 국토교통성 종합정책국 안심생활정책과 감수, 공익 재단법인 교통 에콜로지 모빌리티 재단, 2013

표 3.3 철축도 차량 배리어프리의 주된 내용

장소·항목	주안점	주된 정비내용(◎, ○, ◇는 표 3.2에 나타낸 기호)
① '원칙I 이동하기 쉬운 경로'를 달성하기 위한 사항		
승강구(차량 외부)	단차·틈(◎)	·차량과 플랫폼의 단·틈 사이에 대해, 단은 가능한 한 평탄하게, 틈 사이는 가능한 한 좁게 한다.
	승강구의 폭(◎)	·여객용 승강구 중 1열차에 1곳 이상은 유효폭 800㎜ 이상으로 한다.
	행선지·차량종별 표시(◎)	·차체 측면에 해당 차량의 행선지 및 종별을 큰 문자로 보기 쉽게 표시. 단 행선지 등의 종별이 확실한 경우는 이에 해당하지 않는다.
승강구(차량 내부)	바닥면의 완성도(◎)	·승객용 승강구의 바닥표면은 미끄럽지 않도록 완성도를 높인다.
	승강구 가장자리 손잡이(◎)	·승강구 가장자리에는 고령자와 장애인 등이 원활하게 승강할 수 있도록, 또한 서 있을 때 신체를 유지하기 쉽도록 손잡이를 설치 ·손잡이 높이는 고령자와 장애인, 키가 작은 사람, 아동 등을 배려하여야 한다.
	승강구 가장자리 주변 단차의 식별(◎)	·단이 생긴 경우는 단의 끝부분의 전체를 충분한 크기로 주위의 바닥색과 색의 명도, 색상, 채도의 차(색의 명도, 색상, 채도의 차, 구체적으로는 광도 대비)를 확보하고 용이하게 해당 단을 식별할 수 있도록 한다.
	호차 및 승강구 위치(문번호) 등의 점자·문자표시(◎)	·각 차량의 승강구의 문 등은 그 부근에 차번호와 승강구 위치(문번호)를 문자 및 점자(촉지에 의한 안내를 포함)로 표시한다. 단, 차량의 편성이 일정하지 않은 이유로 부득이한 경우 예외로 한다(그림 3.4ⓐ)
통로(차내)	휠체어용 설비 사이의 통로폭(◎)	·여객용 승강구에서 휠체어 공간의 통로 중 1곳 이상, 및 휠체어 공간에서 휠체어로 이용 가능한 구조의 화장실(화장실이 설치된 경우에 한정)로의 통로 중 1곳 이상은 유효폭 800㎜ 이상을 확보
차량 간 추락방지 설비	추락방지장치의 설치(◎)	·여객열차의 차량 연결부(상시 연결부에 한정)는 플랫폼의 여객 추락을 예방하기 위해 낙하방지용 덮개 등 추락방지설비를 설치. 단, 플랫폼의 설비 등의 이유로 여객이 추락할 가능성이 없는 경우는 제외(그림 3.4ⓑ)
② '원칙II 알기 쉬운 유도안내설비'를 달성하기 위한 사항		
안내표시 및 방송(차내)	안내표시장치(LED, 액정 등)(◎)	·객실에는 다음에 정차하는 철도역의 역명과 그 외의 해당 철도차량의 운행에 관한 정보를 문자 등으로 표시하기 위한 설비를 갖춘다(그림 3.4ⓒ).
	안내방송장치(◎)	·객실에는 다음 정차하는 철도역의 역명 외 해당 철도차량의 운행에 관한 정보를 음성으로 제공하기 위한 차내방송장치를 설치 ·여객용 승강구에는 여객용 승강구 문이 개폐하는 쪽을 음성으로 알리는 설비를 설치
③ '원칙III 사용하기 쉬운 시설·설비'를 달성하기 위한 사항		
우선석 등	설치위치(○)	·우선석은 승강의 이동거리가 짧도록 승강구 가까운 곳에 설치한다(그림 3.4ⓓ).
	우선석의 표시(○)	·우선석은 ① 좌석시트를 다른 시트와 다른 배색, 모양으로 한다. ② 우선석 부근의 손잡이는 통로, 벽면 등의 배색을 주위와 다른 것으로 하여 차내에서 간단하게 식별할 수 있도록 한다. ③ 우선석 배후의 창 등 잘 보이는 위치에 우선석을 나타내는 스티커를 붙여서 우선석이 차내 또는 차외부에서 쉽게 식별할 수 있도록 하고 일반 승객의 협력을 얻기 쉽도록 한다.
손잡이	손잡이의 설치(◎)	·통로 및 객실 내에는 손잡이를 설치한다.
	손잡이(○)	·객실용도와 이용자의 신장(특히 키가 작은 사람)을 배려하여 높이와 배치, 깊이와 두께를 설정
	세로손잡이(○)	·서 있을 때의 자세를 유지하기 쉽도록, 또한 앉고 서기 좋도록 세로 손잡이를 좌석으로 이동하기 편리한 위치에 설치 ·세로손잡이·가로손잡이의 직경은 30㎜ 정도(그림 3.4ⓔ)
	좌석손잡이(○)	·교차시트 좌석에는 좌석의 이동과 앉고 서기, 서 있을 때의 자세 유지를 배려하여 좌석 어깨부에 손잡이 등을 설치
휠체어 공간	설치수(◎)	·객실에는 1열차에 적어도 1곳 이상의 휠체어 공간을 설치(그림 3.4ⓕ)
	넓이(◎)	·휠체어 사용자가 원활하게 이용하도록 충분한 넓이를 확보
	휠체어 공간의 표시(◎)	·휠체어 공간이 있는 것을 쉽게 식별하도록 하고, 일반 승객의 협력을 얻기 쉽도록 휠체어용

		공간을 나타내는 마크를 차내에 게시
	손잡이(◎)	·휠체어 사용자가 잡기 쉬운 위치에 손잡이를 설치
	바닥면의 완성도(◎)	·바닥의 표면은 잘 미끄러지지 않도록 마감을 한다.
화장실	휠체어 대응 화장실의 설치(◎)	·객실에 화장실을 설치할 경우는 1열차에 1곳 이상 휠체어 사용자가 원활하게 이용 가능한 화장실을 설치한다.
	휠체어 대응 화장실의 출입문의 폭(◎)	·휠체어로 원활한 이용에 적합한 화장실의 출입구 문의 유효폭은 800㎜ 이상

출전: 배리어프리 정비 가이드라인

2013년 개정판은 2011년에 개정된 '이동 등 원활화의 촉진에 관한 기본방침'에 기반하여 종전의 가이드라인의 과제였던 사항, 기술수준의 향상에 따라 보다 나은 정비가 가능한 사항, 요구의 변화 등을 검토하여 법의 지속적 향상의 구체화에 필요한 사항을 수정한 것이다. 또한 개정작업은 이용 당사자, 사업자, 학식경험자 등으로 구성된 검토회에서 검토 및 공청회 등을 거치고 있다.

교통기관별 배려해야 할 사항과 그 의무적 내용(◎)에 대해 표 3.1과 동일하게 정리하여 그 개요를 소개하였다. 표준내용(○)과 바람직한 내용(◇)에 대해서도 서술하였다. 보다 상세한 내용은 '배리어프리 정비 가이드라인(차량 등편)'을 참조한다.

2 철축도 등의 차량

철축도의 차량으로는 단거리 이동 이용자를 상정하고 있는 통근용 철도와 지하철의 유형과 도시 간 장거리 이동 이용자를 상정하고 있는 도시 간 철도의 차량 정비내용이 다르다. 여기서는 통근형의 철도와 지하철에 있어 차량의 배리어프리화에 대해서 설명한다(그림 3.3). 좌석은 롱시트 타입으로 승강용은 양

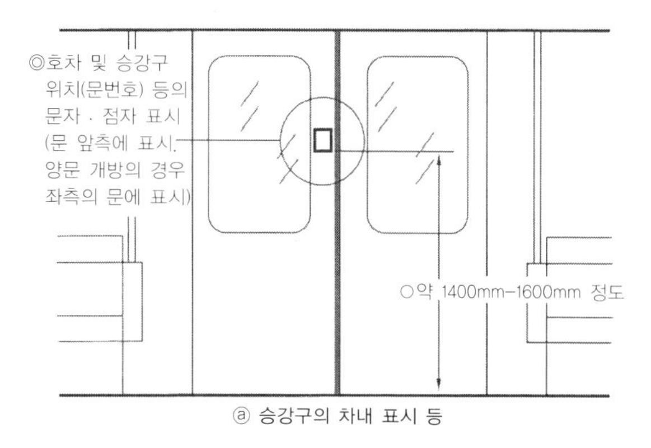

ⓐ 승강구의 차내 표시 등

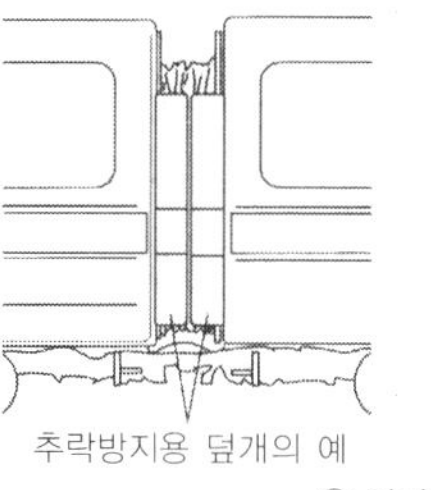

(나고야 시영지하철 나시로선)

ⓑ 연결부의 추락방지장치의 예

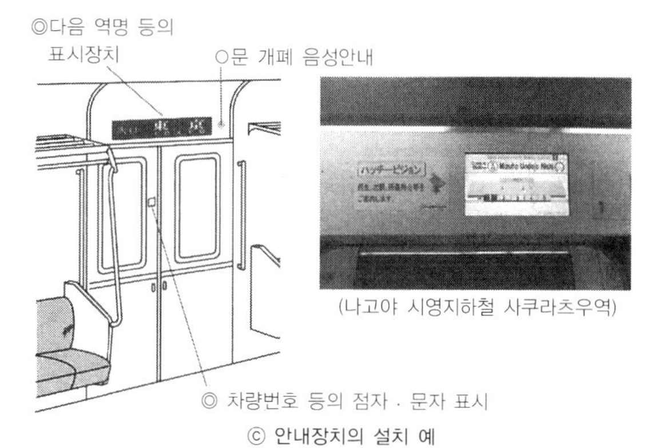

(나고야 시영지하철 사쿠라츠우역)

ⓒ 안내장치의 설치 예

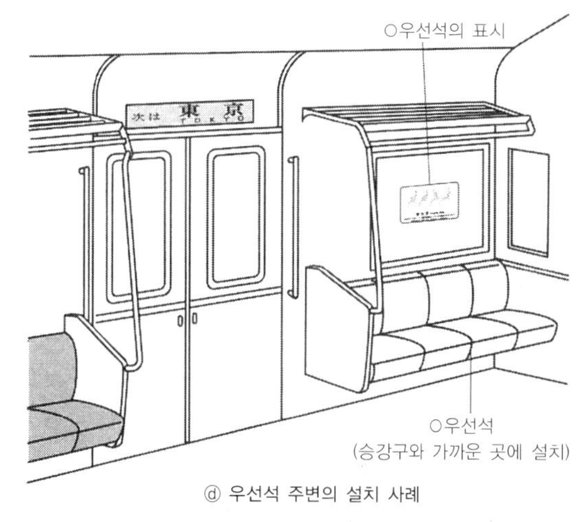

ⓓ 우선석 주변의 설치 사례

그림 3.4.1 철축도 차량의 배리어프리 정비

출처: 배리어프리 정비 가이드라인(차량 등편)

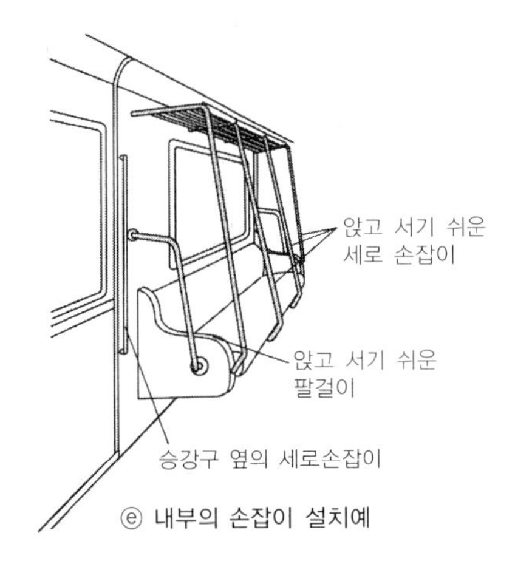

ⓔ 내부의 손잡이 설치예

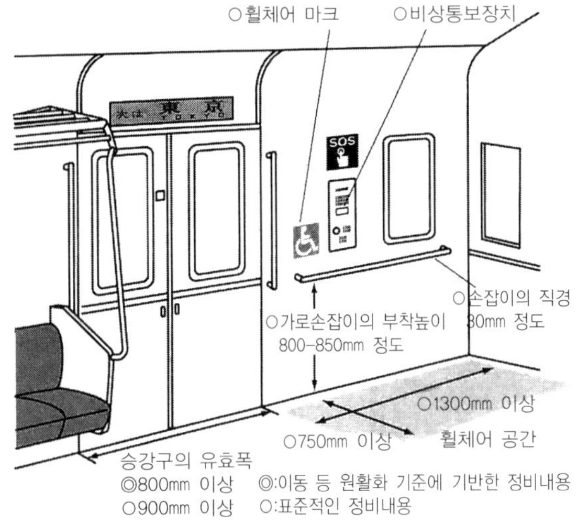

ⓕ 차량 내의 휠체어 공간의 설치예

그림 3.4.2 철축도 차량의 배리어프리 정비

출처: 배리어프리 정비 가이드라인(차량 등편)

쪽 자동문으로서 1차량 당 6~8곳(한쪽이 3~4곳)인 차량을 상정하고 있다.

표 3.3에 철축도 등의 차량 배리어프리화에 해당하는 정비내용을 나타내고, 그림 3.4.1, 3.4.2에 그 일부를 그림으로 표시하였다.(◎, ○, ◇는 표 3.2에 나타낸 기호)

3 버스차량

버스차량은 도시 내 노선버스에 사용되고 있는 차량과 도시 간 노선버스(고속버스와 리무진 버스를 포함)에 사용되는 차량 간에 차이가 있다. 여기서는 도시 내 노선버스에 한정하여 다룬다. 2000년에 제정된 구 교통법에 기반한 이동 원활화 기준에 의해, 노선버스에는 휠체어 공간을 마련할 것과 바닥면의 지상면으로부터의 높이를 65㎝ 이하로 하는 등의 조치가 의무화되었다. 이 기준을 만족시키는 것은 논스텝 버스와 원스텝 버스가 해당되지만 원스텝 버스에 대해서는 휠체어 사용자가 승하차할 때에 휠체어 슬로프의 경사각이 급하여 승무원의 부담과 당사자의 공포감이 큰

표 3.4 버스차량의 배리어프리화의 주된 내용

① '원칙Ⅰ 이동하기 쉬운 경로'를 달성하기 위한 사항		
장소·항목	주안점	주된 정비내용(◎, ○, ◇는 표 3.2에 나타낸 기호)
승강구	발판의 식별 (◎, ○)	·승강구 발판(계단)의 끝부분에 주위의 부분 및 노면과 광도 대비가 크게 할 것(◎) ·승강구에 조명등 등 발밑 조명을 설치(○)
	승강구의 폭 (◎, ○, ◇)	·1곳 이상의 승강구의 유효폭은 800㎜ 이상(◎) / 900㎜ 이상(○) ·모든 승강구의 유효폭을 900㎜ 이상
	바닥의 표면(◎)	·미끄러지기 어려운 마감으로 할 것
	승강구의 높이 (○, ◇)	·승하차 시에 승강구의 발판(계단) 높이는 270㎜ 이하(○) / 220㎜ 이하(◇) ·경사가 최대한 적도록 할 것 (○) / 또는 배제하도록 할 것(○)
	문 개폐의 음향안내(○)	·시각장애인 등의 안전을 위해 운전석에서 떨어진 승강구에는 문의 개폐동작개시 경보기를 설치
	손잡이의 설치(○)	·승강구의 양측(소형은 한쪽)에 잡기 쉬운 또는 자세유지를 위한 손잡이를 설치 ·손잡이의 돌출부를 승강구의 유효폭에 지장 주지 않는 범위 내에서 설치
슬로프판	슬로프판의 설치(◎)	·휠체어 사용자 등을 하차시킬 승차구 중에서 1곳 이상은 휠체어 사용자 등의 승차를 원활하게 하기 위한 슬로프판을 설치

	쉽게 승하차 가능한 슬로프(◎, ○, ◇)	· 휠체어 사용자 등의 승차를 원활하게 하기 위한 슬로프판의 폭은 720mm 이상(◎) / 800mm 이상 (○) · 슬로프판의 끝을 지상고 150mm 버스에 걸친 상태로 올린다. 슬로프판의 각도는 14도 이하(◎) / 7도 이하(○) / 5도 이하(◇) · 손쉽게 꺼낼 수 있는 장소에 수납
저상부 통로	저상부 통로의 폭(◎)	· 승강구와 휠체어 공간과의 통로 유효폭(간단하게 접을 수 있는 좌석이 설치된 경우는 해당 좌석을 접었을 때의 폭)은 800mm
② '원칙II 알기 쉬운 유도안내설비'를 달성하기 위한 사항		
실내색채	고령자와 색각 이상자의 배려(○)	· 좌석, 손잡이, 통로 및 주의장소 등은 고령자와 시각장애인도 알기 쉽도록 배색할 것 · 고령자 및 색각이상자도 볼 수 있도록 손잡이, 버튼 등 명시가 필요한 부분에는 황색 또는 빨간색을 사용한다 · 천정, 바닥, 벽면 등 이들의 배경이 되는 부분은 좌석, 손잡이, 통로 및 주의장소에 비해 충분한 명도차가 나도록 할 것
하차버튼	하차버튼(◎, ○)	· 휠체어 장소에는 휠체어 사용자가 쉽게 사용 가능하도록 버튼을 설치(◎) · 손이 부자연스러운 승객도 사용 가능하도록 할 것(○)
차내표기	알기 쉬운 표기(○)	· 차내표기는 알기 쉽게 표기할 것 · 차내표기는 가능한 픽토그램으로 표기할 것
차내표시	문자에 의한 다음 정류장 안내(◎)	· 승객이 다음 정류장명 등을 쉽게 확인 가능하도록 다음 정류장명 표기장치를 차내에 보기 쉬운 위치에 설치
차외표시	문자에 의한 행선지 표시(◎)	· 행선지가 차외부에서 쉽게 확인 가능하도록 차량의 전면, 좌측면, 후면에 표시
차내방송	다음 정류장 등의 안내방송(◎)	· 차내에는 다음 정류장, 환승안내 등의 운행에 관한 정보를 음성으로 제공하기 위한 방송장치를 설치
차외방송	행선지, 경로 등의 안내방송(◎)	· 행선지, 경로, 계통 등의 안내를 행하기 위해 차외부용 방송장치를 설치
커뮤니케이션 설비	청각장애인용 커뮤니케이션 설비(◎)	· 버스차량 내부에는 필기도구 등 청각장애인이 문자로 의사소통을 할 수 있는 설비를 준비하여 청각장애인과의 커뮤니케이션을 배려 · 이러한 경우에 해당 설비를 보유하고 있는 취지를 차량 내부에 표시하고, 청각장애인이 커뮤니케이션을 하고자 하는 경우 이 표시를 지침으로 의사소통이 가능하도록 배려할 것
③ '원칙III 사용하기 쉬운 시설·설비'를 달성하기 위한 사항		
바닥	바닥의 표면(◎)	· 바닥의 표면은 미끄러지지 않도록 마감을 할 것
휠체어 공간	공간의 확보(◎)	· 휠체어 공간을 1곳 이상 확보 · 휠체어 사용자가 이용할 때 지장이 되는 단을 없앨 것
	손잡이의 설치(◎)	· 휠체어 사용자가 원활하게 이용 가능한 위치에 손잡이를 설치
	휠체어 고정장치(◎, ○, ◇)	· 휠체어 고정장치를 준비한다(◎) · 단시간에 확실하게 휠체어가 고정 가능한 구조로 한다(○) · 전방향의 경우 3중 벨트로 휠체어를 바닥에 고정. 또는 고정장치 부속의 안전벨트를 장착(○) · 후방향의 경우는 등받침판을 설치하고 가로벨트로 휠체어를 고정. 또는 자세유지벨트를 준비하여 희망에 따라 장착(○) · 휠체어 고정의 신속화를 위해 전방향의 경우에는 감아올리기식 장치를 준비하는 것이 바람직하다. 또한 허리벨트를 사용하는 경우 허리에 바르게 장착 가능하도록 하는 것이 바람직하다(◇) · 방식의 다양화에 따라 승무원의 혼란을 피하기 위해 사용법의 통일이 바람직하다(◇)
	설치하는 좌석(◎, ◇)	· 좌석은 용이하게 접고 펼 수 있도록 하는 구조로 한다(◎) · 좌석은 상시 접기 가능한 구조로 하는 것이 바람직하다(◇)
	휠체어 공간의 표시(◎)	· 승강구(차외)에 휠체어마크 스티커를 붙이고 휠체어로 승차가 가능한 것을 명시 · 휠체어 공간부근(차내)에도 휠체어마크 스티커를 붙이고 휠체어 공간인 것을 간단히 알 수 있도록 함과 동시에 일반승객의 협력을 얻을 수 있도록 한다
손잡이	손잡이의 간격(◎, ○, ◇)	· 통로에는 세로손잡이를 좌석 3열(가로방향의 경우는 3석)마다 1개 이상 배치(◎) / 좌석 2열(가로방향좌석의 경우는 2석마다 1개 배치(○) / 좌석 1열마다 배치(◇)

출처: 배리어프리 정비 가이드라인

그림 3.5 버스의 슬로프판
(아이치현 쓰시마시(津島市) 후레아이버스)

문제점으로 지적되고 있다. 따라서 논스텝 버스를 표준차로 보급하는 것이 적당하다고 할 수 있다. 더욱이 보다 개량된 논스텝 버스(예를 들어 전동 풀플랫 버스)의 등장이 기대되고 있다.

표 3.4, 그림 3.5에 버스차량의 배리어프리화에 바람직한 주된 정비내용을 나타냈다.

4 택시차량

택시의 분류로는 복지한정허가를 취득해 예약하여 운행을 하고 있는 차량과, 흐름운행으로 손을 든 승객을 승차시키거나 역 등에서 승객을 기다리거나 하는 일반적인 택시로 분류할 수 있다. 전자는 이동 등 원활화 기준에 적합의무 대상인 복지택시차량이 사용된다. 복지택시차량은 일반승용 여객자동차 운송사업자가 여객을 운송하기 위해 그 사업용으로 제공하는 자동차로서, 고령자와 장애인 등이 휠체어와 그 외의 도구를 사용한 채로 승차가 가능한 것(휠체어 대응차) 또는 회전 시트를 설치하여 원활하게 차에 탈 수 있는 것(회전 시트차)으로 정의되고 있다.

그림 3.6은 고령화사회 등으로 이용자층의 변화와 기술개발로 차량의 확충을 예상하여, 향후의 택시차량과 이용자의 관계를 그림으로 나타낸 것이다.

2006년의 법에는 복지택시차량이 새롭게 적합의무 대상에 포함되었다. 2020년 말까지 정비목표치는 2만 8000대로 되어 있다. 한편 일반차량도 다양한 이용자의 편의를 향상하기 위해 유니버설디자인 택시를 보급하는 것이 바람직하다.

2011년도부터 '표준사양 유니버설디자인 택시의 인정제도'가 도입되어 그에 적합한 차량이 일반 판매되기 시작하였다. 향후 고령자사회에서 유니버설디자인 택시가 증가하여 고령자·장애인 등이 다른 여객과 마찬가지로 예약제에 그치지 않고 필요한 때에 이용 가능해지는 것이 바람직하다.

다음의 그림 3.7, 표 3.5에 유니버설디자인 택시의 주된 설비내용을 나타냈다.

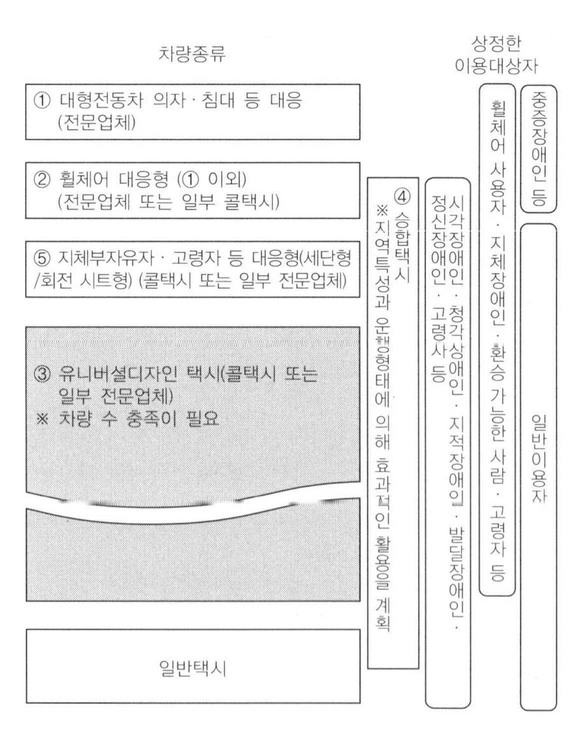

그림 3.6 택시 차량과 이용자의 관계(장래의 방향)

출전: 배리어프리 정비 가이드라인

□ 승합 택시의 개조 이미지

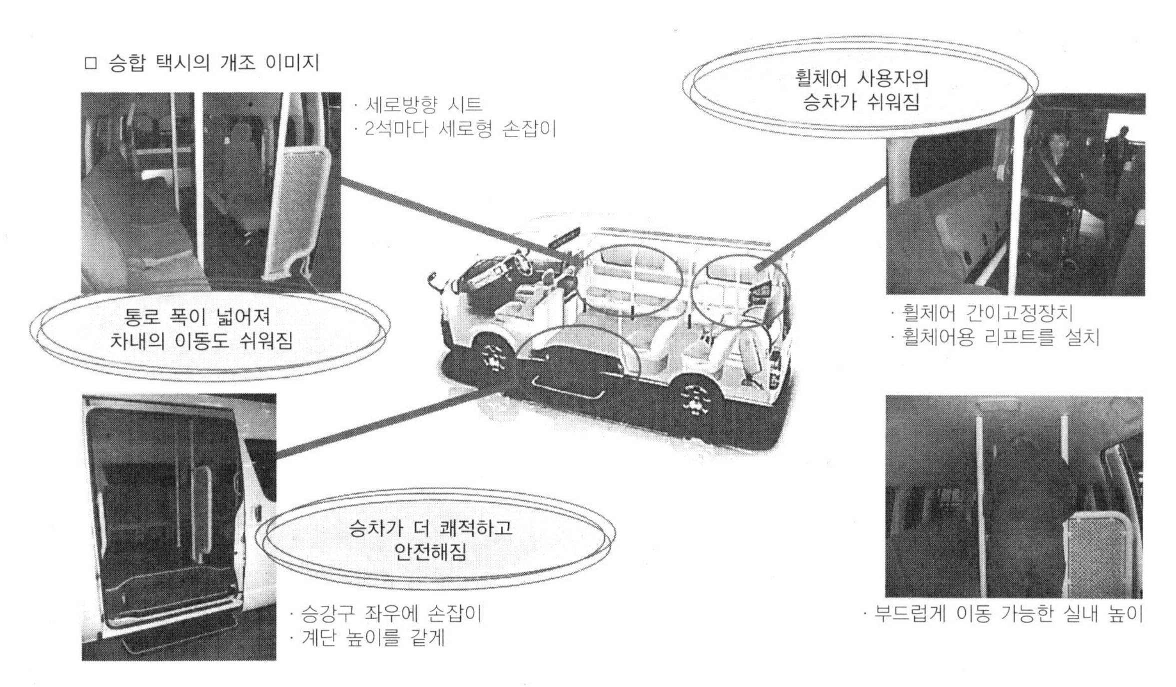

그림 3.7 택시차량의 이미지

국토교통성 자료 「모두에게 친절한 버스와 택시 차량의 개발」를 기반으로 작성

표 3.5 유니버설디자인 택시의 배리어프리와 관련된 주된 내용

'원칙1 이동하기 쉬운 경로'를 달성하기 위한 사항		
장소·항목	주안점	주된 정비내용(◎, ○, ◇는 표 3.2에 나타낸 기호)
승강구	넓이(○, ◇)	·휠체어 그대로 승차 가능한 승강구를 1곳 이상 설치, 그 유효폭은 700㎜ 이상(○) / 800㎜ 이상(◇), 높이는 1300㎜ 이상 / 1300㎜ 이상(◇)
	지상고(○, ◇)	·정차 시의 승강구 지상고는 350㎜ 이하(○) / 300㎜ 이하(◇). 단 2단 이내의 보조 계단 등을 설치한 경우는 예외로 한다. ·보조 계단의 1단 높이는 260㎜ 이하(○) / 200㎜ 이하(◇). 깊이는 150㎜ 이상(○) / 200㎜ 이상(◇)
슬로프판	슬로프판의 설치(◎)	·승강구 중에서 1곳은 슬로프판 또는 그 외의 휠체어 사용자의 승차를 원활하게 하는 장치를 설치
	구배(○, ◇)	·옆에서 승차 : 14도 이하(○) / 10도 이하(◇) ·뒤에서 승차 : 14도 이하(○)
	폭(○, ◇)	·700㎜ 이상(○) / 800㎜ 이상(◇) ·타이어 빠짐 방지를 위한 경계부 구조 마련
	하중(○, ◇)	·200kg 이상(○) / 300kg 이상(◇)
휠체어 장소	설치수(◎)	·휠체어 공간을 1곳 이상 설치
	위치(○)	·휠체어가 진입하기 좋은 위치에 설치
	넓이(○, ◇)	·휠체어를 고정하는 공간은 넓이 1300㎜ 이상(○) / 폭 750㎜ 이상(○) / 높이 1350㎜ 이상(○) / 1400㎜ 이상(◇).
	손잡이(◇)	·휠체어 사용자가 승차 중에 이용 가능한 손잡이 등을 설치
휠체어 고정장치	휠체어 고정장치(◎, ○)	·휠체어를 고정 가능한 설치를 준비한다(◎) ·고정장치는 고정과 개방에 필요한 시간이 짧고 확실하게 고정가능하도록 한다(○)
	안전벨트(○)	·휠체어 사용자의 안전을 확보하기 위하여 3점식 안전벨트를 설치

출전: 배리어프리 정비 가이드라인

4 여객교통시설과 차량 등의 기준의 과제와 향후 전망

이후 실현해야 할 내용

기술적·제도적인 관점에서 다양한 제약이 있지만 그 실현을 향해 적극적인 시도가 필요한 내용은 '바람직한 내용'으로 다루어져야 한다. 한편 기존의 여객시설·차량은 향후 실현에 있어 많은 해결과제가 있는 내용과 혁신적인 기술개발이 필요한 내용에 대해 장기적인 전망을 가지고 검토해야만 한다. 또한 버스와 택시 등의 차량에는 차량의 정비와 함께 승무원의 접객·보조의 충실함도 필요하다.

아래에서는 향후 실현해야 할 내용 중에서 구체적으로 검토 중인 항목에 대해서 설명하고자 한다.

철도차량에 있어 승강구 문 위치의 통일

공공교통 원활화 기준에서는 일정한 조건(출발과 도착하는 모든 철도차량의 여객용 승강구의 위치가 일정하고 철도차량을 자동적으로 일정한 위치에 정지시키는 것이 가능한 것)이 준비된 경우에 홈도어 또는 스크린도어의 설치가 의무화되었다.

한편 철도사업자는 다양한 이용자의 요구에 응하기 위해 문 위치에 대해 방안을 강구한 차량의 도입을 진행하여 온 경위가 있으며, 문 위치에 의존하지 않는 개폐방식의 홈도어 또는 스크린도어의 기술적인 개발이 진행되고 있다. 차량 측의 시도로서 승강구의 문 위치를 통일시키는 것이 필요하다.

차량 등의 공간제약

휠체어 사용자의 원활한 이동을 위해서는 가능한 넓은 공간의 확보가 요구되지만 차량 등은 건축물과 옥외공간 등과 비교할 때 구조상의 제약이 크며, 일정한 공간제약이 존재한다. 휠체어의 크기와 회전성능은 다양하며 모든 종류의 휠체어에 대응 가능한 차량의 준비는 어렵다. 휠체어 차체 측의 사양 재검토를 포함한 검토가 필요하며, 운용면에서의 검토도 필요하다.

버스의 휠체어 고정장치

휠체어를 고정하기 위한 장치(이하 '휠체어 고정장치')에 대해서는 급정차 시, 급회전 시, 충돌 시 등에 있어 승무원 안전확보의 관점에서 필요한 장비가 있음에도 불구하고, 고정방법이 복잡하고 시간이 필요하다. 짧은 정차시간 내에 고정하거나 해체하려면 휠체어 사용자와 승무원에게 부담이 크고, 정차시간의 연장은 다른 이용자에게 미치는 영향이 크다. 따라서 보다 조작성이 높고 안전하며 확실히 고정 가능한 장치의 개발이 필요하다. 한편 차량 측만이 아닌 휠체어 측의 강도와 고정위치의 개선 등의 과제도 많다.

어떤 장치에 대해서도 보다 나은 안전성 및 조작성의 개선이 필요하다.

약시·시각장애인의 시야에 관한 연구

약시와 시각장애인에게 보이는 시야는 질환과 그 정도에 따라 다양하다. 예를 들어 일정한 명도기준을 책정하는 것은 현황에서는 큰 의미가 없다. 또한 사인의 색과 크기에 대해서도 어떤 이용자에게 판별하기 쉬운 디자인이 다른 이용자에게는 판별하기 어려운 경우도 있다.

약시·시각장애인을 배려한 이동환경, 사인환경에 대해서는 과제와 요구 등을 상세하게 파악함과 동시에 과학적으로 근거가 있는 연구성과를 기반으로 적절한 검토와 판단이 필요하다.

승무원, 담당직원 등에 의한 접객·보조

접객·보조에 대해서는 공공교통사업에 종사하는 직원에 대한 적절한 대응이 요구된다. 이것은 여객시설과 차량 등의 배리어프리화만으로 이용자의 요구에 충분히 대응하기 어렵기 때문에 이동 등 원활화 구현의 중요성을 토대로 소프트적인 면의 대응도 고려해야 할 의무가 정해져 있다. 공공교통 사업자에 대한 연구프로그램의 개발이 진행되고 있는 한편 이용자에 대한 정보제공, 훈련기회의 제공 등에 대해서도 필요성이 지적되고 있다.

고령자와 장애인 등이 이동환경을 이해할 수 있도록 배리어프리화된 경로와 시설의 이용방법 등에 대해서 적극적으로 정보를 제공함과 동시에, 이동에 보조가 필요한 사람과 불안을 느끼는 사람, 처음으로 공공교통을 이용하는 사람 등이 안심하고 공공교통기관을 이용 가능하도록 이용자 대상의 훈련기회의 제공 등에 대해서도 검토할 필요가 있다.

5 장애인대응 자가용차

1 장애인의 차 이용

지역 교통을 자가용 등의 사적교통에 모두 의존하는 것은 공공교통의 쇠퇴, 교통사고, 고령자의 면허 등 많은 문제가 생긴다. 하지만 공공교통을 이용하기 어려운 사람들에게 차는 적극적인 이동성을 확보하는 수단이 되며, 적절한 이용환경 정비와 원조는 향후 복지마을 만들기의 과제가 된다.

자가용을 이용할 때는, ① 운전자로서 자신이 운전하는 경우, ② 동승자로서 다른 사람이 운전해 주는 경우의 두 가지로 입장이 나뉘어진다. 장애인 운전자에게는 운전을 위한 차량개조가 필요하다. 동승자의 입장이 될 때는 휠체어 등을 태울 수 있는 자동차대응이 필요하다. 또한 운전면허 제도, 운전면허 반납 등의 제도적 과제도 있다. 영국과 같이 정부방침으로 '손가락 한 개라도 남아 있으면 희망에 따라 기술적으로 원조한다' 등과 같이 공공교통정비에 맞추어 신체장애인의 차 운전을 지원하고 있는 국가도 있다.

2 운전면허

장애인의 운전면허 취득

장애인이 자동차 운전면허를 취득하는 경우에는 공안위원회에서 적성상담의 결과에 따라 운전적격성을 판단한다. 무조건 자격에 해당하면 건강한 비장애인과 같이 면허취득이 가능하며 조건부 자격에 해당하면 운전보조장치 등 신체조건에 맞추어 기능·성능의 차량에 한정하여 면허취득이 가능하다(교습의 시점에서 해당 차량을 사용). 부적격이라도 전문 지도자의 재활치료와 운전교습 훈련을 통하여 한 번 더 적성상담을 받는 방법도 있다. 면허취득 후에 장애인이 된 사람의 면허갱신은 임시적성검사를 받고, 무조건 적격, 조건부 적격, 부적격의 판단이 내려진다.

또한 자동차의 안전한 운전에 필요한 인지, 예측, 판단 또는 조작에 관련된 능력이 떨어지는 증상의 병을 가진 사람과 발작에 의한 인지장애인 또는 운전장애를 가져오는 병을 가진 사람, 인지증 환자 등이 면허를 취득·갱신하고자 할 때는 의사의 진단서를 제출하고 적성상담을 받아야 한다.

한 예로서 보통운전면허와 관련된 적성시험의 합격기준을 다음에 설명하였다.

시력 : 양쪽 눈으로 0.7 이상, 또는 한쪽 눈으로 각각 0.3 이상, 또는 한쪽 눈의 시력이 0.3에 미치지 않거나 또는 한쪽 눈이 보이지 않는 사람은 다른 눈의 시야가 좌우 150도 이상으로서 시력이 0.7 이상이 되어야 한다.

색채식별능력 : 적색, 청색 및 노란색의 식별이 가

능하여야 한다.

청력 : 양쪽 귀의 청력(보청기 사용을 포함)이 10m의 거리에서 90dB 경음기의 소리가 들려야 한다. 또는 상기의 조건에서의 경음기 소리가 들리지 않더라도 후방에서 오고 있는 자동차 등을 운전자석에서 쉽게 인식할 수 있도록 후사경(와이드미러)의 사용으로 안전한 운전에 지장이 없어야 한다(청각장애인 표식의 표시가 의무, 그림 3.8)

운동능력 : 신체의 장애가 없어야 한다. 또는 사지 또는 관절의 장애가 있어도 운전보조장치 부착 등의 신체조건에 맞는 기능·성능의 차량 사용으로 안전한 운전에 지장이 없어야 한다.

이전에는 장애와 특정한 병이 있으면 운전면허취득에 실격조건이 되었다. 그러나 차량의 다양한 개량으로 인해 자동차가 장애인의 자력 운전이 가능한 이동수단으로 발전함에 따라 실격조건의 존재 그 자체에 차별이 있다는 사회적인 논쟁으로부터 위에 서술한 제도로 변화되어 왔다. 현 시점에도 다른 외국에서는 청각장애가 면허제약의 대상이 되지 않는 국가도 있다는 다양한 완화요구(청각장애인 표식의 의무면허)가 청각장애인으로부터 나오고 있다. 또한 외부 소리의 실내확대와 시각정보화 등의 기술면의 개발이 검토되고 있다. 시각장애에 대해서는 시력, 색채식별능력이 확인되지만 어느 쪽이건 보조도구와 보조장치의 사용과 적절하게 개조된 차량을 사용한다는 조건으로 이러한 능력이 달성되면 운전이 가능하도록 되어 있다.

그림 3.8 청각장애인의 표식

출처: 경찰청 자료

지체부자유자의 운전을 위한 자동차장치

차량개조는 이전에는 전문공장에서 이루어지는 경우가 많았지만 최근은 자동차 옵션으로 대응하고 있는 곳도 늘어나고 있다. 지체부자유자를 위한 차 개조에 대해서는 아래와 같은 항목이 있다.

신체장애인용 운전좌석 : ① 휠체어와 운전석 간

그림 3.9 칼럼타입의 수동운전장치

① 수동장치, ② 그립용 보조장치

출처: 닛싱 자동차공업 홈페이지

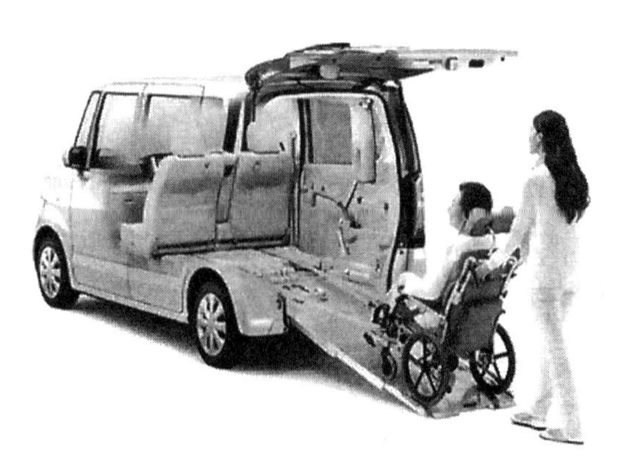

그림 3.10 휠체어 대응 승용자

출처: 혼다 홈페이지

의 이동과 승차 능력의 향상, ② 몸 유지 기능의 향상, ③ 조작성의 향상, ④ 욕창예방대책, 실금대책

수동장치 : 상반신으로 핸들과 엑셀, 브레이크를 조작 가능해야 한다. 핸들 개조와 플로어타입(바닥 고정)도 있다.(그림 3.9)

선회장치 : 상반신에 장애가 있어 핸들의 조작과 유지가 확실하지 않는 경우, 안전성과 조작성을 보조하는 목적의 그립타입의 보조장치를 부착한다.

그 외 : 왼발용 엑셀 페달, 왼쪽 방향 지시기, 다리로 움직이는 장치, 사이드 서포트 등이 있다. 또한 운전장치 이외에 차내 외부에 휠체어를 격납하는 보조장치도 각 사에서 개발되고 있다.

고령자·장애인 대응차

운전자만이 아닌 동승자로서 고령자·장애인에 편리하고 쾌적한 차는 1980년대부터 각 사가 개발을 거듭해 왔다.

그 내용은 휠체어 사양차(통상 후방에서 승차, 리프트 또는 슬로프 방식, 그림 3.10은 슬로프), 사이드리프트 업(차의 측면에서 승차), 뒷좌석 회전 시트 등으로 분류된다. 이러한 차량은 자가용만이 아닌 복지·간호택시, 복지유상 운송서비스, 시설송환서비스 등에서도 활약하고 있다.

참고문헌

1) 国土交通省『バリアフリー法施行状況検討結果報告書』2012.
2) 国土交通省『高齢者, 障害者の円滑な移動等に配慮した建築設計標準』2012.
3) 東京都『建築物バリアフリー条例』2012.
4) 埼玉県『福祉のまちづくり条例設計ガイドブック』2005.
5) 大阪府『福祉のまちづくり条例(逐条解説)』2013.
6) 横浜市『福祉のまちづくり条例施行規則改正案』2012.

제 4 장

도로의 정비

보행자의 안전성·쾌적성·편리성을 재고한다

핵심 도로는 이동의 장임과 동시에 일상생활의 장이며, 사람들이 생활하는 가장 중요한 교통공간이라고 해도 과언이 아니다. 그러나 지금까지 도로가 차의 통행 위주로 설계되어 보행자의 안전성·쾌적성·편리성이 경시되어 온 면이 있다. 특히 몸이 불편한 교통곤란자에게 그 '여파'가 집중되어 있다. 여기서는 배리어프리가 기본이 되는 '도로의 배리어프리'의 문제를 배우고 그것을 유니버설디자인의 방향에서 어떻게 해결할 것인가를 배워보자.

1 도로 배리어프리의 개념

도로는 교통의 장임과 동시에 도시의 골격을 형성시키고 통풍과 채광기능을 하며, 커뮤니케이션과 광장으로서의 역할 등 다면적인 기능을 가지고 있다. 도로는 일상적인 통행의 장이며 또한 관광 등 일정 거리의 교통의 장이기도 하다. 보행자·휠체어·자전거·자동차 등의 교통의 장임과 동시에 걷고, 쉬고, 교류를 하는 장이며, 재난 시에는 피난의 장이 되기도 한다. 이러한 도로의 기능을 '생활도로'의 기능이라고 한다. '주구 내 가로', '지구 내 도로'는 생활도로와 거의 같은 의미이다. 그러한 도로를 장애인·고령자 등의 다양한 사람들을 충분히 배려하여 누구에게나 안전하고 쾌적하게 하는 것은 생활환경의 기본적인 요건이다. 이러한 도로의 배리어프리가 중요한 것은 누구나 알고 있지만, 한편으로 자동차, 오토바이, 자전거 등 다양한 교통수단을 사용하는 사람들이 통행하고, 길가의 주민과 토지권자 등 관련된 사람도 많아 이해관계는 복잡하다고 할 수 있다.

도로의 배리어프리란 모든 사람의 통행이 가능한 동시에 그것이 물리적으로 안전하고 심리적으로도 안심할 수 있어야 하며, 쾌적하고 헤매지 않고 쉽게 통행할 수 있는 것이 기본요건이 된다(통행성, 안전성, 안심성, 쾌적성, 정보성). 여기에 더해 사람들이 모이는 운동과 산책의 장이기도 하다(커뮤니케이션성, 주유성, 건강성, 환경성). 도로를 이용하는 다양한 사람들이 이러한 요소를 만족하도록 하는 것이 도로의 배리어프리화인 것이다.

이상과 같은 기본요건이 다양한 배리어프리로 인해 불만족이 없도록 하는 것이 도로 배리어프리화의 기본과제이다. 또한 그것을 발전시켜, 다양한 사람의 이익을 다양한 방법으로 양립시켜 실현시키는 사고가 도로의 유니버설디자인 사상인 것이다. 다양한 장애를 가진 사람이 도로공간에서 겪는 문제를 정리하면 표 4.1과 같다.

먼저 개별적인 대책의 공통된 기본문제로서 충분한 '여유'가 있는 공간의 확보가 있다. 보통 일본의 도로공간은 좁으며, 특히 보행자공간은 자동차의 통행공간에 밀려 배리어프리화란 거의 먼 이야기인 경우가 많다. 따라서 도로 배리어프리화의 첫단계는 휠체어 사용자, 시각장애인 등의 장애인을 포함한 모든 사람이 통행 가능한 보행자도로 네트워크를 확보하는 것이다.

일본에서는 도로법을 기본으로 도로를 국도, 도도부현도, 시읍촌도로 나누어, 각각의 관리주체가 국가, 지방행정으로 다르게 되어 있다. 이것을 '도로관리자'라고 부른다. 또한 도로 위를 통행하는 자동차, 자전거, 보행자 등의 교통관리는 경찰을 총괄하는 공안위원회가 시행하며 이를 '교통관리자'라고 부른다. 즉, 도로를 만드는 것은 도로관리자이며, 교통의 규제·제어는 교통관리자가 한다. 또한 도로법을 기반으로 도로의 구조규격을 정하는 '도로구조령'이 정해져 있으며, 교통관리에 대해서는 '도로교통법'이 제정되어 있다. 도로구조령은 도로 전체의 구조를 규정하는 것이므로, 배리어프리에 대해서는 배리어프리법(이후로 법)을 기반으로 국가의 '기준(법령)'과 '도로의 이동 등 원활화 정비 가이드라인'이 정해져 있다. 이들은 도로계획·설계에 관한 '국제적 기준'의 역할을 하고 있다. 한편, 최근 지방분권의 일환으로서 행정의 구조 기술적 기준에 대해서는 도로구조령을 참조하면서 지방자치단체가 독자적인 조례로 정하도록 되었다. 지방의 실정에 맞춘 독자적인 규정도 나와 있지만 아직 대다수는 '기준', '가이드라인'을 그대로 답보하고 있는 경우가 많으며, 지방색을 가진 도로 배리어프리 규정 만들기는 여전히 과제로 남아 있다.

표 4.1 장애에 따른 도로의 문제점

결함		주된 대상층	주된 문제요소
보행장애	보행불가	전동휠체어 수동휠체어 목발(부상자)	·수직이동 곤란 ·좁은 폭원의 이동 곤란 ·노면의 요철에 약함 ·손이 닿는 범위가 한정됨
	보행가능	목발 지팡이 도구 없음(부상자)	·수직이동이 다소 곤란 ·안전이동에 곤란이 동반 ·장시간의 이동이 곤란 ·혼잡한 곳의 이동에 약함
정보장애	시각장애	전맹(맹인견, 청도견, 보조견) 전맹(시각장애인용 지팡이)	·보행 루트의 위치확인이 곤란 ·노상·공중의 충돌위험이 큼 ·복잡한 지점에서는 행선판단이 어려움
		약시	·작은 문자를 읽을 수 없음 ·노면 요철이 잘 보이지 않음 ·색의 명도차가 작으면 식별 곤란
	청각언어장애	전롱·난청	·듣는 것이 곤란(통역 필요) ·표시·안내에 의존하는 이동 ·긴급 시의 안내
		음성·언어	·이야기가 곤란
종합적 기능 저하		통상 고령자	·모든 기능이 저하 / 판단이 늦음 ·보행속도 / 반응속도가 늦음 ·화장실을 자주 감 / 쉽게 피곤해짐 ·전도·추락의 위험성이 큼 ·복잡한 정보판단이 곤란
내장 등의 기능저하		내부장애	·외견상 장애가 판단 안 됨 ·오랫동안 서 있기가 곤란
		임산부	·복잡한 곳의 이동이 힘듦 ·무거운 물건을 들 수 없음
기기조작 장애		미세장애 부상자	·손에 의한 기기의 조작이 곤란 ·짐을 들기 곤란함
지능·마음·정서의 장애		지적장애인 정신장애인 정서장애인	(장애에 따라 다름) ·빠른 속도로 대응이 어려움 ·커뮤니케이션이 어려움 ·정보 이해가 어려움 ·정교한 환경이 필요함
그 외		어린이	·눈의 위치가 낮음 ·손이 닿는 범위가 한정됨
		짐을 든 사람	·오랜 시간 걷기 힘듦
		외국인	·일본어가 부자유

출전: 아키야마 데츠오·미호시 아키히로, 「장애자고령자를 배려한 도로의 현황과 과제」, 『토목학회논문집』 No.502, 25, 1994.

도로 네트워크의 계획·설계는 도로관리자가 행하는 것이며, 도로구조령에서 정하고 있는 기본적인 요건을 준수하면서 도로관리자가 다양한 방안을 고안한다. 법의 '이동 등 원활화 기본구상책정(이하 배리어프리 기본구상, 2장 참조)'에서는 장애 당사자, 시민, 자치단체, 도로관리자, 교통관리자가 모여서 점검·검토하여 도로개선을 위한 기본구상을 만들도록 하고 있다.

2 보행자도로 네트워크 계획

보행자를 위한 도로의 계획은 그 지구의 보행자 동선분포(어디에서 어디까지의 경로에서), 보행자의 교통량, 그 외의 교통주체(차·자전거 등)의 교통량, 도로와 연도의 성격, 통행목적의 분포(통근·통학·쇼핑 등 통행목적의 구성)를 고려하고 보행자도로의 서비스 수준을 검토한 뒤에 네트워크를 구성한다.

네트워크는 특히 보행자가 집중되는 주요경로와, 그것에서 개별 건물과 공간에 분산된 보조적(보완적)인 경로로 나누어진다. 이러한 점을 감안하여 네트워크와 그 성격·구조를 결정한다. 이때, 보도폭원과 보도를 포함한 도로구조를 결정함과 동시에 교차점 및 횡단 장소의 위치를 정하며, 교차점은 신호 등에 대해서도 검토하여야 한다. 도로구조는 보행자와 자동차가 혼합·공존하는 구조, 보행자와 자동차가 분리되는 구조, 보도의 형식 등이다. 배리어프리 기본구상에서는 공적 시설이 많은 지구를 '중점정비지구'로 하고 그것들의 공적 시설을 연결하는 중요한 경로를 '특정경로'(2006년 법 시행 후는 '생활관련경로')로서 통상 2m 이상의 폭원이며 장애가 없는 보도를 정비하는 것으로 되어 있다. 또한 그것에 준한 도로를 '특정경로·생활관련경로에 준한 도로'와 '보행공간 네트워크'로서 정비한다. 특정경로와 보행자 네트워크 계획의 예로서 도요나카시(豊中市) 센리(千里) 중앙지구의 기본구상도로계획을 그림 4.1에 나타냈다. 이 계획은 법의 이동 등 원활화 기본구상 책정협의회에서 시민·장애 당사자 참여를 통해 책정되었다. 센리 뉴타운은 보행공간정비로서는 1960년대 당시 일본에서 최첨단이었지만, 휠체어 사용자, 시각장애인, 청각장애인, 외국인 등의 오늘날의 시점으로 체크하면 다수의 장애가 존재하였다. 당사자가 참여한 철저한 점검과 검토를 통해 개선계획을 책정하였다.

칼럼 '길'의 역할과 차의 공범

자동차사회가 크게 발전하는 과정에서 교통사고, 교통정체, 환경문제, 주차문제 등 많은 도시문제가 발생했다. 그 배경에는 '사람보다 차'가 우선하는 사고가 있다고 해도 과언이 아니다. 보도가 없는 간선도로, 좁은 보도폭, 장애인과 고령자가 건널 수 없는 신호, 차 통행을 우선시한 육교 등은 길고 오래된 도시문제이다. 이 속에서 보행자를 소중히 여기는 도로를 정비하는 것을 '보행자 도로화'라고 부른다. 주요국에서는 일찍부터 이러한 사고가 보급되었지만 일본에서는 그 시작이 매우 늦었다. 차를 억제하고 보행자를 소중히 여기는 것은 배리어프리의 기본적인 사고이다. 배리어프리가 보행자 도로화를 견인하는 역할을 하는 것이다.

칼럼 보행자도로의 서비스 수준

'보행자도로의 서비스 수준'이란 도로환경이 그곳을 통행하는 보행자에게 주는 쾌적성과 안전성 등이 '통행성'이 수준을 말한다. 혼잡하거나 위험성이 높은 도로는 '서비스 수준이 낮다'라고 할 수 있다. 지금까지 교통공학에서는 보행의 서비스 수준을 비장애인을 전제로 하여 정의하였지만, 장애인 등의 교통약자를 배려하여 새로운 서비스 수준을 정의할 필요성이 있다. 휠체어 및 자전거와 보행자가 혼재되어 있는 도로의 쾌적성과 안전성은 비장애 보행자만을 전제로 한 통행과는 매우 다르다.

지구가 신규개발을 할 경우, 서비스 수준이 높은 보행자 네트워크 구축이 가능하지만, 기존 시가지에서는 도로 네크워크와 도로가 이미 존재하고 있고, 도로가 자동차 교통처리를 위해 공존하고 있어 보행자를 위한 개선계획은 쉽지 않은 경우도 많다. 그러한 경우 도랑의 덮개, 전주 이설, 사유지 건축선 후퇴, 공개공지 등에 의한 폭원확대를 통해 보도를 확장하거나 자동차교통의 제어·조정을 행하여 보도폭을 확보한다. 또한 일방통행화를 통해 보도공간을 확대하거나 보행자전용 도로화로서 보행공간을 확보해 나간다. 이러한 보행자 네트워크의 확보는 '마을만들기' 그 자체가 된다. 따라서 보행자 네크워크계획에서는 장애인 당사자 및 지역 주민이 참여한 참획이 빠져서는 안 된다.

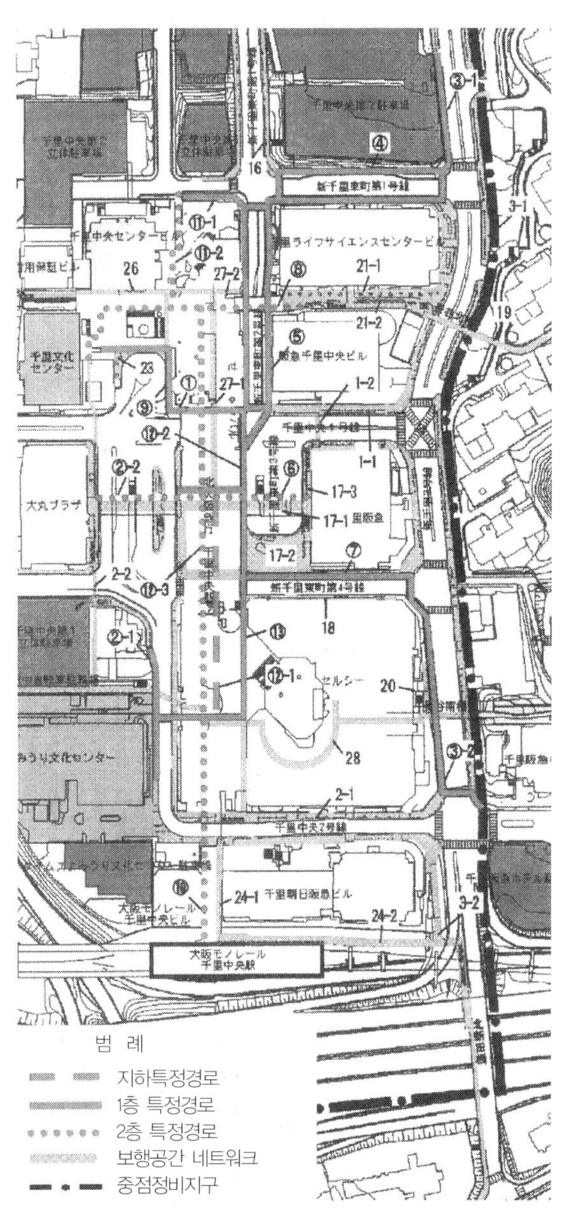

그림 4.1 센리 중앙지구 특정경로·보행공간 네트워크 (도요나카시)

출처: 도요나카시 보고서

3 도로의 요소와 배리어프리 기준

1 도로의 요소

도로의 배리어프리를 고려할 때에 문제가 되는 도로의 요소는 횡단선형, 종단선형, 폭원, 보도형식, 노면포장, 보차도 경계형상, 횡단보도, 신호등, 지도정보안내, 버스정류장, 점상·선상 블록, 휴게시설, 광장 등이다. 이 중에서 가장 기본적인 요소는 폭원과 보도형식, 횡단경사, 종단경사 등이다.

이들의 용어에 대해 설명하면 아래와 같다.

① **종단선형**: 도로를 진행방향을 향해서 종방향으로 봤을 때의 모양. 도로를 따라 걸었을 때의 오르막 경사·내리막 경사를 알 수 있으며, 휠체어 사용자가 오르는 것이 문제가 된다.

② **횡단선형**: 도로를 횡단방향으로 잘랐을 때의 모양. 진행방향으로 봤을 때의 좌우 경사를 알 수 있으며, 휠체어 사용자가 좌우로 진행하는 것이 문제가 된다.

③ **폭원**: 도로의 폭. 휠체어 사용자가 통과할 만한 폭

인지가 문제가 된다.

④ **유효폭원**: 장애물을 제외하고 실질적으로 통과하는 것이 가능한 폭.

⑤ **보도형식**: 차도로부터 단으로 분리가 된 보도(계단식 보도), 차도와 같은 평면의 보도(플랫 보도), 차도와 보도의 고저차가 5㎝ 정도의 보도(세미플랫 보도)가 있다.

⑥ **노면포장**: 아스팔트포장, 콘크리트포장, 블록 등을 사용한 포장, 표면의 우수를 투과하거나 하부에서 배수를 하는 투배수포장이 있다.

⑦ **보차도 경계형상**: 횡단 장소의 보도와 차도를 경계 짓는 모양. 단차가 크면 휠체어 사용자가 통과할 수 없으며, 단차가 없으면 시각장애인이 판단하기 어렵다.

2 도로의 배리어프리 기준

법은 전국 공통의 기준을 법령으로 정하고 있다. 이것은 도로 배리어프리에서 가장 기본적인 것이며, 개별 현장에서는 ① 이 기준에 적합하도록 개선계획을 세우고, ② 그때, 당사자의 의견·점검을 중시하는 실제로 효과적인 세밀한 계획을 책정함과 동시에, 국가의 기준에 보다 수준이 높은 배리어프리와 유니버설디자인화를 추구한다. 이전에 서술한 바와 같이 '도로의 기준'은 구체적으로는 자치단체의 조례를 따르지만, 기본은 이 법령에 의한 '기준'과 법 아래에 정한 '가이드라인'이다. 이것들은 2000년의 교통 배리어프리법 이전의 1990년대부터 시행에 따라 정해져, 2000년·2006년에 확정되었다. 이러한 내용을 아래에 설명한다.

① 휠체어 사용자를 위한 보도를 5㎝까지 잘라서 세미플랫 형식으로 한다.

② 휠체어 사용자가 통행 가능한 폭을 확보한다.

③ 휠체어 사용자가 통행 불가능한 횡단경사와 종단경사를 없앤다.

④ 물 처리를 위한 횡단경사를 휠체어 사용자 통행을 위해 줄이고, 투배수포장을 시행한 평탄한 보도가 되도록 한다.

⑤ 휠체어 사용자와 시각장애인이 이해가 다른 횡단 장소에서는 차도와 보도의 단차(선단 단차)를 2㎝ 이하로 하여 이해를 조정하는 방법도 있다.

⑥ 시각장애인을 위해서 점형·선형 블록 등을 설치하기도 한다.

이러한 상세한 기준치를 표 4.2에 나타냈다. 또한 이러한 국제비교를 표 4.3에 나타냈다. 일본에서 채용되고 있는 종단구배 5%는 서구의 많은 국가에서 채용하고 있다. 교차점부 횡단보도형상 등의 다른 규격은 국가에 따라 상이하다.

표 4.2 배리어프리법에서의 도로 기준(2006.12.19 국토교통성령 제116호)

보도의 분류	기준항목	중점정비지구의 보도에 적용
보도일반	보도와 차도의 높이 차	5㎝ 표준
	보도 경계석의 높이	15㎝ 이상
	신행방향의 경사(종단경사)	5% 이하
	횡단방향의 경사(횡단경사)	1% 이하
	상기 두 방향의 경사 중복	종단경사가 있으면 횡단경사는 없앰
	평탄부의 유효폭	1% 평탄부가 2m 이상
	포장	투수성의 포장
	횡단 장소의 차도와의 단차	2㎝. 조건부로 2㎝ 이하도 가능
차도 등 차가 들어가는 장소	평탄부의 폭	2m 이상을 확보
	차도와의 단차	규정 불필요
	완경사면의 경사	규정 불필요(평탄부를 확보하기 위해)

표 4.3 외국과의 기준비교(도로의 가이드라인)

	보도 내리막 경사	차도와의 완경사면 수평구간	슬로프 경사	보도 내리막 단차고
일본 (이동 등 원활화를 위한 필요한 도로의 구조에 관한 기준)	5% 이하 (부득이한 경우 8% 이하)	휠체어 사용자가 원활하게 회전 가능한 구조로 한다.	5% 이하 (부득이한 경우 8% 이하)	2cm 표준
일본 (도로구조령)	–	횡단보도에 관계된 보행자의 체류로 인해 보행자 또는 자동차의 안전, 원활한 통행이 방해받지 않도록 보행자의 체류에 필요한 부분을 마련한다	–	–
일본 (보도의 일반적 구조에 관한 기준)	5% 이하 (부득이한 경우 8% 이하)	횡단보도 등에 접속하는 보도 부분에는 수평구간을 마련하고, 그 수치는 1.5m 정도로 한다.	–	2cm 표준
일본 (고령자·장애인 등의 이동 등의 원활화 촉진에 관한 법률시행령 '건축물특정시설의 구조 및 배치에 관한 기준')	–	–	1/12 이하 (높이 16cm 이하의 경우 1/8 이하)	–
일본 (이동 등 원활화를 위한 필요한 여객시설 또는 차량 등의 구조 및 설비에 관한 기준)	–	–	1/12 이하 (높이 16cm 이하의 경우 1/8 이하)	–
미국 (ADA 액세스빌리티 가이드라인)	슬로프 경사에 따른다(최대 1/12)	수평통행부 최저 1.22m	1/12 이하 (수직높이 76cm 이하)	1/4in(0.64cm)까지는 경계부분 처리 불필요 1/4(0.64)~1/2in(1.27cm)는 경사 50% 이하로 면을 잡고, 1/2in(1.27cm)를 넘는 경우는 슬로프 규정을 적용
프랑스 (GUIDE GENERAL DE LA VOIRIE UR.RAIN)	최대 5%	수평통행부 최저 1.2m	5%를 넘지 않는다. 4% 초과의 경우 10m 마다 수평부 확보	최대 2cm
독일 (RAS-E)	6%를 넘지 않는다.	종단방향의 보도 완경사면 길이 1m를 넘지 않는다.	(입체횡단시설)8%를 넘지 않는다. 12% 한계	2~3cm

출처: 일반 재단법인 국토기술연구센터-'증보개정판 도로의 이동 등 원활화 정비 가이드라인', 대성출판사, 2011.

4 보도의 기하구조

이상이 보도의 일반적 기준의 개요이며, 다음으로는 보도의 기하구조에 대해 상세하게 살펴보자.

1 보도의 유효폭원

보도의 노상시설 등을 제외한 유효폭원은 2m 이상을 확보한다. 이 수치는 휠체어 사용자끼리 교행할 수 있는 폭이다. 단, 경과조치로서 네트워크 형상의 계획상, 불가결한 도로 중에서 보행자의 교통량이 많지 않은 도로로서, 또한 유효폭원을 최저 2m 확보하는 것이 매우 곤란한 지구에 대해서는 휠체어 사용자가 회전 가능하고, 휠체어 사용자와 사람의 교행이 가능한 유효폭원 1.5m 이상이 가능하도록 하는 완화

① '문제사례' 좁은 보도폭원(유효폭원 1m 이하) : 폭원이 현저하게 부족한 보도, 휠체어의 통행이 불가능한 도로이다. 한쪽 경사면을 전주가 덮고 있다.

② '문제사례' 폭원이 좁고 부족한 보도(유효폭원 1m) : 어렵게 휠체어 1대가 통행 가능하지만 반대 방향의 휠체어와 보행자 집단과의 교행이 곤란한 도로이다 .

③ '좋은 사례' 충분한 보도폭(유효폭원 2m 이상) : 우측의 보도는 휠체어 2개가 여유 있게 교행 가능하다.

④ '좋은 사례' 보차분리가 안 되지만 여유가 있는 도로 : 교통량이 적은 도로에서는 무리해서 보도를 만들지 않고 보차겸용이라도 충분히 여유있는 통행이 가능하다.

⑤ '좋은 사례' 차의 통행을 제어한 커뮤니케이션 도로(폭원은 다소 부족한 정도) : 보차 겸용 도로(커뮤니케이션 도로라고 불린다)로 정비된 예. 안전성은 높지만 보도의 폭원 부족은 주의가 필요하다.

⑥ '좋은 사례' 계단형식의 보도가 필요 없는 상점가 : 보도가 없는 도로에 통행지대를 배리어프리화한 예. 차의 통행도 금지되어 쾌적한 보행공간이 되어 있다.

그림 4.2 도보의 폭원

규정이 추가되어 있다. 그런 경우 부분적으로 유효폭원 2m 이상의 장소를 설치하는 등 휠체어 사용자 간의 교행을 배려하도록 한다. 또한 여기서 유효폭원이란 전주, 수목, 가드레일 등의 장애물을 제외한 실제로 통행에 사용되는 공간의 폭원이다. 가로 상점의 '돌출' 진열, 광고, 벤치, 버스정류장, 전기설비 등에도 주의할 필요가 있다.(그림 4.2)

2 포장

포장에 대해서는 물 처리의 관점에서 '투배수포장', 통행성의 관점에서 '포장재료'의 문제가 있다. 또한 약시를 배려한 포장 색도 고려해야 하는 경우가 있다.

투배수포장

휠체어 사용자를 위한 평탄한 보행공간을 제공할 때에 문제가 되는 것이 배수문제이다. 도로상에 내린 우수와 가로시설에서 배출된 우수를 처리하기 위해 통상적으로 도로에 구배가 만들어진다. 또한 도로의 우수가 가로와 보도에 유출되지 않도록 단차가 만들어지는 곳도 많다. 이것이 평탄한 도로환경을 방해하는 경우가 많으며, 도로의 배리어프리 대책에서 가장 중요한 것 중의 하나가 배수처리라고 해도 과언이 아니다. 이것은 또한 그 지역의 지형, 강우량, 내린 물의 유출 강도 등에 따라 다르다. 도로의 평탄화에서 배수문제의 해결을 위한 중요한 기준으로는 보도에 투

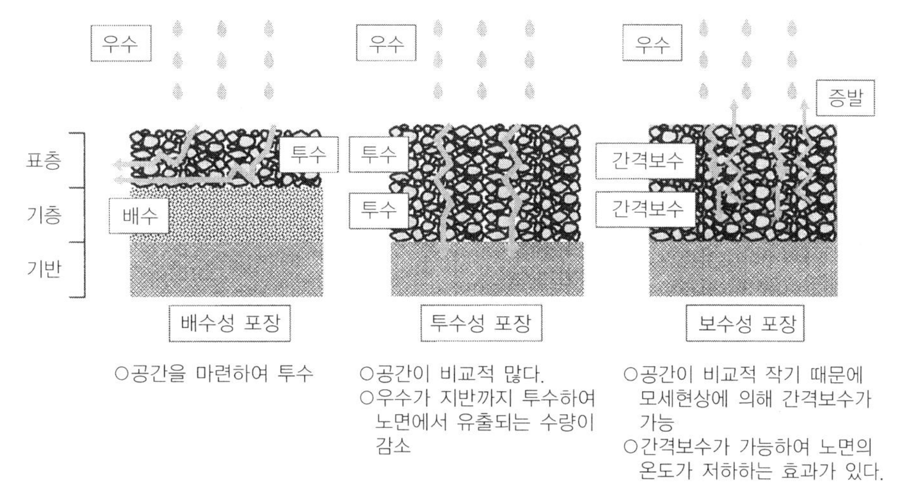

그림 4.3 투배수포장(가이드라인)

출처: 전게서 '증보개정판 도로의 이동 등 원활화 정비 가이드라인'

배수포장을 사용하는 것이다. 이것은 가로변 사유지, 보도, 차도 사이의 평탄화를 계획할 때에 큰 무기가 된다. 투배수포장 기술도 배리어프리화와 함께 진보하고 있으며, 높은 배수능력을 가진 방법도 개발되어 있다. 그림 4.3은 투배수포장의 일반적인 구조이다.

노면

보도의 노면은 휠체어 사용자의 통행에 있어 굴곡이 적고, 비장애인과 고령자를 위한 미끄럼 방지처리를 해야 한다. 건축물 바닥의 경우와 같이 이러한 정량적 기준은 정해져 있지 않지만, 새로운 재료를 사용할 때는 충분한 검토를 거쳐야 한다. 사각의 소형 블록을 노면에 까는 '블록포장'은 블록 사이 처리에 유의가 필요하며, 최근 기술적인 개선이 이루어지고 있다.(그림 4.4)

그림 4.4 '문제 사례' 요철이 있는 노면

휠체어 사용자에게는 힘들다. 보수가 중요하다.

색

포장 색은 교통 컬러컨트롤, 새로운 경관 등을 위해 사용된다. 지역의 개성을 위해 다양한 방법도 있지만, 점자·선형 블록의 색(빛의 파장이 길게 보이는 황색이 표준이다)을 식별하기 쉽도록 하기 위해서는 그 주변 포장색에 대한 충분한 주의가 필요하다. 일반적 색 이외의 색을 사용할 때는 양자의 광도비를 검토하고, 당사자에 의한 평가를 더해야 한다. 또한 색에 대해서는 일부 정신장애인, 색각장애인의 섬세한 배려가 요구된다.

3 경사

경사에는 횡단구배와 종단구배가 있다. 횡단구배의 기준은 5%(수직높이/수평길이)로 정해져 있다. 실내의 배리어프리에서는 경사도 1/12(약 8%)을 한도로 하고 있지만, 옥외에서는 조건이 보다 엄격하다. 이 수치는 많은 수의 휠체어 사용자를 고려한 것이다. 전동휠체어 사용자는 더 급한 경사도 오를 수 있다. 그러나 5%에도 대응하지 못하는 사람도 있으며, 또한 대형 유모차 사용자에게는 아직 힘든 수치란 점을 유의해야 한다. 경사를 고려할 때, 완만할수록 오르는 사람이 늘어나지만, 한편으로 그에 따라 이동거리 증가가 요구된다. 일부 전문가는 일정한 높이를 오르기 위한 최적의 경사로로서 평균 4%가 적정하다고 제안하고 있다.(참고문헌4)

그림 4.5, 4.6은 국토교통성 긴키(近畿)기술사무소 히라카타(枚方) 배리어프리 체험시설의 5%, 8%, 12%의 경사로이다. 여기서는 다양한 경사를 체험할 수 있다.

횡단경사는 이른바 '한쪽 기울기'라고 불리며, 직진방향의 직각방향(좌우방향)에 휠체어 사용자가 기우는

그림 4.5 슬로프 체험풍경

3종류의 경사를 휠체어로 체험 가능하다.

출처: 국교성 긴키기술사무소 홈페이지

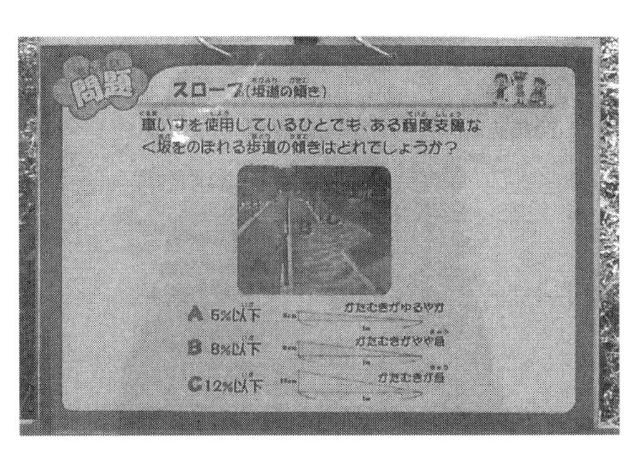

그림 4.6 슬로프 체험을 소개하는 간판

어린이들도 3종류의 경사의미를 알 수 있는 내용이다.

출처: 국교성 긴키기술사무소 홈페이지

그림 4.7 '문제 사례' 한쪽 경사의 힘든 보도

우측에 있는 시설의 출입구가 있는 이 구간만이 전 폭원에 걸쳐 휠체어가 오른쪽으로 기울어진다. 차도 측 경사를 조정하여 평탄한 보도를 연속시켜야 한다.

그림 4.8 '좋은 사례' 한쪽 경사가 없는 평탄한 보도

좌측의 보도와 우측의 보도가 완전하게 동일평면이 되어 있다.

문제를 일으킨다(그림 4.7). 기준은 2000년 이후 1% 이하로 엄격한 수치가 되었으며, 이것은 다수의 휠체어 사용자의 관능체험을 기반으로 한 것이다. 통상 1%는 투배수포장과 조합하여 실현된다. 그림 4.8은 대다수의 횡단경사가 없는 보도(사진좌측)의 사례이다.

4 보도와 차도의 분리·구조형식·보도의 높이

차도에 대한 보도의 높이를 표준 5cm로 하는 것은 이른바 주름막잡기 보도를 만들어 해소할 수 있다.

그림 4.9 '좋은 사례' 단층보도(15cm 높이)

여기서는 보도높이 15cm가 연속적으로 설치되어 일반적으로는 교차하는 도로부와 보도의 출입구부에 업다운이 발생하게 된다.

이전의 일본의 단층식 보도는 15-25cm의 높이로 차도와 구분해 왔다(그림 4.9). 현대 간선도로의 단층식 보도의 높이는 15cm가 되어 있다. 이 수치는 '논스텝 버스'의 바닥 높이와 맞추어 버스의 바닥과 보도가 접촉하지 않도록 되어 있다. 그러나 이 단층식 보도가 교차점과 횡단부가 연속된 시가지에서는 차도 사이에 15cm 높이의 간격이 발생하여 휠체어 사용자의 차도횡단이 곤란해진다. 이 간격에 대응하기 위해 보도는 연속적인 업다운이 반복되어, 이른바 '주름막' 문제가 생기고 휠체어 사용자의 통행에 지장을 미치는 것이다. 이 문제에 대처하기 위해 배리어프리화의 필요성이 높은 시가지의 도로는 기본적으로 5cm 높이로 하고, 차도 높이, 교차도로 높이, 도로주변시설 높이 등도 이에 맞춘 구조가 표준으로 되었다. 이 높이의 보도를 준평탄 보도라고 한다(그림 4.10). 또한 같은 취지로서 보도높이를 더욱 낮추어 0~2cm 높이로 하는 경우도 있다. 이 보도를 평탄보도라고 한다(그림 4.11). 5cm 높이의 보도라고 해도 차도를 횡단하는 장소의 경계석 앞부분은 2cm 이하이기 때문에 보도 전체를 2cm 높이로 평탄하게 하는 경우도 여전히 남아 있다.

그림 4.10 '좋은 사례' 준평탄 보도(5cm 높이)

보도와 차도가 경계석으로 시공된 배리어프리 구조.

그림 4.11 '좋은 사례' 평탄보도(사진 우측·좌측, 0cm 높이)

완전한 배리어프리 구조이며 배수위치도 배려되어 있다.

또한 평탄, 준평탄 보도에서도 폭원의 여유가 있는 버스정류장은 논스텝 버스 승차가 용이하도록 15cm 높이의 홈을 만드는 등의 방안을 강구하는 것이 바람직하다. 단, 이것은 버스가 보도 측에 바르게 정차하는 것을 전제로 하는 것이며, 보도에 충분한 공간이 필요하게 된다.

5 보차도 경계부의 형상

보차도 경계부의 단차(경계끝 단차)는 표준 2cm로 하지만, 시각장애인의 식별성 확보 등의 조건이 만족된다면 2cm 미만의 단차로 한 정비도 가능하다.

2cm 단차는 휠체어 사용자를 고려하여 단차가 전혀 없도록 하는 것이 바람직하나, 시각장애인을 위한 충분한 단차가 필요한 점과 같은 모순된 요구가 반영되어 양측 다수의 관능시험의 결과를 절충한 타협안이다. 2cm라면 시각장애인이 보차도 경계부가 어느 정도 식별 가능하며, 동시에 많은 휠체어 사용자가 넘어갈 수 있기 때문이다. 그러나 2cm는 근력이 약한 휠체어 사용자에게는 넘기 힘든 높이이며, 또한 이는 바퀴가 작은 유모차 사용자에게도 마찬가지다. 휠체어 사용자와 시각장애인 양측에게 잘 보이면서 휠체어 사용자가 넘기 쉽고, 시각장애인이 식별하기 쉬운 경계석의 구조와 재질, 경계석 끝처리 구조 등이 요구되며, 이를 고려하여 단차를 2cm 이하로 하는 시도도 늘어나고 있다.

이러한 교차점의 배리어프리화에는 여러가지 방법이 있으며, 구체적인 사례는 4장 5절에서 서술할 것이다. 그림 4.12는 서구에서 많이 보이는 유형이며, 휠체어 사용자의 통행장소를 한정하여 단차가 없는 부분을 만든 것이다. 그러나 공간이 좁은 일본에서 이러한 방법으로 통일하는 것은 쉽지 않다. 서구에서도 북미 방식만이 아닌 다양한 아이디어를 고안하고 있다(그림 4.13). 일본과 같이 교차점에서 보도부를 완전히 평탄하게 하여 휠체어가 기울어지지 않고 신호를 대기할 수 있는 것을 원칙으로 하는 국가도 적지 않다.

6 차량 진출입부·종합적 평탄부 확보

자동차가 차도에서 보도를 횡단하여 사유지로 들어오는 '차량 진출입부'에는 종종 급격한 횡단경사가 나타나 보도를 직선방향으로 진행하는 휠체어 사용

그림 4.12 서구에서 쉽게 볼 수 있는 교차점의 유형
휠체어 사용자의 통행공간은 단차가 없으며 단차가 있는 부분과 구분되어 있다. 넓은 횡단보도야말로 가능한 방법이다. 시각장애인은 헤매기 쉽다.

그림 4.13 서구의 보차도 단차해소와 전방 횡단보도표시(도장)의 사례(취리히, 스위스)
그림 4.12와 같은 생각인데, 보도 전체에 휠체어의 한쪽 기울어짐이 생기기 쉬우며, 신호대기 시에 보도 위에 휠체어가 정지하기 어렵다.

그림 4.14 '문제 사례' 출입구로 인해 보도의 평탄부분이 없어진다

우측의 배수판으로 좌측이 보도, 우측에 시설 현관이 있다. 우측의 시설을 출입하는 차를 위해 좌측의 보도 전체에 횡단경사가 만들어져 있다.

'문제 사례' 주름막이 연속

상가의 출입구가 연속적으로 나타나 주름이 발생하고 있다.

'좋은 사례' 주름막이 해소

차도 전체를 들어올려 보도와 같은 높이로 하여 주름막 문제를 해결하였다.

그림 4.15 주름이 연속한 사례와 해소한 사례

자는 보행에 어려움을 겪게 된다(그림 4.7, 4.14, 4.15좌). 차도에서 진입하는 차를 위해 보도를 횡단방향으로 경사를 주어 끊어지기 때문이다. 이것은 또한 '주름막', '빨래판'이라고 불리는 연속적인 경사변화의 원인이 된다(그림 4.15 좌). 보도가 '빨래판'과 같이 진행방향으로 끊어지면 휠체어 사용자는 타고 내리고를 반복하게 되어 보행이 매우 어렵게 된다. 특히 도시부에서 이러한 보도가 많으며, 이러한 문제의 해결은 도로 배리어프리화에서 중요한 문제이다. 그러한 원인에는 도로주변시설로의 차의 접근, 부적합한 시설의 진출입구 높이, 좁은 보도폭원 등이 관계되어 있다. 이에 대한 해결법으로는 가로시설의 출입구 높이와 보도의 높이, 차도의 높이를 맞추고, 보도폭원을 넓혀 차출입을 위한 보도해제를 줄이는 방법 등이 있다. 또한 우수의 배수문제도 관계하기 때문에 투배수포장도 검토한다. 최근에는 긴 구간에 걸쳐 주름막 해소를 위해 차도 전체의 높이를 올려 보도에 맞추거나 가로시설의 출입구 높이를 개선하는 사례도 있다(그림 4.15 우, 4.16~4.18)

보도의 평탄부를 확보하기 위해서는 일반적으로

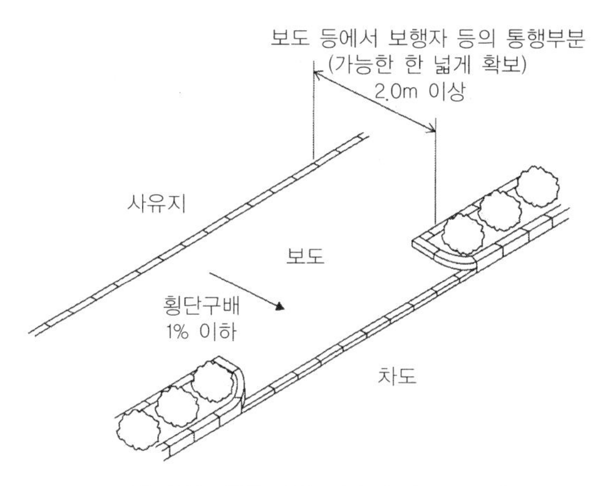

그림 4.16 '좋은 사례' 사유지 앞 보도부의 배리어프리화의 기본도

준평탄 접속부

출처: 전게서 '증보개정판 도로의 이동 등 원활화 정비 가이드라인'

다음과 같은 점을 유의한다.

① 보도의 유효폭원을 2m 이상 확보한다.

② 보도의 횡단경사는 1% 이하로 한다.

③ 보차도 경계는 5㎝로 한다.

이것을 전제로 보도폭, 보도 높이, 사유지 출입구 높이, 자동차의 진입 경사 등을 조정하고, 최대한 보도의 평탄부분을 확보하도록 한다. 나아가 적극적인 대처법으로는 다음 사항을 검토한다.

a) 보도면을 낮춘다.

그림 4.17 출입구 개선의 '좋은 사례'

그림 4.18 '좋은 사례' 주름막을 해소하고 보도구조 전체를 개선한 사례

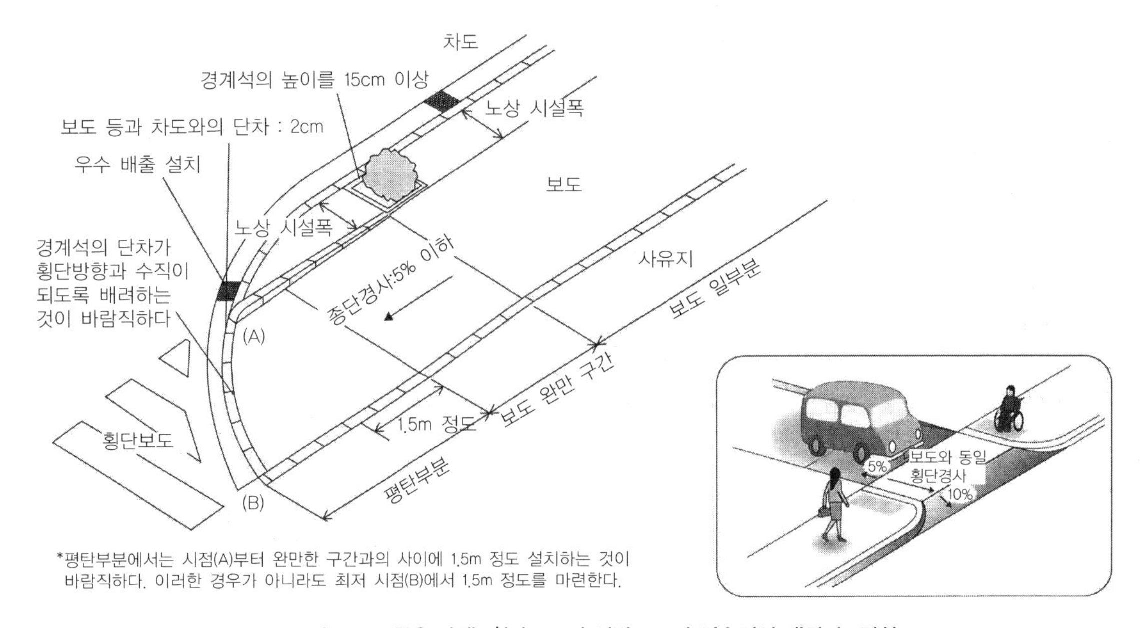

그림 4.19 '좋은 사례' 횡단보도와 일반보도의 연속적인 배리어프리화

가이드라인에서 서술한 배리어프리의 일반적인 형상

출처: 전게서 '증보개정판 도로의 이동 등 원활화 정비 가이드라인'

그림 4.20 교차점 개선 전후 (사가현(滋賀県) 히노마치(日野町))

좌: 개선 전은 보도와 차도에 9%의 경사가 있고, 보도 높이 20㎝, 보행 한쪽 경사 7%의 전형적인 장애 교차점이었다.

우: 개선 후(단 점자 블록은 미설치)는 교차점과 주변부 전체가 종단경사 3% 이하, 횡단경사 1% 이하가 되어, 투배수포장이 시공되었다. 휠체어 정지도 가능하여 보차도 경계부에는 신공법의 계단 경계석, 보도상에는 휴식설비를 설치하는 등의 배리어프리화가 이루어졌다. 그림 4.19의 가이드라인 이상의 높은 수준으로 정비되어 있다.

제공: 시가정전

그림 4.21 효고 방식 경계석 단면(표면에 홈이 있다)
많은 시각장애인에 대한 관능 테스트에서 선호도가 높았다. 경계석 끝 단차를 0~2cm로 했기 때문에 휠체어 사용자에게도 좋다.

그림 4.22 보도경계석 끝의 공법(시가현)
중앙보다 우측이 차도부 약 50cm, 좌측이 보도부 약 30cm(경계석)이다. 거무스름한 폭이 경고 블록이다. 중앙의 종선이 경계끝단부 폭 약 3cm이며, 고무소재를 사용하고 있다. 이로 인해 휠체어 사용자가 타고 내리기 쉽게 되었으며, 시각장애인이 촉각으로 알기 쉽게 되었다. 시가현 히코네시에서 많이 사용되고 있다.

b) 차도면을 올린다.

c) 휠체어 사용자를 위해 지역 전체의 보도 높이, 차도 높이, 사유지 출입구, 주변도로 높이 등을 종합적으로 정비한다.

5 횡단부에서의 단차 해소

보도와 차도의 단차에서 가장 문제가 되는 것이 교차점의 보도와 차도가 접한 횡단보도 부근이다. 이전에 서술한 바와 같이 단차가 크면 휠체어 사용자가 통행하기 어려우며, 단차가 적으면 시각장애인이 판별하기 어려운 통행주체에 따라 모순이 생긴다. 평탄하거나 준평탄한 보도가 연속적으로 확보되어 있는 경우 교차점에서의 횡단보도부의 단차문제는 일반적으로 크지 않지만, 단차가 있는 보도의 경우 교차점과 횡단부에서 특히 주의가 필요하다.

이러한 문제에는 보도와 횡단부의 굴곡진 전체형태에 관한 문제와 보도와 차도의 경계에 위치하여 둘을 나누는 경계석의 차도 측 끝부분에 있는 '경계석 단차'에 관한 문제가 있다. 굴곡진 부분에 관해 가이드라인에서는 통상의 보도부 → 5% 이하의 경사에 의한 굴곡부(종단경사부) → 평탄한 횡단대기부로 하는 연속적인 고저차 해소를 통해 차도와 보도의 높이를 맞추도록 하고 있다(그림 4.19). 단층식 보도만이 아닌 준평탄한 보도에도 이 원칙이 적용된다. 이러한 보다 높은 수준으로 개선한 예를 그림 4.20에 나타냈다. 이러한 예와 같이 교차점부만이 아닌 주변 전체의 높이조정과 보도확폭 등을 필요로 하는 곳이 많이 있다.

경계부 끝 단차에 대해서는 이전에 서술한 바와 같이 높이 2cm 미만이라도 시각장애인이 알 수 있는 방안이 포인트이다. 그림 4.21은 효고현에서 사용되고 있는 것으로 경계석의 표면에 '선'의 도랑을 파서 시각장애인의 발바닥 감각을 상기시키고 있다. 가나가와현에서는 역으로 경계석 표면에 '선'을 붙여서 선을 돌출시킨 경계석을 사용하고 있다. 그림 4.22는 경계석 끝단부에 고무소재의 가공품을 집어넣어 시각장애인의 발바닥 감각으로 파악하도록 함과 동시에 휠체어 사용자의 통행성을 향상시키고 있다.

그림 4.23 점자 블록(점상·선상 블록)
횡단보도 입구와 분기장소에는 점상의 경고 블록이 사용된다.

그림 4.24 '문제 사례' 급하게 휘어진 곳에 점자 블록은 좋지 않다
공간이 좁은 곳에 나타날 수 있지만 시각장애인에게 혼란을 준다.

6 시각장애인 유도·경고 블록

시각장애인은 전맹과 약시가 있다. 전맹은 흰지팡이와 목발의 감촉으로 노면을 확인하거나 손잡이 등을 이용한다. 소리와 후각, 촉각 등 고유의 감각이 비장애인보다 발달되어 있어서 보행 시 그것을 사용하는 경우가 많다. 또한 외출에 익숙한 시각장애인은 동시에 '멘탈 맵'(머릿속에 이미지로 떠올려 지도화된 정보)을 두뇌에 기억하고 보행한다. 약시의 경우 여기에 더해 시각에 색정보를 활용하고 있다. 시각장애인이 보행할 때 그러한 오감활용의 지원이 가능한 것으로는 흰지팡이와 신발끝 감촉으로 존재정보를 얻는 시각장애인용 유도·경고 블록이 있다. 이것은 점자 블록으로 불리며, 선형의 유도 블록과 점자형의 경고 블록이 있는데, 각각 다른 의미를 가지고 있다(그림 4.23). 색은 파장이 길고 잘 보이는 색이 사용되며, 가이드라인에서는 원칙적으로 황색으로 하고 있다. 단, 시각장애인용 유도 블록과 주변의 포장노면의 색 '차이'가 중요하며, '광도비'가 큰 것이 의미가 있다. 황색계열의 보도에 황색 시각장애인용 유도 블록은 부적절하다.

광도비는 아래와 같은 식으로 정의내릴 수 있다.

$$\text{광도비} = \frac{\text{시각장애인용 유도 블록의 광도(cd/m}^2\text{)}}{\text{포장노면의 광도(cd/m}^2\text{)}}$$

단, 광도는 밝기이므로 단위면적 당 단위입체각마다의 방사에너지(발산하는 빛의 양)를 비시감도(전자파의 파장마다 다른 감도)로 측정한 것이며, 광도계로 측정 가능하다.

점자 블록은 시간의 흐름에 따라 퇴색되는 것이 많으며, 정기적인 보수를 행하는 유지관리가 중요하다. 또한 관리자(도로·철도·건축물·공원 등)가 협의 없이 각각으로 설치하였기에 비연속적이 된 경우도 많다. 장애인이 참여하여 관계자가 확실하게 협의하는 것이 중요하다. 공간의 여유가 없는 곳에서는 그림 4.24와 같이 급하게 휘어져 난잡하게 된 경우도 많다. 또한 어렵게 점자 블록이 설치되어 있어도 자전거 방치, 주차, 상점의 간판, 안내판 등으로 그것이 덮여 있는 예도 많다(그림 4.25, 4.26). 점자 블록에 의지하는 시각장애인의 입장에서는 가능한 배리어프리 지식의 보급·개발에 힘을 기울일 필요가 있다. 점자 블록의 일반적

그림 4.25 '문제 사례' 자전거주차로 덮인 보도

그림 4.26 '문제 사례' 자전거주차로 덮인 점자 블록

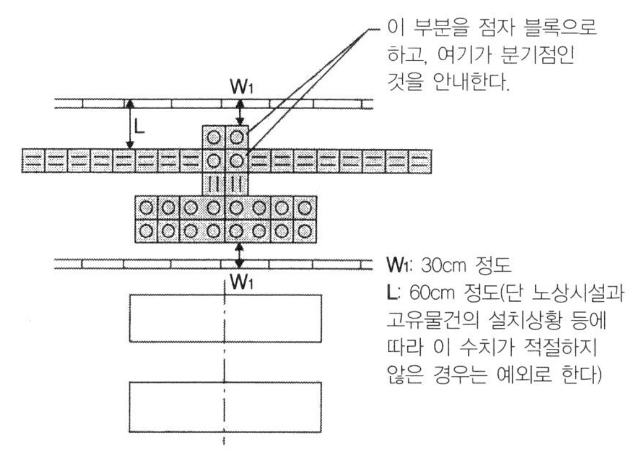

그림 4.27 점자 블록의 매설법(직선부 횡단보도 주변)

출처: 전게서 '증보개정판 도로의 이동 등 원활화 정비 가이드라인'

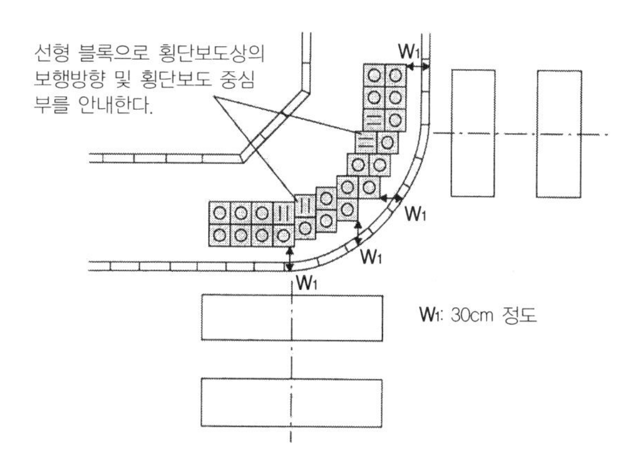

그림 4.28 점자 블록의 매설법(교차부 횡단보도 주변)

출처: 전게서 '증보개정판 도로의 이동 등 원활화 정비 가이드라인'

인 설치방법을 그림 4.27, 4.28에 나타냈다.

시각장애인은 오감을 활용하여 보행하는 능력이 뛰어나기 때문에 시각장애인용 유도 블록만이 아닌 음성과 점자의 안내판에 의지하는 경우도 많다. 이로 인해 횡단보도 위에도 시각장애인의 안전한 횡단보행을 위해 일반보도와는 다소 다른 점형 블록을 연속적으로 설치하는 '에스코트 존'도 늘어나고 있다. 또한 ITS(고도교통정보 시스템)의 하나인 휴대단말기에 의한 안내시스템 등도 개발되고 있다.

7 휴게시설

휴게시설은 체력이 약한 사람이 보행할 때 중요한 시설이다. 또한 육아의 모임장소 등의 다양한 기능도 가지고 있지만, 기존 공공도로에서는 버스정류장을 제외하고 정비된 것이 적었다. 그림 4.29는 의식조사에 의한 휴게시설의 간격이다. 약 100m에 1곳의 휴게장소가 필요한 것으로 나타났다. 그림 4.30은 도로, 공적 시설, 상점 등 다양한 시설을 포함하여 NPO가 코디네이트하고 민관협력으로 휴게시설의 네트워크를 만든 도다시(戸田市)의 사례이다.

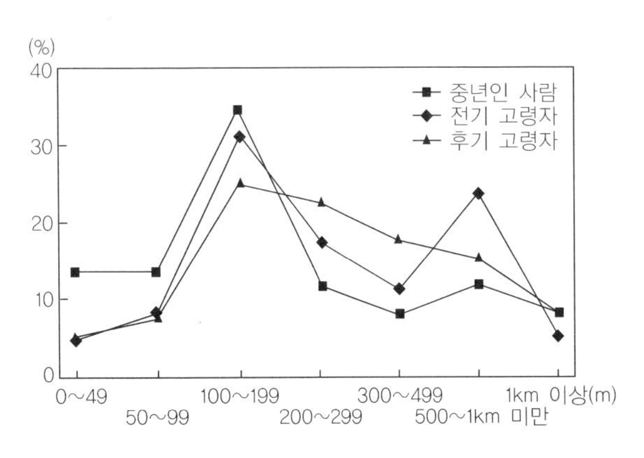

그림 4.29 필요한 휴게시설 간의 거리

'이 거리마다 필요하다'라고 응답한 사람의 비율

출처: 三星昭宏·北川博巳 「고령자를 고려한 보행공간의 휴게시설배치에 관한 연구」, 『토목계획학연구·논문집』, 토목학회토목계획학연구회, 1999

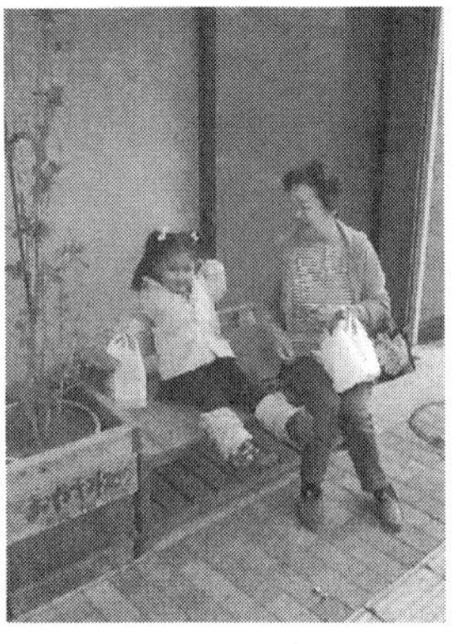

위: 공공도로상의 벤치설치(버스정류장 앞)

우: 도로 끝에 있는 상점의 벤치. 이것은 네트워크화된 민관협력으로 정비되어 있다.

그림 4.30 도다시의 벤치

출처: 국토교통성

8 역앞 광장·지하도

역앞 광장은 관리상 도로의 일부가 되어 있는 경우가 많다. 역앞 광장은 일반도로와는 성격이 다르며, 통행의 장임과 동시에 교통결절점(환승)이며, 사람이 모이는 장임과 동시에 정보의 집중점, 커뮤니케이션과 예술의 장이다. 배리어프리를 기본으로 한 유니버설디자인화는 그 거리의 얼굴을 만드는 중요한 일이다.

서구의 역앞 광장은 비교적 그 거리의 상징성과 교류기능을 중시하여 역 정면의 공간에 만드는 경우가 많지만, 일본의 역앞 광장은 기존 '교통광장'으로서의 성격이 강화되었다. 과거에는 자동차·버스의 교통처리를 우선하여 보행자에게는 장애가 많고, 휠체어 사용자가 이용할 수 없는 공간이 많았다. 보행자가 지하도를 오르락 내리락 하며 사용하는 역앞 광장이 그 사례이다. 이동 등 원활화 기본구상에서는 그 역앞 구조를 완전히 새롭게 바꾸고자 하는 계획이 포함되어 일본의 차중심·인간경시의 역앞 광장도 서서히 개선되고 있다(그림 4.31). 지하도는 역앞 광장과는 조건이 다르나, 사람이 모이는 장이라는 점에서 공통된 과제가 많다. 최근은 시부야의 복합상업건물 '히카리에' 등과 같이 복수의 사업자가 연계하여 유니버설디자인화를 달성한 사례도 있다.

역앞 광장과 관련된 교통공간의 구성요소는 '수평동선', '수직동선', '각종 승차장 등'이 있다. 그 외에 서비스와 경관을 제공하는 '환경공간' 및 '정보제공·조명시설'이 있다. 환경공간은 화장실과 상업시설, 공공시설 등 다방면에 걸쳐 있으며, 말 그대로 유니버설디자인의 마을만들기 그 자체라고 할 수 있다. 역앞 광장은 성격이 다른 많은 관리자가 관여하고 있다. 유니버설디자인에 의한 역앞 광장 만들기의 선두역할을 한 한큐 이타미역에서는 아래의 기본방침을 세워서 다수의 당사자가 참여하여 역과 역앞 광장을 만들었다. 1990년대의 정비이지만 지금도 선구적 역할을 하고 있으며, 그 후 진행된 다수의 터미널 배리어프리 정비에 영향을 미쳤다. 한큐 이타미역·역앞 광장정비(그림 4.32)에서는 다음의 기본방침을 세웠다.

우선 이동하기 쉬운 터미널, 이용하기 쉬운 터미

정비 전의 양상: 차와 버스의 발착이 주요 역앞 광장에서 이루어져 장애가 많았다.

정비 후(2012년)의 양상: 좌측과 같이 사람의 통행과 커뮤니케이션을 중시하여 대개조하였다. 배리어프리·유니버설디자인의 수준이 높다. 최근 가나자와역 앞, 시즈오카역 앞 등 '유니버설디자인 역 광장'을 시도하는 사례가 늘어나고 있다.

그림 4.31 가와사키역(川崎駅) 정비

제공: 가와사키시

그림 4.32 한큐 이타미역(伊丹駅) 앞 정비 (유니버설디자인 터미널 정비의 시초)

사진은 역앞 상점가에 계속되는 길로서 유니버설디자인화되어 있다. 배수도 '중앙배수'를 하는 등, 배리어프리 기술수준이 높다.

표 4.4 시설의 과제

시 설	과 제
버스정류장	·버스승차의 대응으로서 승강구의 보도 높이는 15cm로 한다. ·벤치와 지붕을 설치한다. ·안내표식을 설치한다. ·표식은 점자, 방송 등의 설비를 마련한다. ·시각장애인용 유도 블록(점자 블록)은 황색 또는 주위와 명확한 식별이 가능한 재료로 할 것
노면전차 정류장	구조, 승강장, 경사로 경사, 횡단부를 배려한다.
자동차 주차장	자동자주차장에서는 장애인용 주차·정차시설을 설치함과 동시에 장애인 등을 배려한 구조의 화장실 등을 설치한다.
교차점	교차점, 입체횡단시설 등의 계단부 등에는 시각장애인 유도용 블록을 반드시 마련한다.
입체횡단시설	·엘리베이터를 설치한다. ·고저차가 적을 때에는 슬로프로 대신한다. ·엘리베이터나 슬로프가 있는 경우, 필요에 따라 에스컬레이터를 설치한다.

널, 가기 쉬운 터미널, 사람에게 친절한 터미널로서, 각 항목마다 다양한 장애인을 배려한 수십 가지에 걸친 정비내용을 설정하였다.

그와 연관된 시설과제를 열거하면 표 4.4와 같다. 그 외에 주차장과 엘리베이터의 크기 등 다양한 기준이 설정되어 있다.

가이드라인에서는 그 외에 다음과 같은 시설·공간의 배리어프리화에 대해 서술하고 있다.

·적설냉장지에서의 배려, 유설도랑의 구조, 방설, 방진

·자동차주차장

·안내식별

주차장에는 장애인용으로 폭이 3.5m인 주차공간을 확보한다. 이 공간은 차문을 완전히 열기 위한 공간이 필요한 휠체어 사용자가 이용하게 된다. 그 외에

비장애인 주차공간과의 중간 넓이인 '배려의 주차공간(지방에 따라 명칭이 다르다)'을 마련하여 휠체어 사용자 이외의 보행 부자유자가 이용 가능하도록 하고 있다. 폭이 넓은 휠체어용 주차공간은 시설출입구에 가까운 장소에 설치하고, 배려 주차공간은 그에 준하는 장소에 설치한다. 각각 이용자격을 나타내는 이용증을 지방행정기관에서 발행하여 비장애인의 부정이용을 막기 위한 노력을 한다.

적설지의 도로와 역앞 광장의 배리어프리화에 대해서는 제설·눈처리, 정보제공 등이 필요하여 기술적으로 검토할 과제가 많다.

9 신호등

도로의 일부로서 공안위원회가 관리하는 신호기에 대해서도 배리어프리화가 진행되고 있다(표 4.5). 차 중심의 신호표시에서 보행자 중시의 표시로의 변화와 음향신호기가 기본이며, 공안위원회의 다양한 시도가 진행되고 있다. 이것은 '이동 등 원활화 기본구상' 속에서 정비된 것이 많다. 그 수는 아직 한정적이며 향후 보다 나은 보급이 바람직하다. 시각장애인의 횡단지원 단말기도 보급되어, 횡단방향을 잃어버리지 않는 시스템도 개발되어 있지만 아직 설치장소는 많지 않다. 신호기에 대해서는 LED를 이용한 종단 높이가 낮은 것도 개발되고 있다.

표 4.5 신호기의 배리어프리화

시 설	과 제
음향식 신호기 설치	시각장애인을 위한 녹색 시간을 음향으로 안리는 장치가 부착된 신호기
녹색 연장용 버튼 부착 신호기 설치	버튼을 누르면 녹색 시간을 연장하는 기능을 가진 신호기
휴대용 발신기에 의한 '음향식신호기'와 '녹색 연장용 버튼 부착 신호기'	이러한 휴대용 발신기로 조작 가능한 장치
보차분리신호기 설치	보행자와 자동차가 완전하게 분리되도록 녹색 시간을 구분하여 표시
그 외 신호표시와 시간수정	고령자·장애인이 알기 쉽도록 녹색 시간을 수정

10 보행자 ITS

시각장애인의 보행지원 또는 휠체어 사용자의 시설정보제공 등을 위해 정보통신기기를 사용한 배리어프리에 대한 개발투자도 진행되어 왔다. 특히 최근은 휴대단말기, 태블릿 단말기의 보급이 급증하고 있다. 그 목적을 크게 나누면 다음과 같다.

① 시각장애인의 안전한 보행보조·경고·유도시스템
② 시각장애인의 경로안내 시스템
③ 시각장애인을 위한 가로변 정보안내 시스템
④ 휠체어 사용자를 위한 엘리베이터·에스컬레이터·공사 정보제공 시스템

시스템이 사용되는 정보수입 전달방법으로는 ① 일반전파에 의한 방법, ② 적외선에 의한 방법, ③ IC 태그형, ④ 휴대·태블릿에 의한 방법이 있으며, 이것을 조합한 방법도 있다. 전파는 수신정보의 확대에 유리하고, 적외선은 광선의 직진성으로 인해 시각장애인의 방향정보 전달에 유리하다. IC 태그류는 가볍게 정보발신이 가능하여 파급효과가 뛰어나다. 전화는 그 보급에 따른 가격저하와 회선확대가 특징이다. 어느 쪽이건 보급을 위해서는 장애 당사자에게 물리적으로 사용하기 편함, 경제성, 보급성, 알기 쉬움, 지인과의 공통성에 있어 뛰어나야 하며, 향후의 유니버설 디자인으로서의 발전이 기대되고 있다. 또한 미국과

서구의 일부에서는 일본 전자기업과의 컨소시엄으로 개발한 장치도 사용되고 있다.

참고문헌

1) 秋山哲男·三星昭宏『障害者·高齢者に配慮した道路の現状と課題』土木学会論文集V, No.502, V-25, 土木学会, 1994.

2) 一般財団法人国土技術研究センター編集·発行 『増補改訂版·道路の整備等円滑化整備ガイドライン~道路のユニバーサルデザインを目指して~』大成出版社, 2011.

3) 国土交通省総合政策局安心生活政策課監修『バリアフリー整備ガイドライン(旅客施設編)【平成25年改訂版】』 交通エコロジー·モビリティー財団, 2013.

4) 村木里志·三星昭宏·松井祐介·野村貴史 「車いすによるスロープ走行時の身體的負担の定量化とその応用」『土木学会論文集』D.62, 3, 土木学会, 2006.

5) 三星昭宏·北川博巳「高齢者を考慮した歩行空間の休憩施設配置に関する研究」『土木計画学研究·論文集』土木学会土木計画学研究会, 1999.

6) 柳原崇男·篠原一光·高原美和·三星昭宏·長山泰久·永礼正次·篠原耕一 「高齢者·視覚障害者の道路横断支援のためのLED付音響信号装置の実用化可能性検証」『日本建築学会計画系論文集』第76巻 第661号, 2011.

7) 小沢温·大島巌編著『障害者に対する支援と障害際自立支援制度』ミネルバヴァ書房, 2013.

제 5 장

지역교통 · 생활교통

지속가능한 서비스를 지향하며

핵심 지역에서 교통수단의 확보는 복지마을 만들기, 배리어프리 마을 만들기의 중요과제이다. 전차·버스가 쇠퇴하는 지금이야말로 시급하게 대비해야 할 필요가 있다. 이 장에서는 지역의 공공교통의 종류와 성격을 배우고, 공공교통을 진흥시키기 위한 방안과 나아가 복지유상 운송, 복지택시에 대해서 생각해보자.

1 공공교통의 쇠퇴와 고령자·장애인의 이동성 문제

전국에서 공공교통의 쇠퇴감소가 진행되고 있다(그림 5.1). 특히 공공교통인 버스서비스의 감소가 현저하고 철도도 장기적으로 저하되고 있는 경향을 보이고 있다. 이러한 원인은 ① 자동차대중화가 진행되어 공공교통 이용자가 감소하고 있다는 점, ② 저출산·고령화로 인한 인구감소, 특히 젊은 층의 감소로 인한 공공교통 요구가 감소하고 있는 점에 있다. 그 과정에서 자동차를 운전하지 않고 공공교통에 의존하는 장애인과 고령자, 어린이 층의 외출이 곤란하게 되는 이동성 문제가 심각해지고 있다. 시설과 공간의 배리어프리를 아무리 진행해도 이동하는 수단이 없어지면 외출이 어려워지는 것이다. 복지마을 만들기로서 물리적인 시설과 공간의 배리어프리가 거론되지만, 잊어서는 안 되는 것이 '배리어프리이면서 유니버설디자인인 서비스'인 것이다. 그 대표적인 것이 지역의 교통서비스 확보이다. 지금 이 문제는 고령자·장애인 문제만이 아닌 지역 시스템 붕괴의 양상으로도 나타나고 있다. 이동수단이 없어 이동이 불가능하다는 것은 무엇보다 큰 장애라는 것을 말한다.

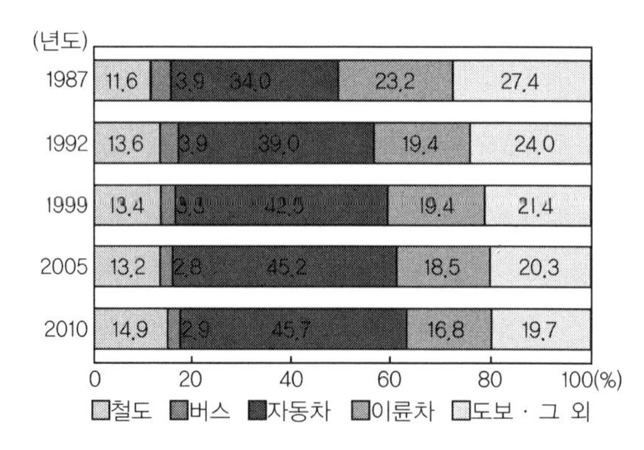

그림 5.1 각 교통기관의 운송별 분담률의 추이(전국)

출처: 국토교통성 자료 '도시에 있어 사람의 움직임, 전국도시교통특성조사 집계 결과로부터

외출은 삶의 질을 결정한다. 통원, 통근, 통학, 쇼핑, 산책·만남, 가족의 방문, 오락, 스포츠, 국내여행, 해외여행, 온천, 등산 등 무엇이든 인간적으로 생활하기 위해 중요한 행위이며, 의식주와 같이 기본적인 '인권'이라고 할 수 있다. 서구에서는 이동이 '권리'로 인정받고 있는 국가가 많으며, 프랑스와 같은 경우 법률 중에 '이동권'(교통권)이 용어로 인정받고 있다.

2013년 11월, 일본에서는 '교통정책기본법'이 성립되었다. 그리고 그 16조에서 모든 국민의 이동 중요성을 아래와 같이 서술하고 있다.

'국가는 국민이 일상생활 및 사회생활을 영위해 나가는 데 있어 필요불가결한 통근, 통학, 통원 및 그 외의 사람과 물건의 이동에 관계된 이동을 원활하도록, 외딴섬을 건너는 교통사정과 그 외의 지역에서 자연적·경제적·사회적 조건을 배려하면서 교통수단의 확보 외에 필요한 시책을 마련하도록 한다'. 또한 자치단체도 이에 기반하여 책임을 지도록 되어 있다.

교통권이라는 용어 자체는 표현하지 않았지만 동의하는 것에 가까운 표현으로서 이제 겨우 일본도 국민의 이동에 문제의식을 갖게 되었다고 할 수 있다. 이 법률은 '이념'을 나타내는 법률이며, 이제서야 배리어프리법에서 겨우 기본이념이 나타났다고 할 수 있다. 공공교통의 쇠퇴로 인해 영향을 받는 사람은 전차·버스를 탈 수 없는 사람, 그것을 사용하기 어려운 사람, 택시 등의 비용이 어려운 사람, 차를 사용할 수 없는 사람, 가족에게 송환을 의지할 수 없는 사람, 그 외 고령자와 장애인, 외국인 등의 많은 사람이 이에 해당한다.

칼럼 뷰케넌 리포트

영국의 콜린 뷰케넌은 1960년에 '도시의 자동차교통'이라는 리포트를 정부에 제출하였다. '앞으로는 자동차교통이 증대하고 공공교통이 쇠퇴하여, 사고, 환경, 정체가 문제가 된다. 보행자 등 약자를 지키지 않으면 안 된다'라는 내용으로, 그 후의 서구 공공교통을 지키고 키우는 시도의 원점이 되었다. 일본에서는 2013년에 겨우 '교통정책기본법'이 성립되어, 공공교통의 중요성을 나타내기 시작한 법률이 되었다.

2 지역의 공공교통

일본의 공공교통을 정리하면 그림 5.2와 같다. 공공교통은 신체조건과 연령에 관계없이 많은 사람에게 이용되어야 하는 기본적인 운송수단이라고 할 수 있다. 여기에는 전차·버스와 같은 일반 공공교통기관부터 구급차나 복지택시와 같은 고령자·장애인·환자에게 특화된 운송수단까지 다양한 것이 있다.

배리어프리에서 본 공공교통정비의 기본방침은 다음과 같다.

① 전차·버스 서비스를 지키며 발전시킨다.

② 전차·버스·택시의 배리어프리화(전차와 역·역앞 광장의

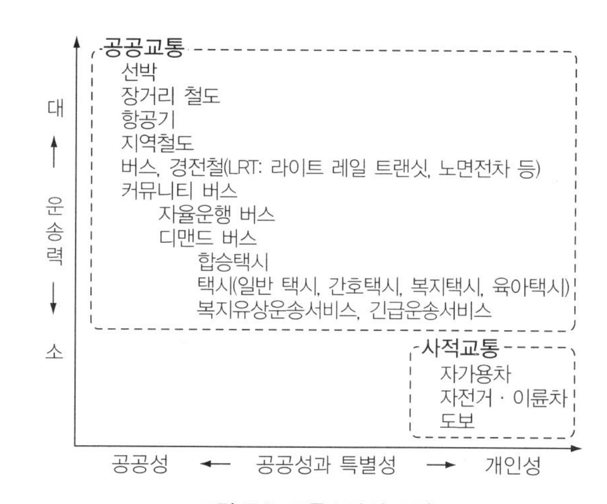

그림 5.2 교통수단의 구성

배리어프리화, 장애인용 논스텝 버스, 유니버설 택시의 보급)를 추진한다.

③ 동시에 복지택시, 복지유상 운송 등의 고령자·장애인에 특화된 특별한 교통수단을 확충한다.

교통수단의 이용자 신체조건과의 적합성은 그림 5.3과 같다. 이러한 다양한 모드(교통수단)의 공공교통을 조합하여 상기의 원칙에 따라 모든 사람의 이동성을 확보하는 것이 복지마을 만들기의 과제이다.

이를 위해서는 지역이 차 의존에서 탈피하고 경영적으로 곤란한 교통기관도 시민의 협력을 통해 재생시키는 방안이 추진되고 있다. 공공교통의 경영상 어려움은 소수의 기술적인 대안만으로는 해결되지 않기 때문이다. 공공교통 서비스를 향상시켜 그 이용을 늘리고자 하는 시도도 최근에 와서 진행되고 있다.

이용자 측면에서 일본에서 공공교통 시스템의 시도가 서구의 주요국에 비해 불이익이 되는 점도 다루어 보자. 일본에서는 공공교통에 국가와 지방의 세금을 사용하는 방법·습관이 기본적으로 없었다. 이것은 자동차사회로 인한 공공교통 쇠퇴에 대한 대응에 있어서 서구 주요 국가와의 차이가 근저에 있다. 또한 일본에서는 사기업 주식회사에 의한 버스·철도경영이 많은 반면, 독일 등의 각국에서 보이는 '운송연합'과 같은 사회상호의 협동체제가 기본적으로 없다.

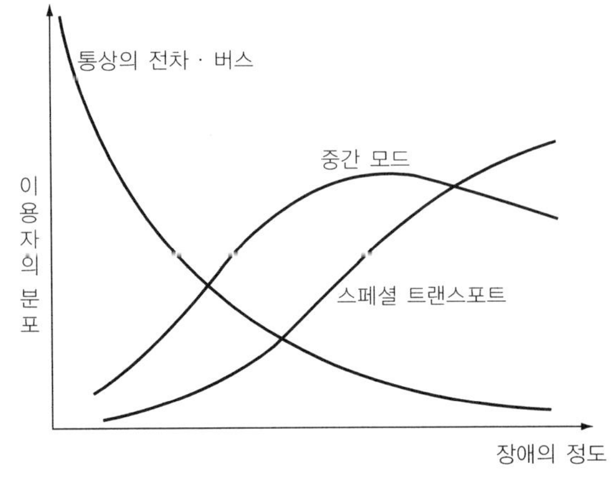

그림 5.3 공공교통과 이용자의 신체조건

좌측이 일반의 교통수단, 우측이 특별한 교통수단이 된다. 통상의 전차·버스의 분포를 가능한 우측으로 넓히는 것이 중요하다.

또한 지역교통과 같이 시민생활에 밀착한 공공교통의 인허가가 국토교통대신에게 있으며, 대다수의 자치단체에 공공교통 부서가 없는 상황이다. 그러나 지역교통이 붕괴하고 있는 지금, 이러한 상황을 장기간 방치할 수는 없다. 교통대책기본법 제정은 그 시작으로서 의미를 둘 수 있다.

3 공공교통 활성화 방안

공공교통 활성화의 포인트는 공공교통의 배리어프리화, 정보제공의 배리어프리화, 시민협동의 공공교통 재생이며, 또한 자치단체가 그것을 추진하는 것이다. 이러한 대책에 대해서는 시민, 특히 고령자와 장애인이 참여·참획하여 공공교통을 활성화시키는 지역의 시도와, 자치단체의 공적인 협의의 장으로 검토·실시하는 시도도 생겨나고 있다. 이미 서술한 바와 같이 일본에서는 공공교통에 세금을 지출하는 시도가 약했지만, 최근 버스폐지에 따른 대처방법으로 자치단체의 세금을 사용한 '커뮤니티 버스'가 도입되어 왔다. 그러나 이것도 이용자 수 부족과 지출을 감당하지 못하고 폐지·축소하는 예가 다수 나타나고 있다. 자동차사회 아래에서 주민의 양적·질적 요구에 맞출 수 없는 교통수단을 '관제'로 처리해 세금을 지출한 결과이다. 이러한 '하수'의 대책이 아닌, 진정으로 유효한 시책에 필요하다면 세금을 투입해서라도 시민협동으로 공공교통을 활성화시키는 것이 요구된다.

이러한 시도의 사례로 돈다바야시(富田林市) 시민교통협의회에서 검토한 교통대책을 표 5.1에 나타냈다. 공공교통의 개선의 중심적인 위치에 '친절함'대책이 위치하고 있다. 공공교통 서비스의 확보와 배리어프리화는 복지마을 만들기에서도 가장 중요한 과제의 하나이다.

표 5.1 지역의 공공교통 개선책

교통정책의 기본방침						교통정책의 구분	교통정책	(참고) 관련된 기존 교통정책에 제시된 각종 계획
관계자가 연대·공통으로 시도하는 교통	모든 시민이 안전·쾌적하게 이동 가능한 교통	원활한 이동·활동을 지원하는 교통	거리의 매력·활력을 창출하는 교통	환경에 친절한 교통	지역의 특성에 대응하는 교통			
	○	◎	◎			공공교통 네트워크 확충	(1) 철도와 연대한 광역 접근성의 공장	도시계획기본계획, 지역방재계획
○	○	◎	◎				(2) 교류·연대를 지원하는 노선버스의 확충	도시계획기본계획
○	◎	○			○		(3) 커뮤니티 버스 서비스의 도입	
○	◎	◎			◎		(4) 지역특성에 부응한 다양한 공공교통 서비스의 도입	도시계획기본계획
○	◎	◎					(5) 교통결절점의 환승편리성의 향상	도시계획기본계획
○	◎	◎			○		(6) 외출지원 서비스의 확충	지역복지계획, 배리어프리 등 기본구상
○	◎		○			이용하기 쉬운 교통시스템의 확립	(1) 공공교통 이용정보제공의 확충	배리어프리 등 기본구상
○	◎		○		○		(2) 버스정류장, 버스차량 등의 고규격화	배리어프리 등 기본구상
○	◎	○	○				(3) IC카드 도입, 운행정보제공 등의 추진	
○	◎	○	○				(4) 교통결절점 및 주변지구의 배리어프리화	도시계획기본계획, 배리어프리 등 기본구상
○	◎	○	○		○		(5) 이용하기 쉬운 요금정책	
○				◎		자동차이용의 제어와 공공교통 이용촉진	(1) 커뮤니케이션 정책에 의한 자동차 이용제어와 공공교통 이용 촉진의 시도	
○	◎		◎	◎	○		(2) 자동차·보행자공간과 이용환경 정비	도시계획기본계획, 교통안전계획
◎	○					시민과 연대·협동하여 시도하는 교통	(1) 적극적인 교통정책과 관련된 정보공개와 제공	
◎	◎			○	◎		(2) 지역에 있어 시민과의 연대에 의한 지역교통의 촉진	지역복지계획
◎	◎			○			(3) 지역·기업·학교와의 연대에 의한 교육, 개발의 시도	지역복지계획, 교통안전계획, 생애학습추진기본계획

◎:주로 기대되는 효과　○:파생되어 기대되는 효과

출처: 돈다바야시 교통기본계획

4 복지유상 운송서비스

고령자와 장애인에 특화된 교통서비스로는 복지·간호택시와 복지유상 운송서비스가 있다(그림 5.4). 이것은 그림 5.2의 우측에 있는 사진으로, 특히 복지유상 운송서비스는 '특별 운송서비스(ST)'의 하나로 자리잡고 있다. 공공교통의 쇠퇴 영향을 가장 받기 쉬운 사람은 고령자·장애인이다. 그러한 공공교통이 있어도 사용하지 않거나 사용하기 어려운 사람들을 위해 특화된 운송수단으로서는 복지택시·간호택시·복지유상 운송서비스가 있다. 복지택시와 간호택시는 복지목적으로 특화된 택시이다. 최근에는 '육아택시' 등의 새로운 방안도 나오고 있다. 이에 대해 복지유상 운송서비스는 NPO·봉사활동·사회복지법인·사회복지협의회 등에 의해 운행되어, 복지적 관점에서 이용요금이 저렴하게 정해져 있으며 시민협동형의 운송수단이기도 하다.

2002년과 2006년에 도로운송법이 제정되어, 기존 흰 번호판으로는 택시영업행위가 금지되어 있던 무허가의 복지유상 운송서비스와 외딴 곳의 유상 운송서비스의 등록을 의무적으로 승인하는 것을 포함한, 버스와 택시 사업의 수급조정이 폐지되었다. 이로 인해 복지유상 운송서비스에 시민권이 부여되어, 법개정 후 지역에 따라 차이는 있지만, 일본의 복지유상 운송서비스를 인지·확대하는 성과를 가져왔다. 그 반면 수급조정 폐지로 인해 버스사업 등의 이익이 나지 않는 노선축소가 확산되어, 교통 배리어프리법을 통해 보급되던 논스텝 버스의 혜택을 받지 못하는 지역도 늘어났다.

도로운송법에서는 복지유상 운송을 시작하기 위해서는 자치단체의 복지유상 운송운영협의회에서 협의가 진행된 후에, 국가에 등록하도록 하고 있다. 자치단체가 적극적으로 ST를 육성한 사례로서 히라카다시(枚方市)가 있다. 히라카타시에서는 참여단체를 대폭으로 늘림과 동시에 공동의 배차센터도 자치단체의 원조로 설치하였다. 이것은 성공사례로 알려져 있지만, 그곳 역시도 전국적으로 확대되고 있는 NPO계에 의한 운영의 경영난 탈피가 중요한 과제였다. 히라카타시의 복지유상 운송과 복지택시는 공동배차센터로 육성하고, 적절한 분담관계를 유지하고 있다. 그러나 전국적으로 보더라도 여타 자치단체의 이해는 뒤쳐져 있으며, 택시 등 기존 운송단체의 복지유상 운송에 대한 요구 등에서 '로컬 규칙'으로 불리는 허가조건과 수속 '절차'를 늘여, 본연의 규칙완화의 목적이 기능이 약해진 사례도 다수 보인다. 향후 이를 극복하고 경영 안정을 위한 지혜를 짜내어 복지유상 운송을 택시와 나란히 고령사회의 중요한 공공교통으로 발전시켜 나갈 필요가 있다.

복지유상 운송서비스를 시작으로 한 특별 운송서비스는 먼저 다른 배리어프리 시책과 병행하여 확실한 요구를 파악해야 한다. 그를 위해서는 배리어프리 기본구상 속에 역과 공공시설로 가고자 할 때, 공공

그림 5.4 복지유상 운송서비스
복지유상 운송차량과 차량 내부. 휠체어 사용자를 나른다.

교통을 이용할 수 없는 사람의 수·분포를 조사해야 한다. 나아가 그것에 대한 대책으로 커뮤니티 버스와 복지·간호택시·특별 운송서비스의 현황과 이용실정을 조사하여, 기본적인 대안을 토론하고 기본구상에 몰입하도록 한다. 공공교통을 활성화시키고 재생시키는 종합적인 '연대의 계획'을 만들어 공공교통의 강고한 '네트워크 형성'을 하는 속에서 특별 운송서비스를 진흥시키는 것이 앞으로의 과제라고 할 수 있다.

5 일반택시·복지택시·육아택시

1 일반택시

정부는 향후 일반택시의 배리어프리화를 지향하는 모델차량을 검토하고 있다(3장 3절 4항 택시차량 참조). 영국 등 서구는 기존의 승용차 택시에서 고령자·장애인이 타기 쉬운 밴형 택시로 변경하였다. 런던택시는 오래 전부터 내부 높이가 높은 중절모 택시를 사용하고 있으며, 모든 휠체어에 대응할 수 있다.(그림 5.5)

2 복지택시·간호택시

복지택시는 택시 중에서 복지에 특화된 택시로 등장하였다. 원래 택시는 고령자·장애인 등의 신체가 부자연스럽고 공공교통을 이용하기 어려운 사람에게 최적화된 운송수단이다. 오사카부와 세타가야구와 같이 복지택시·간호택시(간호보험의 범주 내에서 사용되는 택시)도 고령자·장애인에게 사용하기 쉽도록 지역 내에서 연대하여 '공동배차센터'를 설치하는 사례도 나오고 있다.(그림 5.6)

3 육아택시

복지택시 이외에도 택시를 특정 목적으로 특화시키는 시도도 있다. 육아 중인 모자에게 일반 택시는 가끔 이용하기 어려운 경우가 있지만, 육아택시는 육아에 특화된 택시로서 전용 운전사가 모자가 안전하게 사용할 수 있도록 하고 있다. 현재 전국 모든 행정자치단체로 확대되고 있다. 통상 회원제로 운영되며 다음과 같은 이용을 상정하고 있다.

① 어린이 동반의 주부가 안심하고 사용한다.
② 임산부가 안심하고 사용한다.
③ 어린이의 등하교, 학원 통학 등의 환송을 안심하고 맡긴다.

그림 5.5 일본에도 수입된 런던택시
모두가 밴형은 아니지만 천정고가 높아 휠체어가 들어간다.

출처: LONDON TAXI NAGOYA 홈페이지

그림 5.6 복지택시 종합배차택시

출처: 오사카복지택시 종합배차센터 홈페이지

이러한 여성의 사회진출과 등하교 범죄의 대응 등 그 역할이 다양해지고 있으며, 향후 전개가 주목되고 있다.

4 그 외

그 외, 구급차와 택시의 중간역할을 할 수 있는 긴급 특별운송수단도 출현하고 있다.

제 6 장

공공건축물의 정비

기술적 기준과 실천방법

핵심 2장에서 배운 복지마을 만들기 조례와 배리어프리법의 기준을 어떻게 건축물에 적용할 수 있을지, 그 기술적 기준의 의미와 응용수법에 대하여 생각한다. 우선 각종 정비의 기본인 '법의 건축물 이동 등 원활화 기준'을 설명한다. 이어서 건축물의 정비로 추구해야 할 유니버설디자인 이념과 실천방법 및 사례를 소개한다.

1 건축물의 주된 배리어프리 기준과 표준적인 해결방법

1 법이 요구하는 정비기준

법에서 요구하는 정비기준(원활화 기준)은 많은 지자체에서 복지마을 만들기 조례 정비기준의 기초이다. 표 6.1에 표시된 기준이 적용된다. 여기에서는 많은 정비기준부터 특히 유의해야 하는 개념을 중심으로 소개한다.

바닥, 계단, 경사로

바닥과 계단을 설계할 때는, 미끄러지지 않는 바닥재 선택, 손잡이 설치, 계단과 층계참·바닥부분 상단의 점자 블록(주의환기용) 부설 등이 기본이다. 블록은 여러 가지 제품이 있기 때문에 시인성, 벗겨지지 않는 것 등에 유의해야 한다. 또, 고령자시설 등 시설의 상황에 따라 블록 이외에서의 대응도 검토할 필요가 있다.

화장실

화장실은 휠체어 사용자용 화장실, 인공 배설기 사용자용 수세설비, 다기능 화장실을 중심으로 정비한다. 일본의 특징으로 화장실의 기능이 많아지고 있지만, 다수의 외국에서는 공항 등 대규모 시설을 제외하고는 다기능 화장실은 거의 보이지 않는다.

하지만 한 화장실을 누구든지 사용할 수 있게 한 유니버설디자인의 정비수법이 결과적으로 휠체어 사용자의 이용을 방해하고 있다는 문제가 휠체어 사용자에게서 지적되었다. 국토교통성은 이 문제에 매달려 2012년도에 진행한 건축물 설계표준을 개정하고, 이후는 한 화장실에서 모든 기능을 공급하던 방식에서 다기능 화장실의 기능을 분산시키고, 각각의 이용자가 이용하기 쉬운 화장실과 설비를 배치하여 화장실 전체에 유니버설디자인화를 꾀하는 방향성을 표

[지금까지의 일반적인 타입]

다기능 화장실에 많은 기능이 집중되고, 일반 화장실 내에는 배려가 없다.

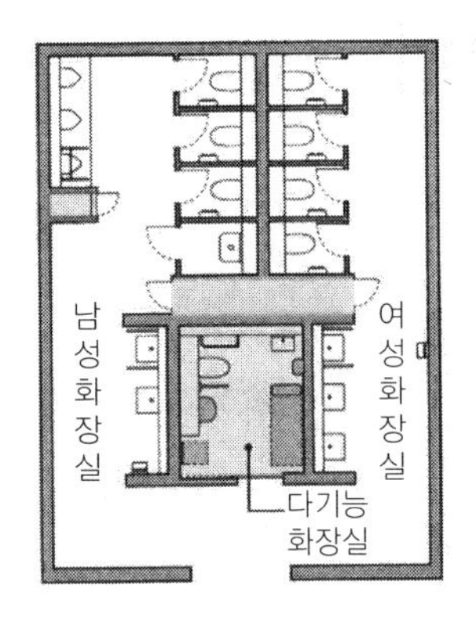

[기능집중형의 배치예]
다기능 화장실에 많은 기능이 집중되고,
일반 화장실 내에는 배려가 없다.
남자화장실과 여자화장실 사이의 공유 공간에
면한 위치에 다기능 화장실을 1곳 확보

같은 면적이라도 레이아웃을 연구하는 것에 의해서 일반 화장실 내에 넓은 부스를 확보할 수 있다

[1] 넓은 부스 정방형상 계획

기저귀 교환대와 아기의자
옷걸이
좌변기+손잡이+인공 배설기 사용자 간이형 설비
남성화장실
여성화장실
다기능 화장실

옆에 나열된 일반 부스 2개를 1개의 넓은 부스로 확보한다.

[2] 넓은 부스 장방형상 계획

옷걸이
아기의자
좌변기+손잡이+인공 배설기 사용자 간이형 설비
기저귀 교환대
남성화장실
여성화장실
오물개수대
다기능 화장실
대형 침대

일반 화장실의 충돌하는 부스를 활용하여, 넓은 부스를 확보한다.

그림 6.1 다기능 화장실 내의 기능분산 방법

출전: 국토교통성, 「다양한 이용자를 배려한 화장실 정비방책에 관한 조사연구보고서」를 토대로 일부 변경, ToTo 퍼블릭 레포트 04, 2012.

했다.(그림 6.1, 6.2)

2012년도에 개정된 건축설계표준에서는 다음과 같은 화장실 정비방침이 적혀 있다.

정비의 우선순위로는,

· 휠체어 사용자의 이용과 유·아동과 동행하는 사람의 이용이 중복되지 않도록 배려한다.
· 휠체어 사용자용 화장실과 인공 배설기 사용자용 화장실은 각각 전용으로 만드는 것을 검토한다.
· 휠체어 사용자용 화장실 이외의 화장실 면적을 넓히고, 유·아동과 동행하는 사람과 고령자 등이 이용하기 쉬운 환경으로 정비한다.
· 1곳 이상 휠체어 사용자용 화장실은 남녀공용으로 하고, 유아나 고령자 등이 타인에게 도움을 받을 수 있는 경우를 배려한다.
· 소규모 시설의 경우는 1곳을 다기능화시키지만, 부가되는 기능에는 이용상황을 충분히 검토한다.

그림 6.2 기능이 많은 화장실

복수의 기능이 만들어져 있어 이용자가 많아지고, 휠체어 사용자가 이용할 수 없는 넓이로 만들어진 경우가 발생하고 있다.

표 6.1 건축물 이동 등 원활화 기준

일반기준 좌단 ( ) 안은 배리어프리법 시행령의 관련조항	
시설 등	정비 요점
복도 등 (제11조)	① 표면은 미끄럽지 않게 마감한다.
	② 점자 블록 등을 부설한다.(음성안내로의 대응도 가능)*1
계단 (제12조)	① 손잡이를 설치한다.(층계참을 뺀다)
	② 표면은 미끄럽지 않게 마감한다.
	③ 단은 식별이 쉽게 마감한다.
	④ 단은 발 걸림이 없게 한다.
	⑤ 점자 블록 등을 상단에 부설한다.(층계참에서의 추락방지)
	⑥ 주 계단은 회전계단으로 하지 않는다.
경사로 (제13조)	① 손잡이를 설치한다.*2
	② 표면은 미끄럽지 않게 마감한다.
	③ 전후의 복도 등과 식별이 쉬운 마감으로 한다.
	④ 점자 블록 등을 부설한다.
화장실 (제14조)	① 1곳 이상의 휠체어 사용자용 화장실을 설치한다. (1) 임시화장실, 손잡이 등을 적절히 배치한다. (2) 휠체어로 이용 가능한 공간을 확보한다.
	② 1대 이상의 수세설비(인공 배설기 사용자)를 설치한다.
	③ 바닥식 소변기, 벽걸이식 소변기로 한다.(소변기의 가장자리 높이는 35cm 이하)
호텔 또는 여관	① 객실의 총수가 50실 이상에 대해서 휠체어 사용자용 객실을 1실 이상 설치한다.
	② 화장실(같은 층에 공용화장실이 있으면 면제) (1) 화장실 내에 휠체어 사용자용 화장실을 설치한다. (2) 출입구의 폭은 80cm 이상으로 한다. (3) 출입구는 휠체어 사용자가 통과하기 쉽도록 한다.(앞뒤가 평탄하게)
	③ 욕실 등(공용욕실 등이 있으면 면제) (1) 욕조, 샤워, 손잡이 등을 적절하게 배치한다. (2) 휠체어로 이용하기 쉬운 공간으로 한다. (3) 출입구의 폭은 80cm 이상으로 한다. (4) 출입구의 문은 휠체어 사용자가 통과하기 쉽도록 하고, 전후로 수평하게 설치한다.
대상지 내의 통로 (제16조)	① 표면은 미끄럽지 않게 마감한다. (1) 손잡이를 설치한다. (2) 식별이 쉽게 마감한다. (3) 발 걸림이 없게 마감한다.
	② 경사로 (1) 손잡이를 설치한다. (2) 전후의 통로와 식별이 쉽게 한다.
주차장 (제17조)	① 휠체어 사용자용 주차시설을 1곳 이상 설치한다. (1) 폭은 350cm 이상 (2) 이용거처까지는 최단경로로 한다.
표식 (제19조)	① 엘리베이터, 화장실 또는 주차시설의 표시를 보기 쉬운 위치에 설치한다.
	② 표식은 내용을 쉽게 식별할 수 있는 것으로 한다.
안내설비 (제20조)	① 엘리베이터 그 밖의 승강기, 화장실 또는 주차시설의 배치를 표시한 안내판 등을 설치한다.
	② 엘리베이터 그 밖의 승강기, 화장실의 배치를 점자와 문자 등의 부각 또는 소리에 의해 안내한다.
	③ 안내소를 설치한다.(①, ②의 대체장치)
안내설비까지의 경로 (제21조)	① 유도용 블록 등 또는 음성유도장치를 설치한다.(풍제실에서 직진하는 경우는 면제)
	② 차로에 면하는 부분에 점자 블록 등을 부설한다.
	③ 단·경사로의 상단에 점자 블록 등을 부설한다.

*1 ·자동차 차고에 설치하는 경우
·접수처부터 건물 출입구를 쉽게 알아볼 수 있고, 길 등에서 해당 출입구까지 선상 블록·점자 블록과 음성유도장치로 유도하는 경우
*2 구배 1/12 이하, 높이 16cm 미만 또는 1/20 이하의 경사부분은 면제

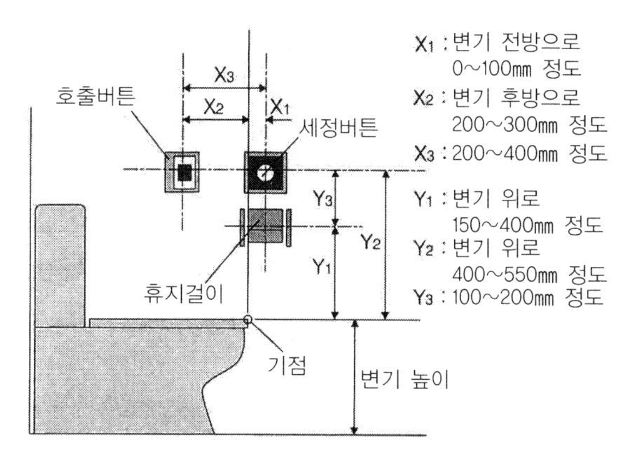

그림 6.3 조작설비의 JIS화(JIS S0026)

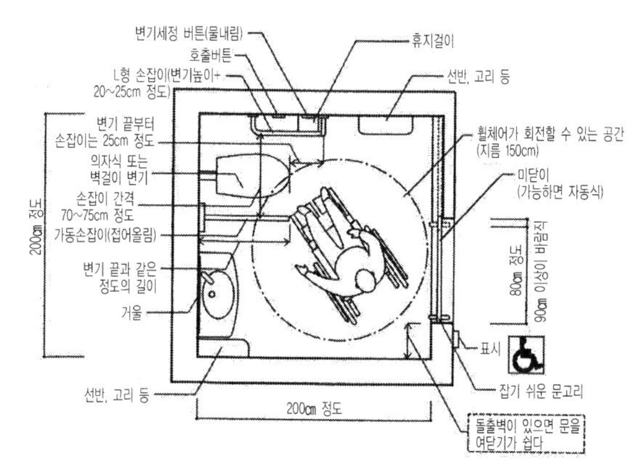

그림 6.4 휠체어 사용자용 화장실의 표준

출전: 국토교통성, 「고령자, 장애인의 원활한 이동 등을 배려한 건축설계표준」, 2012.

· 기존시설의 개선에 있어 휠체어 사용자에게 충분한 넓이의 화장실이 만들어지지 않는 경우는 표준적인 화장실보다 조금 좁은 공간에서 대응하는 것도 검토한다.

그림 6.3, 6.4는 조작설비의 JIS기준이다. 시력이 나쁘고 눈이 불편한 사람도 조작 버튼을 알기 쉽도록 휴지걸이, 물내림 버튼, 호출버튼의 위치를 통일했다.

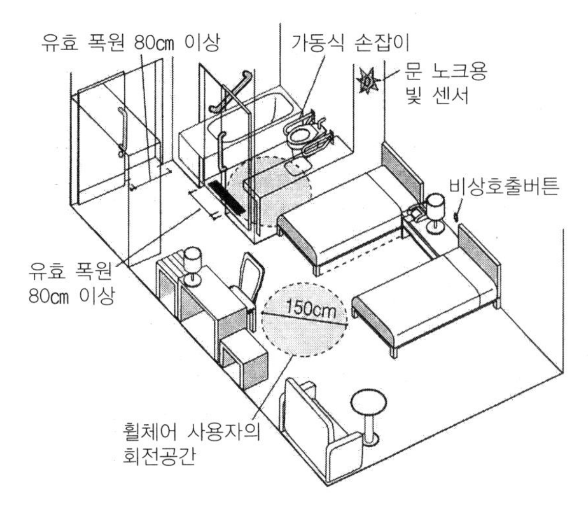

그림 6.5 배리어프리법에 대응한 호텔 객실

호텔 또는 여관 객실

호텔의 배리어프리, 유니버설디자인화에서는 객실의 정비가 반드시 필요하다. 법에서는 객실 수 50실 이상에 대해 1실 이상의 휠체어 사용자용 객실을 만

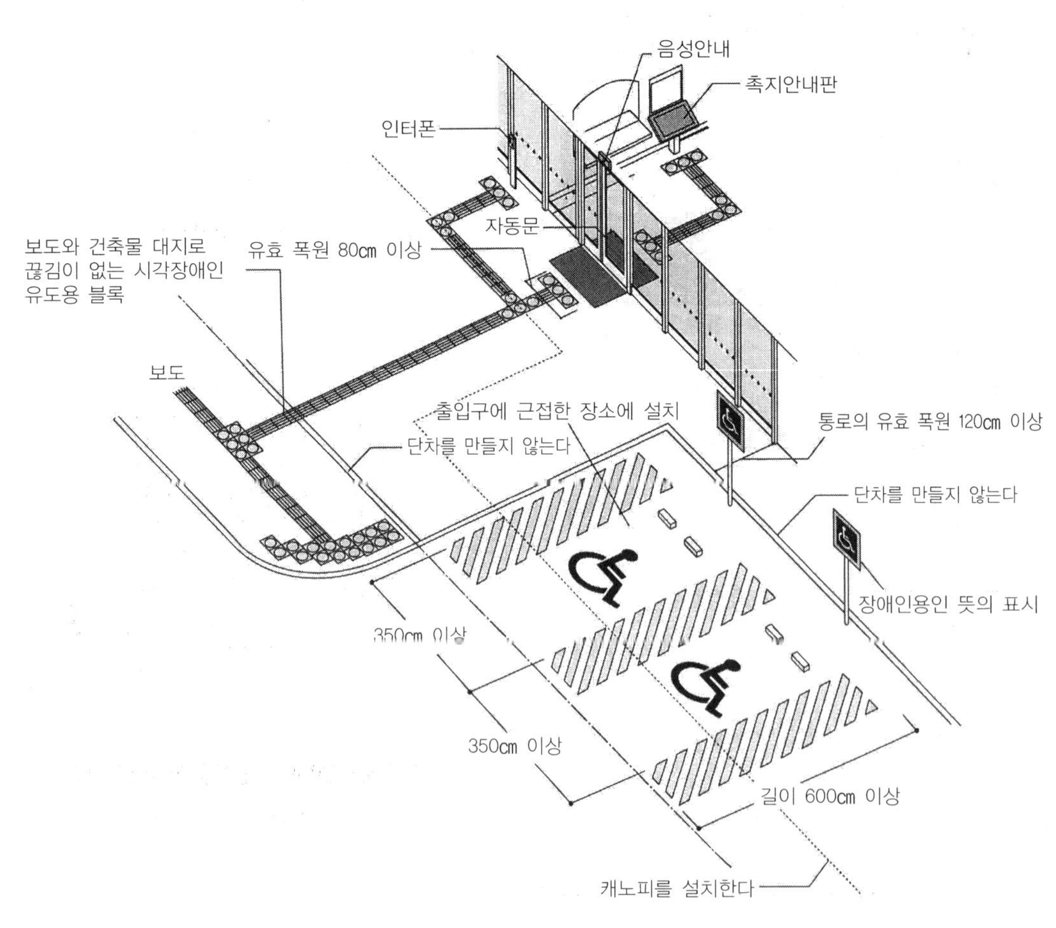

그림 6.6 대상지 내 통로, 주차장

들어야 한다. 그림 6.5는 법을 기초로 표준적인 호텔 객실의 정비방법이다. 객실 내에서 휠체어 사용자의 이동, 욕실 이용이 기본정비이지만 청각장애인을 위한 긴급통보 시스템 등 정보제공의 배려도 잊어서는 안 된다. 이후 객실정비를 1실에서 휠체어 사용자를 수용하도록 배려하는 것에서, 많은 객실에서 휠체어 사용자 이외의 이용자에게도 제공할 수 있는 방향으로 유니버설디자인이 필요하다. 사소한 생각과 설계의 배려가 누구든지 이용하기 쉬운 객실정비로 연결된다.

대상지 내 통로, 주차장

건물의 주차장에서 대상지 내 통로, 그리고 현관(접수처)에 이르는 경로까지는 단차 등이 생기지 않도록 배려가 필요하다. 또, 도로와 주차장에서 연속하여 만들어진 시각장애인 유도용 블록은 최단경로로서 직선으로 설치하는 것이 바람직하다. 그때에는 시각장애인의 동선계획에 대한 고려가 충분해야 한다. 또 음성안내로 블록설치를 대체할 수 있다.(그림 6.6)

장애인용 주차장은 지붕(덮개)을 만들어 우천시에도 이용이 쉽도록 배려한다. 최근에는 대형 전용리프트가 있는 버스운행도 줄어들어 대규모 상업시설 등에는 넓은 복지차량전용을 만드는 것이 바람직하다.(그림 6.7)

이 밖에 긴급 시의 피난경로 확보를 포함한 시설의 안내설비(그림 6.8)는 앞으로 더욱 더 중시되어야 한다.

그림 6.7 조금 넓은 복지차량 전용공간

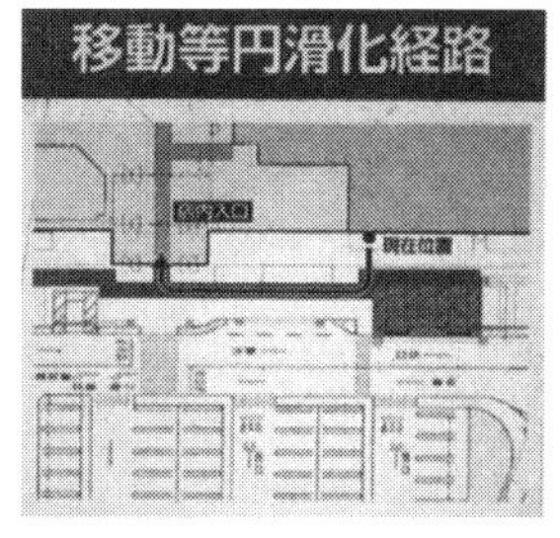

그림 6.8 알기 쉬운 이동 등 원활화 경로와 피난경로의 표시

2 건축물 정비가 지향하는 유니버설디자인

앞으로 건축정비의 과제는 기존점포, 공공시설, 소규모 점포의 배리어프리화이다. 그 방향은 가능한 많은 사람이 이용 가능한 유니버설디자인의 시점이다. 그러나 형태만의 유니버설디자인이 아닌 이용자가 참여한 유니버설디자인화여야만 한다. 물론 특정인이 개별로 요구하는 것에도 충분히 배려하는 유니버설디자인 추진이 필요하다.

잘 알려져 있는 유니버설디자인의 7원칙은 건축물에 한정하지 않고 광범위하게 디자인에 적합하도록 만들어져 있지만, 6장에서는 건축물용에 대입하여 실제 건축물 사례부터 다양한 유니버설디자인 달성 방법을 소개한다.

불특정다수의 이용자가 많은 상업시설과 일상생활에 밀접한 관계를 가진 공공시설에는 많은 사람이 애용하는 건축물이어야 한다. 이것이 유니버설디자인 추진에 있어 빠뜨릴 수 없는 점이다. 그럼, 로널드 메이스의 유니버설디자인 7원칙을 실제 건축물 정비에 조명하여 보자.

건축에서의 유니버설디자인 7원칙

공평성 : 누구든지 시설·설비를 특별히 불편함 없이 이용 가능할 것. 가능한 특별한 수단, 이용형태와 상관없이 자유롭게 시설이 이용 가능할 것. 물리적 환경에서 이용자의 차별이 일어나서는 안 된다.

유연성 : 신체적인 특징에 의해 시설과 설비 이용이 제한된 경우에는 이용자에게 맞는 이용방법을 선택할 수 있도록 하는 것이 바람직하다. 극장 등의 개별부스도 그 배려 중 하나다.

직감성·단순성 : 시설의 설치, 이동경로, 시설의 이용방법, 설비의 조작방법이 어린이와 고령자에게도 간단하게 이해될 것. 특히 엘리베이터와 계단, 화장실의 위치, 출입구 등의 알기 쉬움은 필수이다. 피난동선이 단순 명쾌한 것은 말할 것도 없다.

인지성 : 시설의 이용, 피난유도, 설명방법을 나타내는 안내·사인은 그림문자(픽토그램)와 문자(외국어표기를 포함)를 병용해 이해하기 쉽게 할 것. 또 필요하면 다언어 표기, 촉지도, 음성안내 등도 연구하여 시각과 청각 등 지각장애가 있는 사람에게도 충분히 이용정보 제공이 가능할 것. 픽토그램은 명도, 채도, 색상 등에 충분히 유의한다.

안전성·허용성 : 추락과 미끄러짐의 중대사고가 일어나지 않도록 충분히 배려한다. 통로상에 있는 간판 등 유아와 시각장애인의 이동에 지장이 없도록 충분히 배려한다. 틀린 사용방법의 경우에도 과실이 최소한으로 줄어들어야 한다.

효율성 : 심신의 부담이 없게 시설·설비가 이용 가능할 것. 특별한 시설과 설비를 준비할 것이 아니라 같은 시설과 공간에서 많은 사람이 함께 이용 가능한 것이 바람직하다. 그러나 다기능화장실과 같이 하나의 화장실에 많은 사람의 이용이 집중되어 꼭 이용해야 할 사람이 이용할 수 없는 상태는 피해야 한다.

공간·크기 : 이용의 개인차에 대응할 수 있는 것이 유니버설디자인의 기본이다. 보조가 필요한 사람, 동작이 표준적인 사람과 다른 사람. 이용상의 특별한 조건에 유연하게 적응할 수 있는 공간과 크기가 필요하다.

유니버설디자인을 지향하는 정비수법

공공시설인지 민간시설인지에 따라 건축물의 유니버설디자인을 달성하는 수법은 다르지만 작업프로세스가 매우 중요하다. 이 프로세스를 그림 6.9에 나타낸다. 대략적으로 보면 ① 구상·사업화의 검토단계, ② 설계자 선정의 단계, ③ 기본계획의 단계, ④ 실시설계·시공단계, ⑤ 시설 오픈 단계, ⑥ 유지·관리의 단계로 구분되고, 일관적으로 이용자의 의향, 참

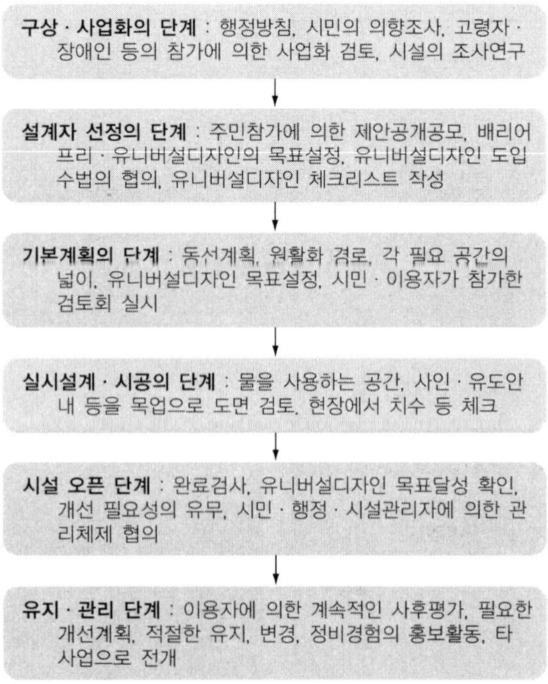

구상 · 사업화의 단계 : 행정방침, 시민의 의향조사, 고령자 · 장애인 등의 참가에 의한 사업화 검토, 시설의 조사연구

↓

설계자 선정의 단계 : 주민참가에 의한 제안공개공모, 배리어프리 · 유니버설디자인의 목표설정, 유니버설디자인 도입수법의 협의, 유니버설디자인 체크리스트 작성

↓

기본계획의 단계 : 동선계획, 원활화 경로, 각 필요 공간의 넓이, 유니버설디자인 목표설정, 시민 · 이용자가 참가한 검토회 실시

↓

실시설계 · 시공의 단계 : 물을 사용하는 공간, 사인 · 유도안내 등을 목업으로 도면 검토, 현장에서 치수 등 체크

↓

시설 오픈 단계 : 완료검사, 유니버설디자인 목표달성 확인, 개선 필요성의 유무, 시민 · 행정 · 시설관리자에 의한 관리체제 협의

↓

유지 · 관리 단계 : 이용자에 의한 계속적인 사후평가, 필요한 개선계획, 적절한 유지, 변경, 정비경험의 홍보활동, 타 사업으로 전개

그림 6.9 유니버설디자인을 지향하는 정비수법

여가 요구되는 동시에 경험정보의 집적과 공개, 사업 검증에 의한 다음 사업으로의 전개가 목표이다. 스파이럴 업(spiral-up)은 유니버설디자인 검토과정에서 생겨났는데, 모든 PDCA(Plan-Do-Check-Action)사이클과 동의어이다. 공공시설의 경우에는 이와 같은 프로세스는 어렵지 않지만, 민간시설에서는 대규모 상업시설이라도 시민, 이용자의 의향을 반영한 계획프로세스까지는 어렵다.

그렇지만 건축주와 설계자는 끊임없이 이러한 프로세스의 필요성을 이해하면서 시설용도와 사업규모에 맞는 정비수법을 요구할 필요가 있다.(그림 6.9)

3 건축물의 유니버설디자인 정비 사례

1 복지관련 집회시설

본 사례는 야간 긴급의료센터가 있는 건강, 복지관련 집회시설로 계획되었다. 특징으로는 시설의 구상 때부터 주민참여에 의한 검토의 장이 만들어졌고, 공개에 의한 제안공모를 거쳐 기본설계, 실시설계에 이르렀다. 이 설계과정에서는 자치회, 고령자, 장애인단체를 포함한 폭넓은 주민참여가 계속되어 유니버설디자인의 개념에 따른 계획체크도 계속되었다. 시공 때에는 설비의 설치위치, 형상이 검토되었다. 인테리어

● 건축개요(준공 2007년)

건축규모 : 대지면적 : 4818.1㎡

연면적 : 9428.83㎡

구조규모 : 지상 5층 철골조

시설용도 : 야간 구급의료센터, 복지상담실, 회의실, 집회실, 탁아실, 봉사활동실, 전시코너, 경식코너

● 유니버설디자인 특징

유니버설디자인의 대처는 제안공모 이후의 기본설계 단계에서 본격적으로 돌입하고, 거의 계획 초기에서 건축의 유니버설디자인이 착수된 드문 경우이다. 시민참여와 유니버설디자인을 키워드로 전체계획, 평면계획, 여러 가지 설비, 집기, 주차장 계획이 유니버설디자인의 대상이었다.

그림 6.10 누마즈 건강복지 플라자

그림 6.11 다양한 이용이 기대되는 시민활동실
고정시간 구분 없이 활동내용과 규모에 따라 유연하게 대응할 수 있다.

그림 6.12 층계참과 벽 마감과의 대비를 강조한 구분하기 쉬운 계단

층계참에는 거울을 설치하여 청각장애인도 이용하기 쉽다.

그림 6.13 계단의 벽면에 설치된 층수 표시

크고 눈에 띄는 색조이다. 이 밖에 사인은 바닥, 실내벽면 등을 이용하여 돌출사인을 생략했다.

그림 6.14 유아와 동행하는 이용자를 위해 최상층 5층에 설치한 탁아공간

옥외공간과 일체된 놀이공간은 밝고 개방적이다.

그림 6.15 워크숍

고정된 설계검토 참여자만이 아닌 많은 시민이 참여했다.

디자인에서는 초등학생이 참여한 벽면디자인 워크숍이 개최되었다.

또 시설 개관에 대비하여 운영 봉사자를 모집하여 연수를 진행하였다. 운영 봉사자는 운영, 홍보, 탁아, 녹화(정원관리) 4그룹이다.

시설은 복지·의료관련 시설이지만, 개관 후는 남녀노소 이용이 활발하게 전개되고 일반적인 커뮤니티 집회시설로서의 기능이 충분하게 발휘되었다.

기획, 설계에서 시공에 이르기까지 일련의 행위로 주민참여를 도입한 유니버설디자인의 좋은 사례이다.

2 대형 상업시설

본 사례는 대형 상업시설의 차세대형 유니버설디자인 사례이다. 본격적인 저출산·고령사회를 내다보고 고령자의 건강, 유아대응, 장애인의 배려방법에 역점을 두었다.

유니버설디자인 검토에서는 사업자, 기획 컨설턴

트, 각 부문 설계자(본체설계, 설비설계, 사인설계, 옥외환경설계), 대학교원으로 구성된 검토회가 주도했다.

검토내용은 점포개발 사업자가 저출산·고령사회에 대응하는 새로운 콘셉트 제안인 '시니어 시프트'를 중시하고, 국가의 건축설계 가이드라인과 구매층의 변화를 예측하여 종전의 대형 소매점포 규격을 재검토하는 방향으로 진행되었다.

● **건축개요(준공 2013년)**

건축규모 : 대지면적 : 5만 2650m²

연면적 : 8만 1800m²

구조규모 : 점포 지상 3층

주차장 지상 5층

시설용도 : 쇼핑센터

● **유니버설디자인 특징**

유아부터 고령자까지 폭넓은 이용객을 배려하고 이용자 한 사람 한 사람에게 대응하는 시설, 설비계획을 진행하였다. 오픈 공간을 확실히 확보하고 누구든지 즐겁게 이용할 수 있는 러닝 코스와 건강기구를 설치했다.

그림 6.16 휠체어 사용자용 화장실
기능분산을 지향하고 종래 다기능 화장실의 기능을 경감했다.

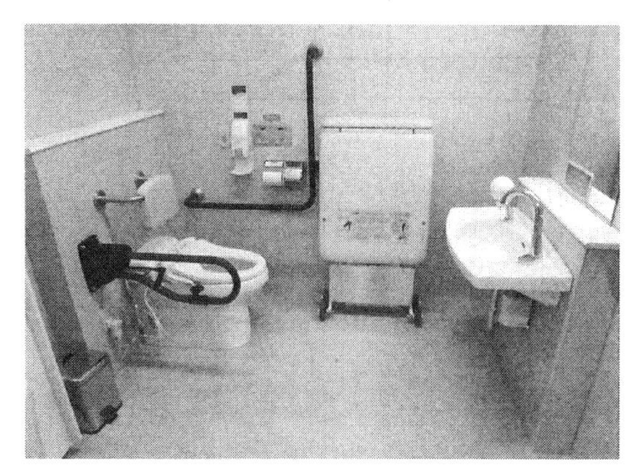

그림 6.17 휠체어 사용자용 화장실 내부
기능을 인공 배설기 사용자용 수세설비와 대형침대로 한정. 유아용 설비는 화장실 밖으로 이동했다.

그림 6.18 종래의 유아용 세면기
높이는 낮지만 폭과 세면용구는 어른용으로 사용하기 어려웠다.

그림 6.19 새로운 유아용 세면기
폭을 좁히고 세면용구도 사용이 쉬운 타입으로 변경했다.

그림 6.20 유아 침대의 위치

기능분산에 따라 유아용 기저귀 교환대는 완전히 일반 부스로 이동. 이에 따라 휠체어 사용자와 유아와 동행하는 사람이 다기능 화장실에서 충돌하는 것을 해소했다.

그림 6.21 복지차량전용 승차공간

장애가 있는 이용자의 다양화에 따라 대형 복지차량도 승·하차가 가능한 전용공간을 확보했다.

그림 6.22 장애인용 전용 주차장

타 현의 주차허가제도를 이용·등록한 사람도 이용하는 전용공간. 이 밖에 넓은 주차장도 설치했다.

그림 6.23 건강광장

누구든지 이용 가능하도록 점포 주변에는 러닝 코스가, 광장에는 건강기구가 설치되었다.

제 7 장

주택정책과 주택

개인의 요구에 걸맞는 환경만들기

핵심 주택은 가족생활과 지역생활을 위한 거점이자 삶을 위한 중요한 도구이다. 그러기 위해서는 안심, 쾌적한 환경이 갖춰지지 않으면 안 된다. 고령자·장애인에게 주택은 무엇인가, 고령자와 장애인의 요구에 걸맞는 집이란 어떤 것이 있을까, 인간이 우아하게 살 수 있는 양질의 주택은 어떤 식으로 확보하고 심신기능 저하의 반응에 어떤 개선이 필요할까. 본문에서는 고령사회에서 주택을 둘러싸고 있는 여러 가지 주택정책과 쾌적한 환경만들기에 대하여 말하고 있다.

1 고령자·장애인 등의 주택문제와 과제

고령사회의 주택문제는 고령자, 장애인뿐만 아니라, 육아세대, 모자가정, 가정폭력 피해자, 노숙자 등까지도 포함한다. 지역에서 안심하고 살 수 있는 주택 확보의 문제점은 여러 가지가 있다. 주택의 배리어프리에 대해서 신축 주택은 배리어프리 조성과 융자도 비교적 대응하기 쉬우나, 기존주택의 수리와 개선은 간호보험에 의해 수리지원 중심으로 충분한 제도가 준비되어 있다고는 말하기 어렵다. 고령자 본인, 가족의 부담도 무겁다. 배리어프리 개선에는 일본만의 독특한 목조문화와 주택구조, 대지면적상의 제약 문제가 생겨 쉽지 않다. 과거 일본 가옥의 대부분은 목조로 만들어졌고, 도심부와 그 주변에는 지방공공단체에 의해 결정된 건폐율(부지에 세울 수 있는 건축면적비율)의 최대 허가 범위에 딱 맞게 건설되었기 때문에 그 후 주택의 규모를 자유롭게 넓히는 것은 간단하지 않다.

주택의 배리어프리화에서는 침실, 욕실, 화장실, 현관 등 어떻게든 공간을 넓힐 만한 장소가 거의 없다. 방의 교환과 기둥, 벽의 변경이 가능하면 개선을 할 수 있지만 비용 부담이 높다. 또 일본 가옥의 특징으로 현관에는 옥외와 옥내를 명확하게 구분하는 가마치라는 높이 30cm에서 45cm 정도의 단이 있다. 신발을 신고 벗는 것은 이 가마치 위에서 한다. 그러나 휠체어 사용자가 아니더라도 나이를 먹을수록 이 단차를 혼자 힘으로 넘어서기가 힘들게 된다.

1 장수사회(100세 사회) 대응 주택설계지침에서 실버하우스로

일본에서 주택 배리어프리 정책은, 1995년도에 제정된 장수사회 대응 주택설계지침(표 7.1)에 의해 본격

표 7.1 장수사회 대응 주택설계지침 개요(1995)

목적
· 나이가 들면서 신체기능의 저하와 장애가 생긴 경우에도 생활이 가능한 주택설계지침을 만든다. · 고령사회에 대응한 주택의 질적 향상을 꾀한다.
적용범위
· 신축주택(건물 포함) · 일반적인 주택설계상의 배려사항으로 한다. 현재 장애 등이 있는 경우는 본 지침 이외의 대응도 필요하다.
주택설계지침(통칙부분의 요점)
· 현관, 화장실, 세면실, 욕실, 탈의실, 거실, 침실은 가능한 동일층으로 한다. · 주택 내의 마루는 원칙적으로 단차를 없앤다. 현관, 욕실, 발코니는 제외한다. · 계단, 욕실, 복도 등에는 손잡이를 설치한다. · 통로, 출입구는 보조용 휠체어의 사용을 배려한다. · 바닥, 벽은 미끄러지지 않고 전도 등 안전성을 배려한다. · 가구는 개폐가 쉽고 손잡이는 사용이 쉽도록 배려한다. · 거실 간 온도차를 가능한 적도록 온열환경을 배려한다.

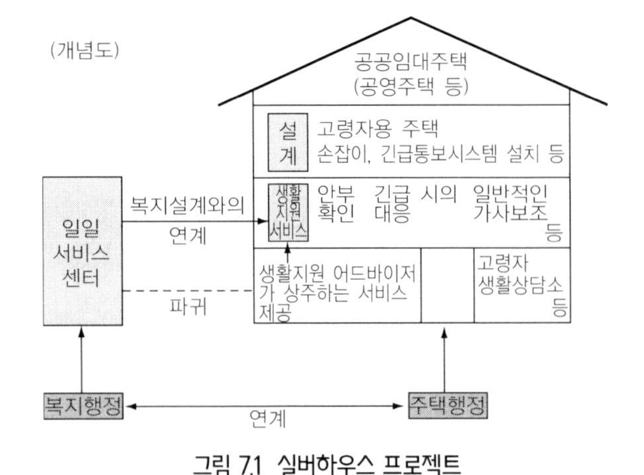

그림 7.1 실버하우스 프로젝트

출전: 국토교통성, 후생노동성 자료.

적으로 시작됐다. 나이를 먹음과 함께 일정 신체기능의 저하가 있어도 가능한 한 자택에서 살 수 있는 주택 만들기 콘셉트를 내걸고, 장래에도 양질의 생활에 대한 재고가 목적이다. 이 지침은 당시 주택금융금고(현재 주택금융지원기구)의 배리어프리 융자우대 기준으로 채용되어 현재까지 이어지고 있다. 그 결과 신규 주택건설과 공동주택은 어느 정도 건설단계에서 배리어프리화가 추진되도록 되었다.

1990년대에는 주택을 수리해 생활 유지의 거주조건을 확보하는 것과 병행하여 고령자가 '모여 사는' 방식이 나타났다. 실버하우스 제도(1986)이다. 1980년대 후반부터 증가를 보이기 시작한 고령자 단독세대의 증가에 따른 고령자세대용 주택대책이고, 지방공공단체가 지역에 고령자 주택계획을 책정하여 건설호수의 수치를 목표로 내걸었다. 그 결과 창설된 것이 실버하우스이다.(그림 7.1)

실버하우스는 공단, 도·시·군·구 등의 지방공공단체에서 90년대에 순차적으로 확대되었지만, 2000년 이후 신규 주택건설의 움직임은 거의 볼 수 없다.

간호보험제도와도 연관이 없다고는 할 수 없다. 지자체에 따라서는 민간 임대아파트를 실버하우스로 제공하고 있는 곳이 많다. 평균연령이 80세를 넘는 입주자의 주거가 계속되고 임대주택의 집주인도 고령화되어, 이후 행정지원의 방식이 과제이다.

2 간호보험제도 이후

2000년대의 간호보험제도의 시행에서는 간호보험의 의한 주택개선제도가 만들어지고, 최대 20만 엔의 수리조성금의 지원으로 일정 기간의 거주연속과 주택간호를 가능하게 했다. 2001년 '고령자거주 안정 확보에 관한 법률(고령자의 생활법)'이 성립, 고령사회를 응시했던 본격적인 주택정책이 등장했다. 이 법률을 기반으로 개선한 고령자 주택의 형태, 거주 수준, 주택의 배리어프리화 수준 등이 의론되고, 민간 임대주택으로 고령자의 계속 거주에 관한 새로운 지원책이 전개되었다.

2006년에는 더욱 고령사회 등에 대응하는 주생활기본법이 성립되고, 21세기에 맞는 주생활의 기본방침과 구체적인 계획목표가 책정되었다. 주생활기본법에는 지방공공단체뿐만 아니라 민간의 주택업자에게도 국민의 생활안정을 꾀할 책무가 명문화되었다.

2011년에는 고령자생활법이 개정되고 지금까지 고령자 주택을 통폐합형으로 '서비스가 제공되는 고령자 대상 주택'이 새롭게 제도화되었다.

이상과 같이 발전되어 온 고령사회의 주택정책이지만, 이후의 인구구조와 사회구조의 변화, 간호가 필요한 고령자의 증가에 대해 다음과 같은 과제가 지적되었다.

① 75세 이상의 후기고령자와 고령자 단독세대의 증가에 대한 생활의 장 확보문제

② 간호가 필요한 사람의 증가에 따른 간호자 확보의 문제, 다양한 거주 선택의 방법

③ 고령자세대의 주택 유지관리와 빈 주택의 재활용 과제, 특히 지방도시에서의 표면화

④ 경제적으로 곤란한 고령자, 장애인 세대의 주택확보와 공영주택의 양과 질의 계획적 배치(효과적인 빈 주택의 재활용도 과제)

칼럼 실버하우스

주택시책과 복지시책의 연계로 고령자 등의 생활특성을 배려한 배리어프리화된 공영주택 등과 생활보조원의 일상생활 지원서비스 제공을 포함한 고령자세대용 공동임대주택의 하나. 주택공급 주체는 지방공공단체, 도시재생기구, 주택공급공사이다. 입주대상자는 고령자 단독세대(60세 이상), 고령자 부부세대(부부의 어느 한쪽이 60세 이상이면 가능), 고령자(60세 이상)로 이루어진 세대, 장애인 단독세대 또는 장애인과 그 배우자로 이루어진 세대 등이다. 주택은 일정한 배리어프리 방법으로 긴급정보시스템이 만들어지고, 입주자에 대한 일상생활지도, 안부확인, 긴급 시에 연결 등의 서비스를 제공하는 생활보조원이 배치되어 있다.

표 7.2 고령자·장애인용 주택안전망 주요시책

- 서비스를 제공하는 고령자용 주택공급 촉진
- 고령자·장애인 등의 지역에서 복지거점 등을 구축하기 위해 생활지원시설 설치 촉진
- 저소득자 등에 대한 공평·명확한 공영주택 공급
- 각종 공동임대주택의 일체적 운영과 유연한 이용 등의 추진
- 고령자용 임대주택 공급, 공동주택과 복지시설의 일체적 정비

⑤ 기존가구와 임대주택, 분양주택에 대한 배리어프리 개선의 금융지원책의 강화

⑥ 주택지 주변의 교통기관, 도로, 공원 등 배리어프리화의 추진

그래서 국토교통성은 2011년 주생활기본법에 기반하여 주생활기본계획을 내각결정하고, '고령자, 장애인 등의 주택안전망(표 7.2)'에 의한 새로운 시책을 전개했다. 앞서 말했듯이 2011년에는 고령자생활법이 개정되고 고령자가 거주하며 간호를 받을 다양한 자리가 마련된 '서비스를 제공하는 고령자 대상주택'을 창설했다.

2 고령자·장애인용 공동주택의 종류

오늘날에 고령자·장애인세대에 대한 주택의 종류는 다음과 같다.

공동주택(일반)

입주할 때, 신축 공영주택, 기존 공영주택의 빈방 발생으로 일반공모가 공개된다. 응모는 고령자세대, 장애인세대의 경우 또는 독신세대의 경우에는 선착순 입주제도가 마련되어 있다. 휠체어 사용자의 경우는 휠체어 사용자세대용 호수가 있어 모집이 달라지는 경우가 있다.

입주 후 세대의 배리어프리 개선도 가능하지만 퇴실 시에는 민간 임대주택과 같이 원상태로 되돌려야 하는 경우도 있다. 장수사회 대응 주택설계지침 이후 신축 공영주택은 엘리베이터 등 공용공간에서 일정한 배리어프리화가 요구되고 있다.

실버하우스(고령자 집합주택)

공영주택과 공단주택(1955년 일본주택공단 발족, 2004년 독립행정법인 도시재생기구〈약칭 UR도시기구〉) 및 공공단체가 빌려주는 민간 공동주택에 의한 것 등이 있다. 생활지원보조(LSA: life support advisor)가 상주 또는 통근하여 일상생활을 지원한다.

서비스를 제공하는 고령자 전용주택

서비스를 제공하는 고령자 전용주택은 2011년 고령자생활법의 개정에 의해서 신설되어 일정한 배리어프리화와 안부확인, 생활상담 서비스가 상설된 거주지다. 실버하우스는 각 호수단위가 독립되어 있는 일반적인 공동주택 형태이지만, 서비스를 제공하는 고령자 주택은 조립형 고령자 거주시설의 일종으로 보인다. 이 주택제도의 특전으로 사업자는 시설의 건설과 소득세, 고정재산세, 부동산취득세 등을 경감받을 수 있다. 주택과 서비스 내용이 개시되어 이용자가 안심하고 필요한 주택과 서비스를 선택할 수 있는 제도이다.

사업자가 서비스를 제공하는 고령자 주택을 실시하기 위해서는 다음 기준을 만족해야 한다.

① 주택 : 바닥면은 원칙 25m² 이상(지자체에 따라 최저기준면적이 다르다), 화장실·세면설비 등의 설치, 배리어프리(바닥의 단차 해소 , 난간설치, 복도 폭의 확보)

② 서비스 : 작은 것에도 안전확인·생활상담 서비스를 제공하고, 간호·의료·생활지원 서비스를 제공할 것

③ 계약 : 입주민과 사업자는 주택의 임대부분에 대해서 일반적인 임대차계약을 맺고 각종 서비스 중에 필요한 서비스를 선택하여 계약

일정의 거주권을 보장하면서 필요에 따라 생활지원 서비스를 받을 수 있는 대책인데, 나이 듦과 심신기능의 저하로 운영자로서는 실버하우스보다 더 다양한 생활과 인권보장이 불가피한 고령자 주택이다.

공영주택에서의 그룹 홈

공영주택 그룹 홈의 이용은 1992년부터 시작됐다. 1996년 공영주택법이 개정되고 그룹 홈이 명확히 자리매김했다. 당초 이용대상자는 정신장애인, 지적장애인이었지만, 2000년부터는 인지증 고령자까지도 확대, 2006년부터는 노숙자의 자립지원으로도 확대되어 활용되었다. 그렇지만 인지증 고령자의 그룹 홈 이용은 전국적으로 아주 미비한 상황이다. 공영주택의 입지상황과 집합주택 형태 등 기존 공영주택의 배리어프리 개선이 진행되지 않은 것도 이유로 들 수 있다.

시설거주에서 지역거주로의 장애인세대 주택

장애인세대의 거주형태 대부분은 재택거주이지만, 노멀라이제이션을 위해서 복지시설부터 지역생활로 이행되고, 그룹 홈 등의 공급촉진이 급선무되었다. 2009년에는 정신장애인, 지적장애인 그리고 신체장애인도 그룹 홈을 이용할 수 있게 되었다. 공영주택의 활용에 필요한 정비촉진은 국가(국토성, 후노성)에서 지방공공단체로 옮겨가고 있다.

공영주택에서 그룹 홈 운영은 지방공공단체 이외 사회복지법인, 의료법인, NPO단체 등도 가능하다. 그 외 민간주택(단독주택, 공동주택)을 활용한 그룹 홈 사업도 이후 확충될 전망이다.

3 주택개선

1 간호보험에 의한 주택개선제도의 개요

간호보험제도에서 간호가 필요한 사람으로 인정되어 자택의 단차해소, 화장실, 욕실에 난간설치 등 주택보수를 실시할 때, 간호보험제도를 이용할 수 있다. 신청에 필요한 주택보수서류(주택보수가 필요한 이유서 등)는 간호계획을 작성한 간호매니저(간호지원전문인)에게 위탁하거나 주택보수를 잘 알고 있는 건축회사가 대행하는 것이 가능하다.

간호보험에 따라 주택개선비는 지급한도(20만 엔)가 설정되어, 그 중 10%는 이용자가 부담하게 되어 있다(이용상한 18만 엔). 간호필요의 정도가 3단계 이상보다 높을 경우, 재차 이용할 수 있다. 도쿄도 등 지방공공단체에서는 간호보험제도와 더불어 예방보험에 의한 주택개선제도와 간호확정과 상관없이 주택설비 개선보조제도를 실시하는 곳도 있다.

반면 장애인세대에 대한 주택개선제도는 전국의 많은 지방공공단체에서 중증장애인용 주택개선조성제도가 실시되고 있다. 이런 경우는 간호보험제도의 적용범위 밖이며, 65세 미만을 대상으로 일부 소득제한을 둔 경우가 있다.

2 간호보험제도에 의한 주택개선의 종류

난간의 설치

부지통로(대지통로), 현관, 복도, 화장실, 욕실 등에 설치하는 넘어짐 방지를 위한 난간이다. 높이 등은 충분히 유의해야 하며, 또 넘어질 우려가 있는 장소에는 충돌 등을 충분히 배려하여 설치한다.(그림 7.2, 7.3, 7.4)

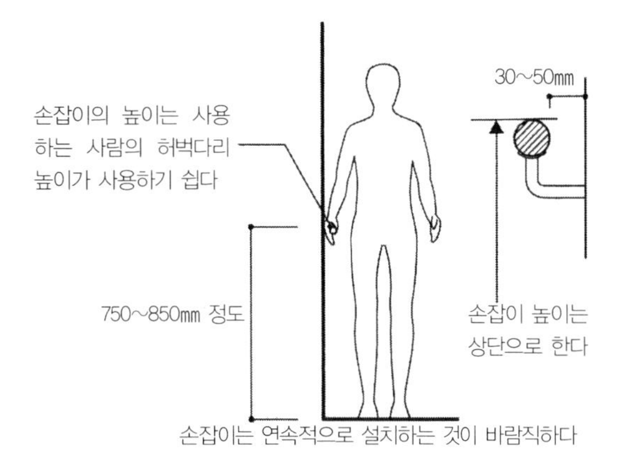

그림 7.2 손잡이의 설치높이와 형상

출전: 다카하시 기헤이 감수, 목조주택의 고령자대응연구회, 「주택 배리어프리 개선노트」, 2010.

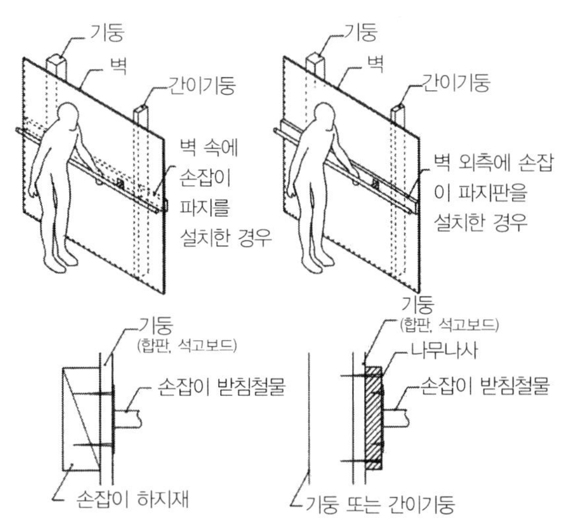

그림 7.3 손잡이 붙이는 방법

출전: 전게서, p.26.

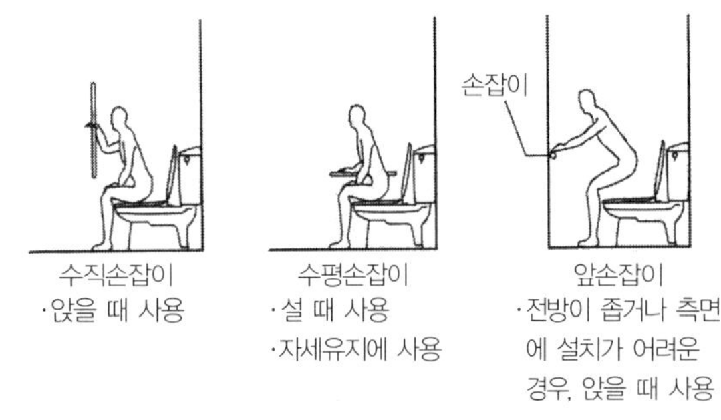

그림 7.4 화장실 안에서의 손잡이 설치

출전: 전게서, p.34.

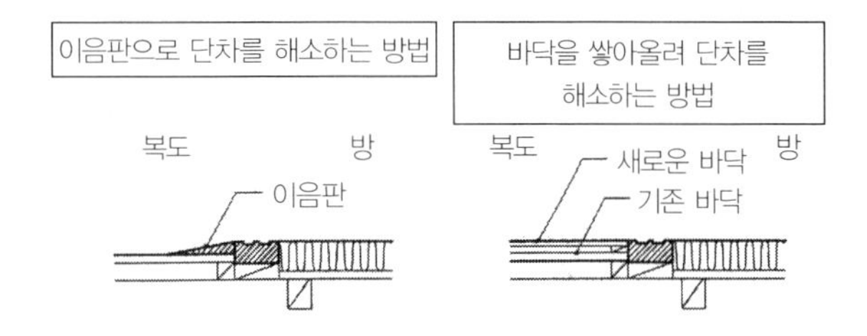

그림 7.5 복도와 방의 단차 해소

출전: 전게서, p.27.

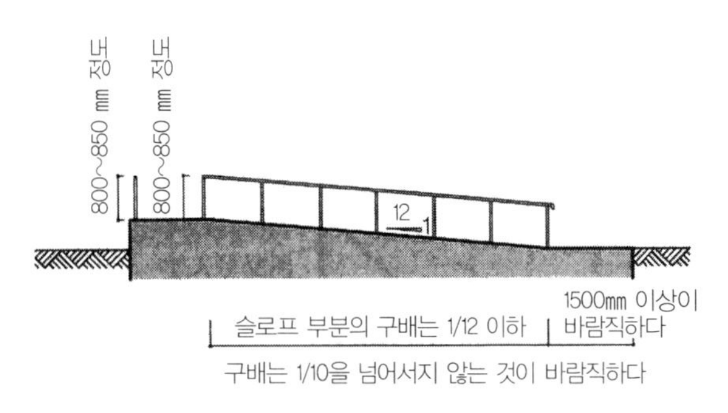

그림 7.6 경사로(슬로프 설치방법)

출전: 전게서, p.18.

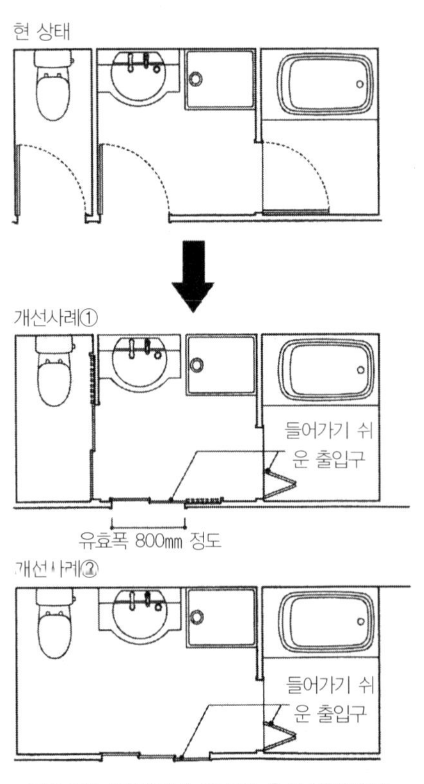

그림 7.7 화장실과 세면실, 욕실 개선사례
(벽, 바닥재 문의 개선공사 사례)

출전: 전게서, p.38.

단차의 해소

단차 해소는 실내뿐만 아니라 현관부터 도로경계까지 포함된다. 계단승강기(에스컬레이터)나 리프트에 의한 단차해소로도 조성된다.(그림 7.5, 7.6)

미끄럼 방지 및 이동 원활화 등을 위한 바닥 또는 통로면의 재료 변경

욕실의 바닥재료 변경, 거실의 다다미를 판재로 변경, 통로면의 미끄럼 방지를 위한 재료변경 등이 가능하다.

미닫이문으로의 교환

원활한 이동공간을 확보하기 위해서 여닫이문에서 미닫이문으로 교환하는 것이 가능하다.

서양식 변기로의 교환

재래식 변기에서 서양식 변기(의자식 변기, 비데)로 교환하는 것이 가능하다.

그 외 이전 각 호의 주택개선과 더불어 필요한 주택개선

주택개선에 따른 벽과 기둥 공사, 급·배수 공사, 벽의 파지보강 공사 등(그림 7.7)

4 앞으로 주택 배리어프리를 어떻게 진행할 것인가

고령자 등 사는 사람에 따라서 유용한 주택개선의 방법은 어떤 모습일까. 거주자 연령이 높아짐과 함께 주택을 새로 신축할 때의 배리어프리화는 어느 정도 진척될 것으로 예상된다. 많은 경우 고령자, 선천적 장애인의 생활활동의 자립과 주택 안에서의 간호를 전제로 주택개선이 예상되나 간호보험제도의 도입시점부터는 공간과 비용이 크게 변화될 것이라고 생각된다. 다음은 지금까지의 주택개선을 돌아보고 이후 과제를 서술한다.

1 주택의 배리어프리 개선을 다방면으로 파악한다

당연한 것이지만 주택개선은 획일적인 해답이 없다. 예를 들어 같은 장애가 있어도 가족구성, 집의 상태에 따라 생활활동의 어려움이 다르다. 더욱이 본인의 생활의식, 생활의욕에 따라 개선할 수밖에 없다. 생활욕구가 높을수록 주택개선의 목표가 높아지고, 생활의 질 또는 환경을 개선하려는 의식이 높아진다.

사람은 누구라도 가능한 한 이동제약이 없는 생활을 원하지만 현실은 그렇지 않다. 주택의 배리어프리화에 대해서도 변화가 있기 마련이다. 한 번 개선하면 그것으로 끝이 아니다. 심신기능의 변화와 함께 계속 개선의 요구도 변화한다. 경우에 따라서는 심신의 회복에 의해 개선을 필요로 하지 않는 경우도 생긴다. 또, 개선한 부분이 도움이 되지 않는 경우도 있다. 이러한 가능성과 변화를 사전에 발견할 수 있는지가 주택개선에 관한 사람들의 명제이다.

2 주택개선의 수순과 다양한 전문직과의 연계

주택개선에 관한 전문가와의 네트워크가 빠져서는 안 된다. 주택개선을 많이 했다 해도 건축사와 목수·목공만으로는 적절한 해답을 찾기 어렵다. 그림 7.8에서는 주택과 심신기능의 현상을 파악하고 어떤 이유에서 거주문제가 있는지, 어디를 개선할 것인지, 개선 후의 삶이 중요한 방향을 가르쳐준다. 특히 개선안의 제시단계는 간호보험제도를 이용한 경우에도 남은 비용을 누가 부담할지, 불필요한 비용이 들어간 건 아닌지 등 공사비용의 체크가 중요하다. 동시에 본인의 생활과 신체적 정보를 얻기 위해서 의사, 재활에 관한 전문가, 간호매니저와의 의사소통이 중요하다.

3 주택과 마을의 배리어프리 수준 향상

주생활공간의 배리어프리는 주택개선뿐만 아닌 생활과 건강의 유지에도 꼭 필요하다. 주변도로, 공원, 역과 교통기관과의 연결성이 무엇보다 중요하다. 호별 방문 간호택시, 자가용차를 이용하는 경우도 방문하는 곳과 시설의 배리어프리화가 요구된다. 즉, 주택의 배리어프리화는 어느 한 사람의 생활개선인 것이지

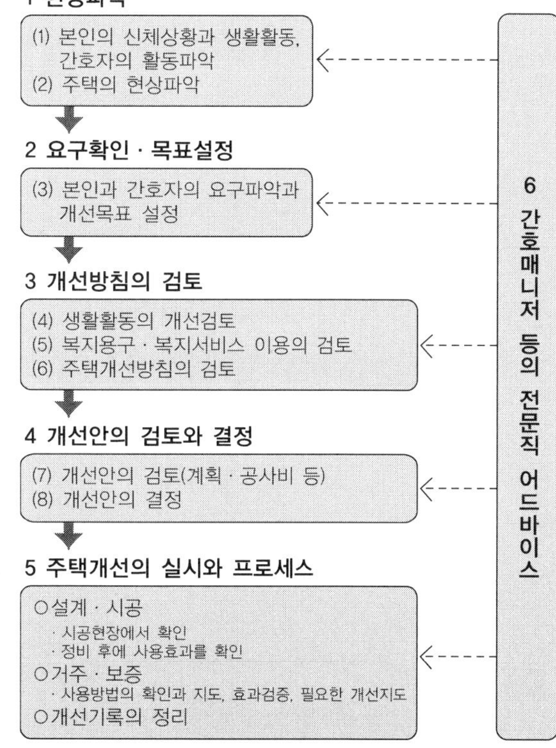

그림 7.8 주택개선의 수순

출전: 전게서, p.2.

만, 결과적으로 마을과 교통기관의 배리어프리 수준을 높이는 것과 연관이 있다.

주

주1) 바닥의 평면화, 출입구와 복도의 폭, 욕실과 화장실 손잡이 등 고령화 대응으로의 배리어프리 융자우대 기준이 만들어졌다.

참고문헌

1) 国土交通省『高齢者住まい法』.

2) 国交省住宅局住宅総合整備課「住宅セーフティネット」『住生活基本計画』.

3) 高橋儀平監修, 木造住宅の高齢者対応研究会編『住宅バリアフリー改修ノート』(財)トステム建材産業振興財団, 2010.

4) 東京都住宅バリアフリー振興協議会 HP.

제 8 장

공원·관광시설

생활과 여유, 건강을 지키는 환경만들기

핵심 공원, 관광시설, 문화유산은 생활과 여유를 즐기고 건강을 증진하는 궁극의 유니버설디자인이어야 하는 공간이다. 공원계획에서는 공원길과 각종 부대시설의 배리어프리화만 생각하는 것이 아닌 최근 중시되고 있는 방재거점, 가설주택건설의 현장에서도 계획해야 한다. 자연환경과 문화유산과의 조화를 꾀하면서 공원, 풍경, 레크리에이션 시설의 유니버설디자인 수법을 생각한다.

1 공원의 역할과 배리어프리, 유니버설디자인

공원은 여러 장소에 입지해 있다. 자연이 풍부한 자리에 있는 공원과 도심부에 있는 공원에는 배리어프리 정비수법도 크게 다르다. 특히 시가지에 위치한 공원은 일반적으로 무질서한 시가지화를 방지하고 여러 시민의 생활과 편안한 노동공간을 형성하기 위해 공공시설로 꼭 필요한 요소이다. 도시공원의 중요한 역할은 도심부에서 열섬현상의 방지와 완화, 교통공해·소음의 완화, 대규모 지진과 대규모 화재 시의 일시 피난장소, 주택지의 연소방지 등이다. 공원이 시민생활에 미치는 영향에는 녹지의 확보에 의해 심리적 안정효과가 있고, 도시환경 형성으로서는 매력 있는 마을과 경관 창조에 지속적으로 기여하고 있다.

게다가 관광시설, 자연유산과 문화유산 등 역사적 자원과 일체된 공원시설과 지역정비는 관광객 증가에 따른 지역의 경제효과, 마을의 활기를 충분히 가져올 수 있다. 그것을 위해서도 공원은 누구든지 마

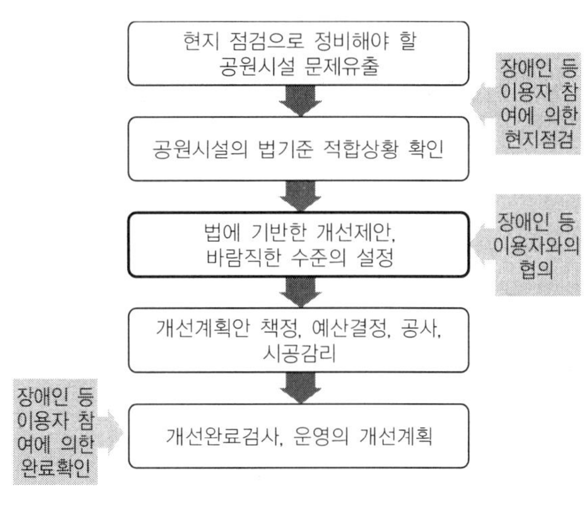

그림 8.1 공원에 유니버설디자인 도입수법

출전: 국토교통성·(사)일본공원녹지협회, 「모두를 위한 공원만들기」, 2008, p.89를 참고하여 대폭 간략하게 수정했다.

음 편히 찾아올 수 있는 장소가 되어야 한다. 공원에 배리어프리와 유니버설디자인 정비수법(그림 8.1)을 도입하여 남녀노소, 국적을 불문하고 누구든지 마음 편히 안심하고 방문할 수 있는 매력적인 곳으로 변모시킬 수 있다.

2 공원의 종류

공원은 법적으로 도시계획법과 도시공원법(1956년, 이후 공원법)에 의해 정의되고 있지만, 도시와 주택지형성, 방재의 관점 등에서도 여러 가지 개념이 있다. 공원법에 제정된 도시공원은 그 기능, 목적, 이용대상 등에 의해서 표 8.1과 같이 구분된다. 이 밖에 공원법에 규정되지는 않았지만, 지역 안에는 여러 가지 오픈 스페이스와 광장·소공원이 있고, 도시공원과 같이 불특정 다수의 시민이 이용할 수 있다. 이것들도 가능한 한 배리어프리에서 유니버설디자인 개념에 기초로 하여 정비될 필요가 있다.

3 공원의 배리어프리법 제도

일본 각종 공원에 배리어프리가 전개된 것은 전국 각지에서 복지마을 만들기 조례가 제정되기 이전 1980년대 초두로 거슬러 올라간다. 최초는 공원 내의 화장실과 음수대, 휠체어 사용자용 주차장, 공원길의 정비였다. 그 후 90년대에 들어 출입구, 안내판, 사인, 각종 부대시설의 정비가 진행되었다.

1999년 『모두를 위한 공원만들기』(사단법인 일본공원녹지협회, 국토교통성 감수)가 출판되고 목표로 하는 배리어프리, 유니버설디자인 가이드라인이 제시되었다. 이 책에서 공원정비로는 처음으로 유니버설디자인 수법과 미국 공원사례가 소개되었다. 이 책의 내용이 각 지방공공단체에서 독자로 진행하고 있던 공원정비 매뉴얼에 인용되도록 하고 복지마을 만들기 조례 정비기준의 개정을 추진했다.

2006년에는 배리어프리법에 처음 공원정비가 규정되고 신규시설에서는 배리어프리 정비가 의무화되었다. 그러나 건축물과 같이 압도적으로 많은 공원은 배리어프리화가 의무화되지 않은 기존시설이고 이후 개선대책이 중요하다.

1 법으로 규정된 공원정비

법에서는, 공원관리자 등은 특정공원시설의 신설, 증설 또는 개축을 행할 때, 특정공원시설 배리어프리화를 위해서 필요한 특정공원시설의 설치에 관한 기준(도시공원이동 등 원활화 기준(이후, 도시공원 원활화 기준))에 적합하도록 되어 있다. 기존 공원의 경우는 공원 내의 시설을 개선할 때에 도시공원 원활화 기준이 적용되지만 기존공원의 정비에서는 의무규정이 아닌 권장의무규정이다.(법 제13조)

2 법에 의한 공원정비의 규정

특정공원시설 : 배리어프리화가 특히 필요한 것으로 각 령에서 정한 공원시설이다. 법적인 배리어프리화에 대해서 도시공원의 출입구와 각종 공원시설, 그 밖에 주요한 공원시설(지붕형 광장)과의 경로를 구성하는 공원길 또는 광장정비가 중점적으로 요구된다.(그림 8.2)

각종 공원시설과는 다음과 같은 시설이 포함된다. ( ) 안은 배려 포인트이다.

표 8.1 공원의 종류

종 류	종 별	목적과 내용
주구 기간공원	가로구(街区) 공원	가로구 내 거주자의 이용에 이바지한다. 유치거리는 250m의 범위 내에서 1개소, 공원면적은 0.25ha/개소를 표준으로 한다.
	근린공원	가로구역을 복수 합한 근린지구 거주자의 이용에 이바지한다. 유치거리는 500m의 범위 내에서 1개소, 면적은 2ha/개소를 표준으로 한다.
	지구공원	주보권 내 거주자의 이용에 이바지한다. 유치거리 1km의 범위 내에 1개소, 면적은 4ha/개소를 표준으로 한다.
도시 기간공원	종합공원	도시주민 전체의 휴식, 감상, 산책, 운동 등 종합적인 이용에 이바지한다. 면적은 10~50ha/개소를 표준으로 한다.
	운동공원	주로 운동의 용도에 이바지하는 공원이다. 도시규모에 따라 면적은 15~75ha/개소를 표준으로 한다.
대규모 공원	광역공원	시·구·동의 구역을 넘는 광역 레크리에이션 공원이다. 지방생활권 등 광역적인 블록단위마다 설치하고 면적은 50ha 이상/개소를 표준으로 한다.
	레크리에이션 도시	종합적인 도시계획에 기반하여 자연환경의 양호한 지역을 주체로 각종 레크리에이션 시설을 배려한 공원이다. 면적은 1000ha/개소를 표준으로 한다.
국영공원		시·군·구의 구역을 넘어 광역적인 이용에 이바지한다. 국가가 설치한다. 1개소당 면적은 대개 300ha 이상을 표준으로 한다. 국가적인 기념사업 등으로 설치하는 경우도 있다.
완충녹지 등	특수공원	풍치공원, 동식물공원, 역사공원, 추모공원 등으로 그 목적에 의해 설치한다.
	완충녹지	대기오염, 소음, 진동, 악취 등의 공해방지, 유화 혹은 피해의 방지를 목적으로 한다. 공해, 피해발생원 지역과 주거지역, 상업지역 등과를 분리·차단한다.
	도시녹지	도시의 자연적 환경의 보전과 개선, 도시의 경관향상을 꾀한다. 면적은 0.1ha 이상/개소를 표준으로 한다.
	녹도	피해 시에 피난로 확보, 도시생활의 안전성 또는 쾌적성 확보 등을 꾀한다. 식수대 및 보행자로 또는 자전거로를 주체로 하는 녹지로 폭 10~20m를 표준으로 하고, 공원, 학교, 상업시설, 역전 광장 등을 연결한다.
도시림		시가지 및 그 주변부에 있는 식재지 등에서 자연적 환경 보호·보전, 자연적 환경 복원을 꾀하도록 배려하고 필요에 의한 자연관찰, 산책 등의 이용을 위한 시설이다.
광장공원		시가지 중심부와 상업·업무계의 지역에서 시설의 이용자 휴식을 위한 휴양시설, 도시경관 향상에 도움이 되는 수경시설 등을 설치하는 것

출전: 국토교통성 자료.

[공원길과 시설과의 접속개념도] 이동 등 원활화 공원길의 구조

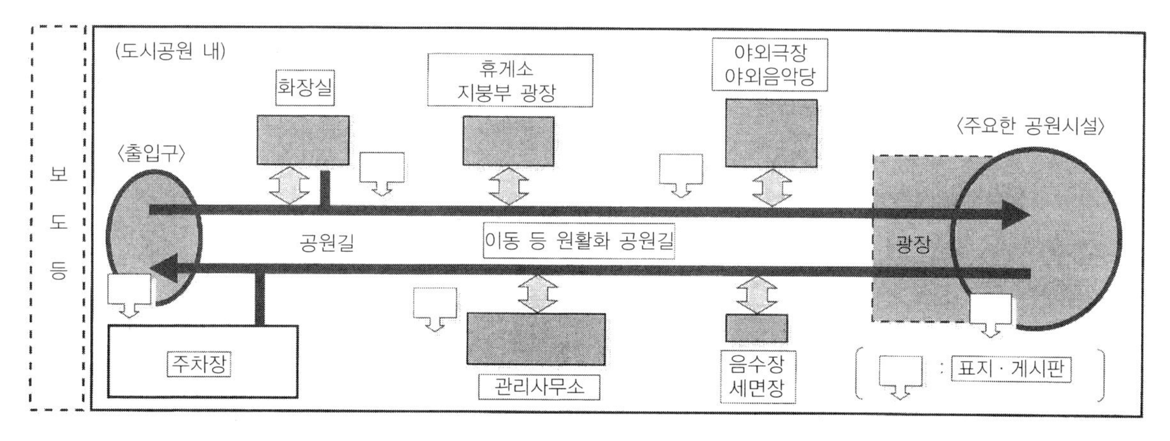

그림 8.2 배리어프리화되어야 하는 공원 경로

출전: 「모두를 위한 공원만들기」

그림 8.3 벤치. 다양한 높이가 있고 이용자도 광범위해진다 (케언스, 오스트레일리아)

그림 8.4 어린이도 어른도 친근한 공원 내 사인 (홋카이도 아사히야마 동물원)

그림 8.5 동물원 내의 주요원활화 경로 (홋카이도 아사히야마 동물원)

그림 8.6 공원로 집입 전은 배리어프리 루트가 아닌 것을 의미한다(멜버른, 오스트레일리아)

- 지붕형 광장(통로, 휴게공간에 대한 배려)
- 휴게소(테이블, 벤치, 주변공간 등에 대한 배려)
- 야외극장(통로, 관람석, 무대 등의 접근성 배려)
- 야외음악당(통로, 관람석, 무대 등의 접근성 배려)
- 주차장(휠체어 사용자와 어린이 동반자에 대한 배려)
- 화장실(휠체어 사용자용 설비, 유아시설에 대한 배려)
- 음수대(휠체어 사용자, 유아 등에 대한 배려)
- 세면대(휠체어 사용자, 유아 등에 대한 배려)
- 관리사무소(이해와 시설안내, 설명 맵, 청각장애인에 대한 배려, 휴게공간)
- 게시판, 표식(알기 쉬운 사인, 문자표기) (그림 8.3, 8.4)

이 밖에 국토교통성령에서 제정한 수경시설, 휴양시설, 유희시설, 운동시설, 교양시설, 편익시설 그 밖의 공원시설 또는 배리어프리화가 특히 중요하다고 인정되는 것도 포함된다.

이동 등 원활화 공원로의 정비 : 도시공원 원활화 기준의 대상이 되는 부분은 출입구, 도로, 계단, 계단의 경사로(또는 승강기), 경사로, 추락방지시설 등으로, 하나의 경로는 확실하게 확보해야 한다. 공원길의 배리어프리화는 공원정비에서 가장 중요한 부분이다. 일반적으로 공원 내의 통로는 목적지까지 경로가 다양하고 모든 경로에 배리어프리화를 해둘 필요가 있다.

그림 8.5는 한 공원의 주요경로이다. 완만한 업다운을 경사로로 연결하고 있다. 그림 8.6은 공원로가 원활한 경로가 아닌 것을 이용자에게 이해하기 쉽게 알리는 목적이 있다. 이러한 배려는 법에 의한 의무는 아니지만 이용자에 대한 정보제공으로 중요한 것이다.

4 배리어프리화된 시가지의 공원 사례

공원의 배리어프리화에 대한 바람은 여가시간을 어떻게 즐기게 할 것인가, 평소의 피곤함을 가족, 친구와 함께 또는 혼자 기분을 회복시킬 것인가라는 것이다.(그림 8.7)

여기에서는 그 가능성이 발견된 오스트레일리아 케언스시의 공원사례를 올린다.

오스트레일리아 케언스시의 공원은 잘 배려되어 있다. 그림 8.8은 중심부 공원(녹지대) 내에 설치된 어린이 물놀이 장소이다. 0세 유아도 물에 빠질 일 없이 적정한 풀장이 형성되었고 다른 연령의 어린이와 같이 놀 수 있다. 바닥면의 컬러포장도 눈에 띄고 놀기 좋다.

그림 8.9는 그림 8.8의 노는 공간 주변으로 어린이 존을 형성하고 있는 기념물 사인이다. 편안한 아동의 움직임이 연속적인 디자인으로 표현되어 있다.

그림 8.10은 휠체어를 탄 채로 이용 가능한 그네이다. 그림 8.8, 8.9 시설 내에 설치되어 있다. 공간이 필요하기 때문에 따로 설치되어 있지만 색의 조화는 어린이 놀이터와 통일하였다.

그림 8.7 가능한 한 자연림을 벌목하지 않은 공중 공원길
(세계유산 블루마운틴, 오스트레일리아)

그림 8.8 유아도 안심하고 놀 수 있는 물놀이 장
(케언스, 오스트레일리아)

그림 8.9 어린이도 즐길 수 있는 공원 내 기념물 사인
(케언스, 오스트레일리아)

그림 8.10 휠체어로도 이용 가능한 그네
(케언스, 오스트레일리아)

5 관광시설과 배리어프리, 유니버설디자인

1 관광의 배리어프리, 유니버설디자인 개념

관광은 연령, 성별, 국적 혹은 장애의 유무를 불문하고 누구든지 즐길 수 있도록 해야 한다. 즉, 관광은 유니버설디자인 개념을 가장 실천할 수 있는 수단의 한 가지이다. 법이 제정된 다음 해인 2007년에 관광입국추진기본법이 성립되어 고령자, 장애인, 외국인 등 여행자의 편의증진이 평가된 이후 급속히 각지에서 고령자, 장애인 등의 관광이 추진되었다. 특히 지방도시에서는 지역활성화의 기폭제로서 관광시장의 재연구가 시작되었다. 일본뿐만 아니라 세계 각지에서 활성화하고 있는 세계유산으로의 등록활동도, 배리어프리화와 유니버설디자인화에 큰 역할을 다하고 있다.

해외에서 배리어프리와 유니버설디자인의 도시정비의 역사를 뒤돌아보면 선행한 구미 도시의 태반이 관광지이다. 1980년대 이후 대표적인 관광지의 대부분은 전 세계인들이 방문하도록 유도하고 필연적으로 도시의 배리어프리화가 진행됐다. 도시, 관광지에서 배리어프리, 유니버설디자인의 시동이다.

장기휴가와 여가시간을 충분히 확보한 구미 국가에서 관광시설의 배리어프리화, 유니버설디자인화를 진행했던 것은 지극히 자연스럽지만, 일본에서도 최근 국민 대부분이 여가활동의 필요성을 체감하기 시작했다.

관광지에서의 배리어프리화가 진행되고 고령자와 장애인 등의 여행이 증가하여 지역의 활성화, 생활의 풍부함, 시민교류, 경제활동이 활발해지는 것이 관광의 배리어프리, 유니버설디자인의 중요목표이기도 하다.

2 유니버설 투어리즘(관광여행, 관광사업)이란

최근에 법제도의 정비와 관광시설의 배리어프리 정비는 관광여행을 단념한 고령자와 장애인에게 많은 기쁜 소식을 가져오고 있다. 유니버설 투어리즘이라 함은 고령자와 장애인, 외국인 등을 비롯 누구든

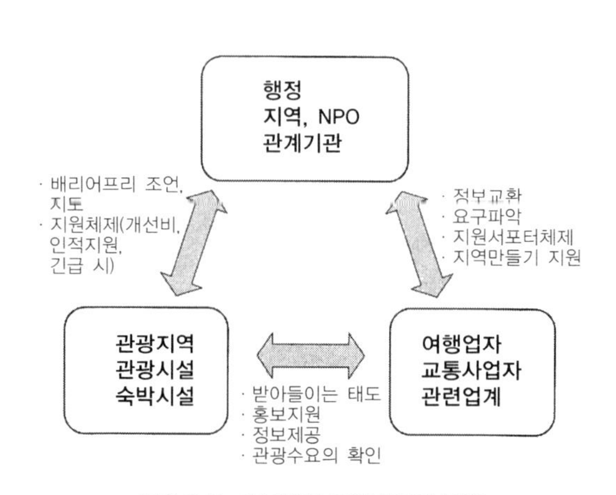

그림 8.11 유니버설 투어리즘의 구성

지 안심하고 여행 가능한 투어리즘의 추진을 의미한다. 여행을 받아들인 관광지, 행정, NPO단체, 숙박시설, 교통사업자의 네트워크와 여행을 기획·발신하는 여행사, NPO 시민그룹이 연계해서 적절한 정보제공과 필요한 정비를 행할 필요가 있다.(그림 8.11)

여행은 개인의 의사와 단독기관만으로는 성립되지 않는다. 장애인 여행에 탁월한 여행사도 대부분 기업상태나 관계기관과 원활히 연계하지 않고는 운영을 할 수 없다.

유니버설 투어리즘을 추진하기 위해서는 여행을 하는 본인, 가족, 동반자에게 정보를 제공하는 것이 중요하다. 매력 있는 관광지에서의 배리어프리 투어가 어떻게 실시되는가, 관계한 업자의 운영은 어떠했나, 보조체제, 비용부담, 시설과 교통기관, 지역과 숙박시설의 수용체제 등, 폭넓은 여행정보 교류가 중요하다.

이러한 대책을 선도한 곳이 기후현 다카야마시이다. 다카야마시는 재빨리 배리어프리 조례를 시행하고 관광시설과 숙박시설의 개선에 착수하여 수차례 배리어프리 모니터투어로 호텔과 관광시설, 관광정보의 홍보 등을 검증하는 작업을 반복했다.

유니버설 투어리즘에서는 전국 각지의 NPO도 활발히 활동하고 있다. 그 중에서도 장애인의 여행상담과 숙박시설의 점검부터 개선 지도, 타고 둔 휠처어의 수배, 전국의 NPO네트워크사업을 전개하는 이세지마 배리어프리 투어센터의 활동은 유명하다.

3 관광지의 배리어프리 대상

관광지에서 배리어프리화, 유니버설디자인화를 추구해야 하는 대상 개소, 설비 또는 배려내용(대상)을 들면 표 8.2대로이다. 하나하나의 배려는 사소하지만 기본적으로는 법의 각종 가이드라인을 참고로 한다.

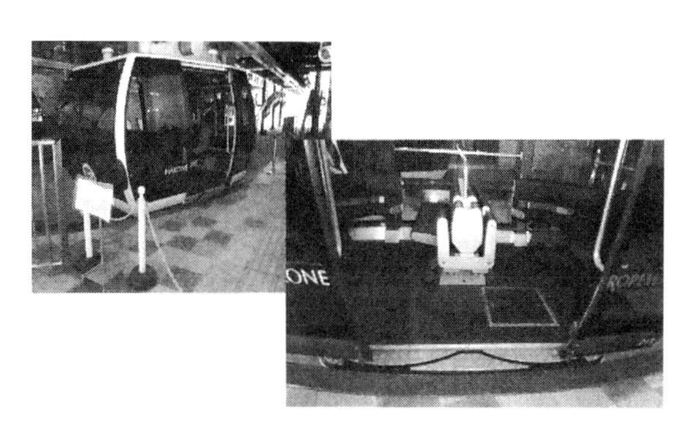

그림 8.12 하코네 케이블카

플랫폼과의 단차가 없다.

표 8.2 관광지의 배리어프리, 유니버설디자인화에서 대상이 되는 것

시 설	대상 개소·설비	이용자에 대한 배려점(체크항목)
적절한 구역정보	이동수단, 이동 중의 휴식시설, 숙박시설의 접근환경, 식사배려, 보조제공의 관광지 배리어프리 상황, 공중화장실 위치, 의료기관 등	고령자, 장애인, 휠체어 사용·보조의 유무, 특별식의 필요성, 입욕 때의 보조 필요성, 이동기구의 필요성, 긴급 시의 정보제공 방식
목적지까지의 교통수단	공공교통기관, 버스, 택시, 항공기, 선박, 자동차, 휠체어사용 전용차	이용하는 교통수단, 환승장소, 환승의 편리함, 환승역에서의 보조 필요성, 화장실 휴식장소, 동행자를 포함한 차량수
관광구역의 수용	종합관광안내소, 의료기관(병원, 진료소), 관광지구의 이동수단, 주차장, 공중화장실, 지역의 지원체제	안내의 보기 편리함, 듣기 편리함, 종업원의 대응방법, 이동수단의 배리어프리 상황, 주차장과 관광지의 거리, 보조보청기(방송안내)
관광시설	접근성, 관람방법, 견학시설, 탈것, 관광경로, 토산물 판매장의 접근	휠체어 사용자의 접근경로, 시각장애인의 유도방법, 청각장애인에 대한 정보제공, 사인·설명의 다언어 표기 채용의 유무, 목적지까지의 교통수단의 노선연장
숙박시설	주차장, 로비, 안내카운터, 통로, 레스토랑, 공동욕실, 각실 통로, 접대	주차장의 위치, 휠체어 대여(배리어프리 객실의 요금, 대출설비), 긴급 시의 피난·유도체제와 피난경로, 공동욕실과 가족용 욕실의 유무, 정보표시

그림 8.13 나가사키 사행 엘리베이터

그림 8.14 나가사키 글러버 저택의 에스컬레이터와 슬로프

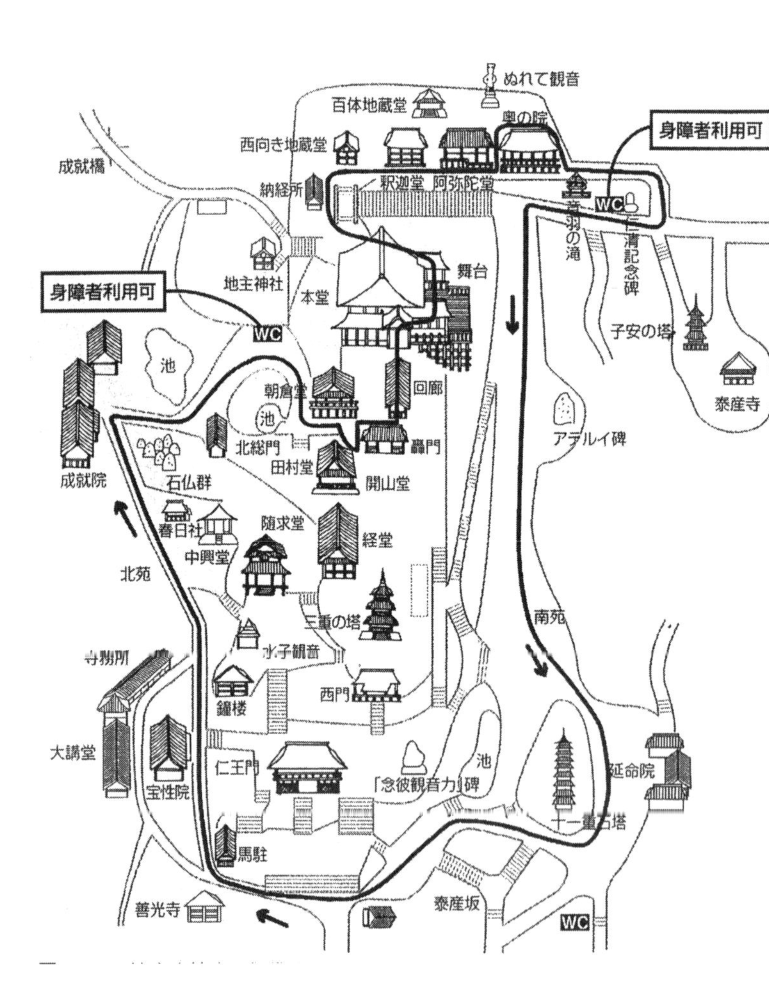

그림 8.15 청수사 경내의 표준적 접근동선

출전: 청수사 홈페이지

그림 8.16 접근 경로 입구

제공: 소자예

그림 8.17 경내의 슬로프판

제공: 소자예

그림 8.18 개선된 화장실

신체장애인용 화장실도 만들어져 있다

제공: 소자예

6 관광지의 배리어프리, 유니버설 디자인 사례

1 일본의 경우

일본에서 관광지의 배리어프리, 유니버설디자인에서 특히 문제가 되는 것은 자연입지가 좁은 관광지로의 접근성과 절·신사의 건물 구조이다. 선진적인 대응을 하고 있는 하코네, 나가사키의 사례를 소개한다. 둘 다 지형의 높낮이가 격한 지역이다.

그림 8.12는 가나가와현 하코네 케이블카의 배리어프리화이다. 근처 역에서 케이블카 차량까지의 접근성 향상, 저상 케이블카의 도입 및 케이블카 역의 배리어프리화가 실현되어 휠체어 사용자가 안심하고 이용 가능하도록 되어 있다. 그림 8.13, 8.14는 나가사키의 관광지 글러버 저택의 사례이다. 좁은 대상지이지만 에스컬레이터와 사행 엘리베이터를 적극적으로 채용하고 있다. 사행 엘리베이터는 관광객뿐만이 아닌 사면지에서 생활하는 주민도 함께 사용한다.

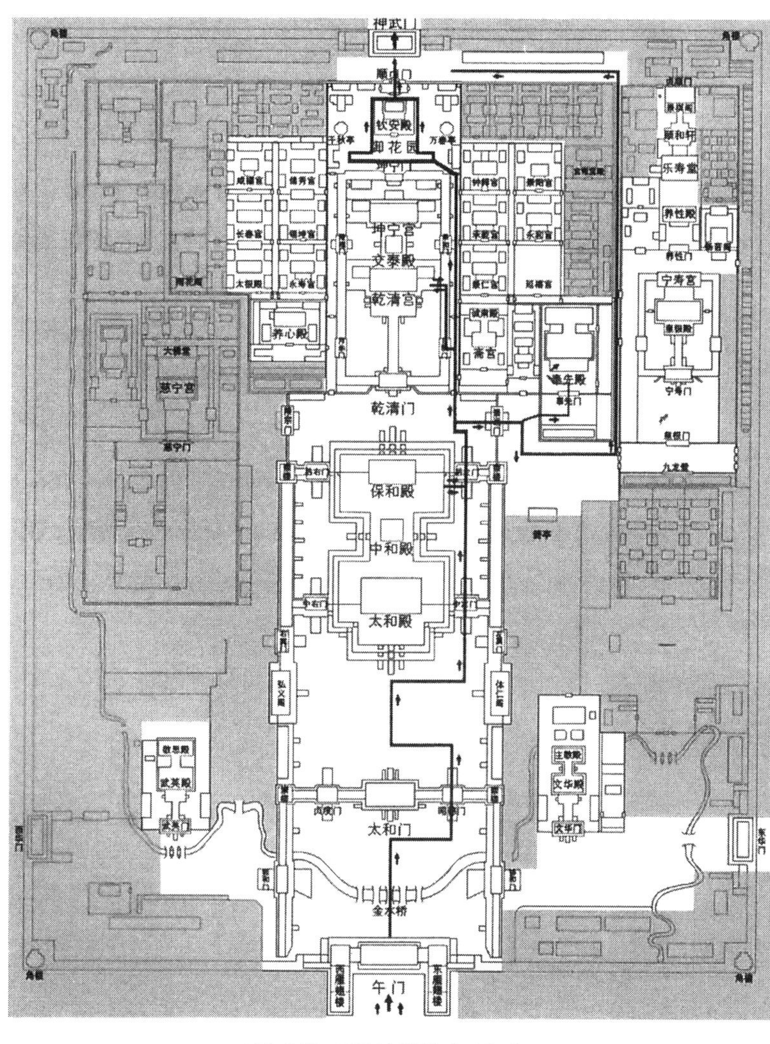

그림 8.19 고궁의 배리어프리 경로

출전: 고궁 홈페이지

그림 8.20 개선된 노면(제공: 소자예)

그림 8.21 대와전 슬로프

그림 8.22 리프트를 숨긴 벽

그림 8.23 휠체어 사용자의 통행을 위해서 개선된 통행부분

2 청수사(교토시)

교토의 세계유산 중 하나인 청수사에서는 최근 하나의 경로이지만 휠체어를 이용한 이동이 가능하도록 배리어프리를 실현했다. 물론 다른 관광객과도 같은 동선 내이다. 도중 작은 단차와 단수가 많은 계단으로 지금까지 휠체어 사용자 등이 접근할 수 없었던 곳도 슬로프를 만들어 돌아볼 수 있도록 했다. 원내의 화장실도 휠체어 사용자용으로 수리하는 등 적극적으로 배리어프리화를 착수하고 있다.(그림 8.15-8.18)

3 고궁(북경)

그림 8.19는 북경시의 대표적 세계유산 고궁의 접근 경로이다. 하나의 경로이지만 문화유산의 현상을 배려하면서 고·저차가 큰 시설 내의 접근 경로를 수리하였다. 그림 8.19의 굵은 선은 완성한 휠체어 사용자용 경로이다. 원내에서는 휠체어 대여도 진행되고 있다. 그림 8.20은 노면이 개선된 원내 경로, 그림 8.21은 단차 해소를 위해 슬로프판 설치, 그림 8.22는 리프트를 계단에 설치하고 리프트 외측에 벽면과 같은 색의 벽을 만들어 먼 데서 봐도 위화감 없는 벽면으로 마감한 좋은 사례이다. 그림 8.23은 경관상 아무래도 경사로나 리프트가 설치되기 어려운 계단에서 계단승강기를 이용한 예이다.

7 재해와 공원

최근 공원에서 방재설비의 정비를 확충하고 있다. 대규모 재해 시에는 반드시 필요한 1차 피난장소가 되기 때문이다. 당연하지만 남녀노소가 모이고 일시적으로는 장애인의 피난도 상정된다. 방재거점으로서의 공원에서 중시되는 설비가 화장실과 방재가마(화덕)이다. 공중 화장실이 설치되지 않는 소규모 공원(도쿄도 북구 사례, 그림 8.24-8.26)에서는 화장실도 간이형으로 변기는 간이 손잡이가 달린 휴대화장실과 울타리 텐트가 필요하다.

그림 8.27은 동일본 대지진 후에 마을 안 소공원에 건설된 고령자·장애인용 가설주택 사례이다. 마을 안의 가설주택은 피난이 장기화하는 중에 고령자와 장애인에게 물자와 일상생활의 편리성이 높다.

이상으로 공원은 피해 시에도 충분히 대응 가능한 배리어프리 시설이어야 하고 피해를 대비한 가설주택 배치와 커뮤니티시설의 건설규정을 미리 확실하게 계획해야 한다. 긴급 시에 대한 준비도 지역에서 배리어프리화를 생각하는 중요과제이다.

참고문헌

1) (社)日本公園 緑地協会『みんなのための公園づくりユニバーサルデザイン手法による設計方針』, 1999.
2) 国土交通省·(社)日本公園 緑地協会『ユニバーサルデザインによるみんなのための公園づくり』, 2008.
3) 国土交通省総合政策局『観光のユニバーサルデザイン化手引集』, 2008.

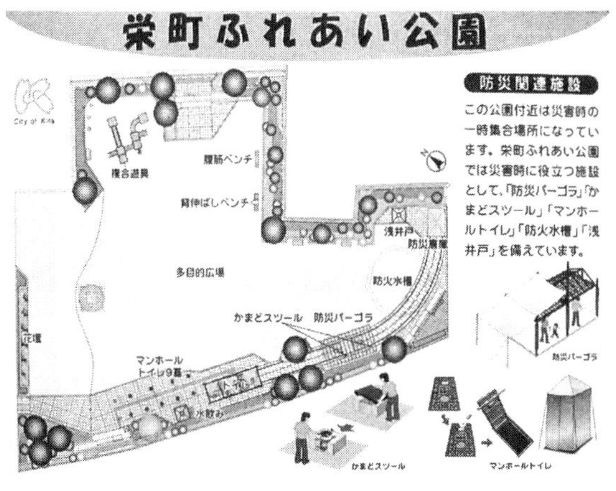

그림 8.24 소공원의 방재설비 배치도

그림 8.25
방재가마(화덕)

그림 8.26
방재용 화장실

그림 8.27 가설주택이 건설된 공원(이와테현, 동일본 대지진)

제 9 장

일체적·연속적인 마을만들기

전국의 대처

핵심 배리어프리는 연속적·면적·단절 없이 되어야 한다. 또, 배리어프리는 마을에서의 활발한 활동과 밀접한 관계를 가질 때 목적이 달성된다. 복지마을 만들기는 대상자로 '약자'를 중시하는 마을만들기인 것과 함께 '모든 사람'이 안전·쾌적·편리하게 살 수 있는 마을을 만드는 것이다. 이것은 종적 사회관계를 넘어 '연계적'으로 실현시켜야 하지만, 예전부터 종적 사회시스템 속에서는 좀처럼 달성하기 어려운 것이다. 이 장에서는 곤란·장애를 뛰어넘어 면적·연계적·시민참여적인 마을만들기를 진행하고 있는 사례를 본다.

1 일체적·연속적 유니버설 마을만들기의 필요성

개별시설의 배리어프리가 아닌, 일체적·종합적인 배리어프리 복지마을 만들기의 요건을 정리하면 다음과 같다.

① 부분적인 배리어프리가 아닌 '면적'인 것
② 다른 교통수단, 다른 시설 간에 '단절 없이' 이동 가능할 것
③ 여러 가지 '마을만들기 시책과 연계·연동'한 것일 것
④ 시설·사물·물적인 배리어프리만이 아닌 '인적(마음의 배리어프리)·대응적(대응의 배리어프리)'으로도 실행할 것
⑤ 배리어프리의 기본적인 수준을 확보한 다음에 '지역의 성격, 풍토의 특징'을 반영한 보다 높은 수준을 지향할 것
⑥ 개선 시스템·제도적·재정적인 '계속성(지속가능성)'이 있을 것

이것을 실현하기 위해서는,

⑦ '당사자 참여, 시민 참여'가 이루어질 것
⑧ 공공·민간을 연결하는 NPO·당사자단체·시민단체가 '연계'함과 동시에 공공에서도 '종적 사회관계를 배제한 횡단적 시스템'일 것
⑨ PDCA 사이클(1장1절3항 참조)과 같이 '목적을 향해 영속적으로 개선하는 시스템'이 작동하는 것

이 필요하다.

⑧의 연계성·횡단성에 대해서는 민관협동과 함께 행정에서는 마을만들기, 도로, 건축, 공원, 의료·보건·복지, 상공, 관광, 교육, 재정, 인사 등 모든 행정부·국이 연계하지 않으면 이와 같은 대응은 할 수 없다. 민간에서도 본사(중핵관리)와 현장(지점)의 괴리가 문

제가 되는 경우가 있다. ⑨의 PDCA는 특히 중요하다. 유니버설디자인 마을만들기에서 배리어프리화하는 목적은 어디까지나 장애인·고령자가 활발하게 사회참여하여 자립생활을 달성하는 것과 모든 사람이 능력을 개화시키는 사회참여가 가능토록 하는 것이다. 이 목적이 달성할 수 있는지를 평가하지 않으면 목표만으로 끝나기 때문이다. 이것들의 성과지표를(구체적인 성과를 포함한 모든 결과를 의미한다. 투입한 노력의 양이 아닌 '변명'이 없는 결과로, 목적·목표를 구체화한 것에 가깝다.) 본격적으로 설정하여 순환시키고 있는 예는 아직 거의 없고, 앞으로의 과제이기도 하다.

일체적·연속적 마을만들기의 개념 자체는 이전부터 존재해 왔다. 행정에서는 개별 배리어프리를 통합한 각 지역의 복지마을 만들기 조례이다. 그것들은 또 개별의 배리어프리 규정을 집합시켰던 규정집에 가까운 것이고, 면적·연속적 정비를 규정하는 것이라고는 말할 수 없다. 하지만 1995년의 효고현 등의 복지마을 만들기 조례에는 면적 정비촉진을 내세우고, 2000년 교통 배리어프리법은 더욱 발전하여 이동 등 원활화 기본구상이라는 면적·일체적 정비를 특징으로 하는 법이 정리되었다.

이와 같이 제도적으로는 정비되어 왔지만 실제로 본격적인 배리어프리·유니버설디자인의 면적·일체적 정비가 나온 것은 2000년 이후라고 말해도 무방하다. 선례로서 한신·아와지 대참사 후 1990년대 후반의 고베여객터미널 정비, 한큐 이세역 또는 그 주변 정비의 유니버설디자인·당사자가 참여한 계획·설계의 기회가 주어지고 그 후 이동 등 원활화 기본구상하에 의욕적인 사례가 나타났다. 특히 최근 도시에서의 재개발과 역사개선에서 볼 수 있는 사례가 많다.

그림 9.1은 대형시설 정비·면적 정비의 최신사례인 도쿄국제공항터미널이다. 그림 9.2는 일체적·연속적인 마을만들기를 진행하고 있는 다카츠키시의 사례이다.

이와 같은 시점에서 2000년 이후의 일체적·연속적인 마을만들기의 우수한 사례를 분류해 보면 다음과 같다.

① 철도역·도로·버스·건축물·공원 등을 면적으로 단절이 없는 유니버설디자인화로 정비하였다. 대부분은 이동 등 원활화 기본구상을 기초로 하고

그림 9.1 도쿄국제공항터미널(하네다)
다수 장애인이 참여하여 배리어프리·유니버설디자인화한 대규모 시설

그림 9.2 제각각인 보도를 배리어프리로 네트워크화 (다카츠키시)
이동 등 원활화 기본구상에서 교통동선을 단절 없이 계획을 세워 PDCA 사이클로 그것을 실현

있다. JR 가와사키역과 주변지구, 시즈오카철도 시즈오카역과 주변지구, 후지사와시 쇼난다이역(사가미철도·요코하마 시영지하철과 주변지구), 도요나카시·스이타시 모모야마다이역(기타오사카 급행)과 주변지구, 오사카시 JR오사카역, 고베시 한신 산노미야역, 나고야시 JR·메이테츠 가나야마역 등 최신 대응사례이다. 시·군·구·동에서는 전 시역의 유니버설디자인화를 목표로 하는 사이타마시, 교토시, 미야자키시, 도요나카시 등 다수 의욕적 대응이 나오고 있다.

② 거대시설인 공항을 최신 하이레벨인 유니버설디자인으로 정비하였다.(중부국제공항(센토리아), 하네다국제공항, 삿포로 신치토세공항 등)

③ 관광을 중시한 면적 시설정비와 인적 대응을 전 시역으로 전개하였다.(교토시, 나라시, 구라시키시, 다카야마시, 가나자와시, 다카노마치 등)

④ 특정 대형시설을 일체적·연속적으로 유니버설디자인으로 정비하였다.(Mazda Zoom-Zoom스타디움-히로시마, 라쿠텐 Kobo스타디움-센다이, 오키나와 마리오토 리조트&스파-나고시 등)

⑤ 복지시설·병원 등을 단일기능 시설로만 하지 않고 시민참여에 의한 복합시설로서 정비(나고야 난세이쿄우병원 등)

이와 같이 최근의 일체적·연속적 정비사례는 놀라운 것이다. 독자는 인터넷 등에서 사례를 조사하고 꼭 현장을 보러 가면 좋겠다. 그때 현장에서 시각적으로 유니버설디자인을 이해하기 어려운 것도 많기 때문에 시설관리자·시청 등에 사전청취해서 '숨은 유니버설디자인'을 배우면 좋겠다.

그 사례를 몇 가지 살펴보자.

2 일체적·연속적 정비 사례

1 '살기 좋은 마을은 가고 싶은 마을'의 표어로 복지관광도시 만들기 – 기후현 다카야마시

> 전 시에서 배리어프리화가 시작된 것은 2006년쯤이다. 복지마을 만들기의 전국적 '개척'이고, 그 후 각 시의 복지마을 만들기에 영향을 미쳤다. 시민생활, 관광객의 편의성 등 균형 잡힌 대처, 시는 '누구나 살기 좋은 마을만들기' 조례를 제정했다.

다카야마시는 이전부터 누구든지 살기 좋은 마을을 목표로 배리어프리의 시책을 진행하여 왔다. 2003년에는 그것을 발전시킨 기본구상을 책정했다. 다카야마시가 내세운 목표는 ① 누구든지 살기 좋고, 살고 싶도록 만드는 정주환경을 만들고, ② 번화한 교류환경을 정비하고 시민 한 사람 한 사람이 자랑과 보람을 가지는 마을을 만들어 하드·소프트 양면으로 '유니버설디자인 마을'을 목표로 했다. 연간 300만 명 가까운 관광객이 방문하는 관광도시(그림 9.3)가 복지와 관광을 통합하는 동시에 '손님환대 사업'의 육성도 꾀하는 것이 이 시의 복지마을 만들기 이념이다. 그 달성을 위해서 당사자인 시민·장애인·고령자

그림 9.3 다카야마시 전통적 건축물지구 풍경
관광객으로 활기 있는 다카야마시는 장애인이 방문하기 쉬운 마을만들기에 노력을 하고 있다.

와 관광객 등도 포함하여 참여형 마을만들기를 전개할 필요가 있다. 그 때문에 몇 번에 걸쳐 '모니터 여행'을 실시하고 있다. 이것은 장애인과 외국인을 다카야마로 방문하게 만들고 그 현장에서 청취한 의견을 마을 배리어프리화로 실현하는 것이다. 2005년에 '다카야마시 누구에게나 편안한 마을만들기 조례'를 제정하고, 국가의 배리어프리법 기준보다 엄격한 규제를 제정함과 함께 배리어프리 착수사업자의 인정 등을 진행하고 있다.

또 다카야마시는 배리어프리화·유니버설디자인화를 위해서 청내의 종적 관계를 배제한 연계를 특히 중시하고 있다.

다카야마시에서 지금까지 실시해 온 유니버설디자인 시책은 담당부·국명으로 다음처럼 홈페이지(http://www.hida.jp/barrierfree/)에서도 공개하고 있다.(필자편집)

- 도로 단차는 모두 2㎝ 이하로 하고 교착점을 배리어프리 관점에서 개량(담당:유지과). 차도와 보도와의 단차 해소와 교차점의 개량(그림 9.4)
- 측구의 정비(담당:유지과). 금속제 측구를 격자가 좁은 제품으로 순차적 교환
- 다기능 화장실을 시가지 및 공적 시설에 배치(담당:복지과). 호텔 등의 민간시설에도 다수 배치
- 휠체어 대여(담당: 다카야마시 사회복지협의회). 관광객을 위해서도 휠체어 렌탈
- 전동차·유모차의 대여(담당: 마을사람 플라자·간카고칸). 시민은 물론 관광객도 렌탈
- '히다마을'에서 휠체어 견학코스 설치(담당: 히다민속촌). 전동휠체어도 빌릴 수 있다.
- '거리투어 버스'·'노라 자가용'의 운행(담당:지역정책과). 시민과 관광객 등 누구든지 이용 가능한 커뮤니티 버스를 운행. '거리투어 버스'는 저상으로 중심 시가지의 관광시설, 공공시설을 자주 순회하고 있다. '노라 자가용'은 각 지역 내를 구석구석 운행하고 있다. 전 노선 1회 승차 100엔
- 복지택시(담당:신체장애인 복지협회). 휠체어에 탄 채로 이용할 수 있는 대형 택시를 운행. 요금은 일반대형택시 평균요금보다 낮음
- 『환대 365일』 발행(담당:관광과). 손님의 목소리와 전문가의 의견을 정리한 서비스매뉴얼
- 시영 주차요금의 면제(담당:유지과). 장애인이 운전 또는 동승한 차량을 주차할 때는 장애인수첩을 제시하면 주차요금을 면제
- 민간사업자에게 배리어프리화 정비지원. 민간시설의 배리어프리화와 택시지원 도입 등을 보조
- 정보장벽을 해소. 음성, 문자, 수화에 의한 '관광정보단말기'를 설치. 휠체어 사용자도 사용 가능하도록 낮은 위치에 설치. 관광 팸플릿은 7개 언어, 안내간판은 4개 언어
- 그 밖에 눈을 녹이는 기능이 있는 점자 블록을 개발하거나 문화재와 배리어프리의 양립연구 등을 행하고 있다.

그림 9.4 다카야마시의 평면보도
기본을 평면구조로 정비

제공: 니타야스츠구

다카야마시의 특징은 배리어프리·유니버설디자인

을 시의 특징인 관광과 융합시키는 것이고 또 그것을 담당과에 맡기는 것이 아닌 전 부서가 공유하고 연계하고 있는 것이다. 위에 서술한 개별시책은 각각을 실시하는 것이 아닌 연계·융합시킴으로써 효과가 발휘된다. 배리어프리·유니버설디자인 마을만들기를 '개척'한 시이고 많은 실적을 올리고 있다.

위에 제시한 '관광도시의 계속적 또는 종합적인 배리어프리화'에 대해서 다카야마시가 제2회 국토교통성 배리어프리화 추친공로자 대신표창을 받았다.

2 유니버설디자인에 의한 도시재개발 – 아이치현 가리야시

가라야시는 이동 등 원활화 기본구상에 따라 균형 잡힌 종합적 배리어프리화 계획을 세웠다. 그 중심은 가리야역 남지구의 재개발이다. 본격적인 유니버설디자인에 의한 역 앞 재개발로 최근 모범적인 사례라고 한다. 배리어프리인 보행공간 네트워크와 수준이 높은 유니버설디자인을 적용한 회관 등이 있다. 다수의 시민·당사자 참여로 행해졌다. 가리야시 종합문화센터 아이리스는 계획단계에서 당사자의 의견을 받아들였다.

자동차 관련 기업이 집적한 가리야시의 가리야역(JR토카이와나고야철도 역이 병설) 남지구의 5.7ha에서 독립행정법인 도시재생기구가 재개발 프로젝트를 실시하였다. 역 앞의 편리성을 살리고 문화의 거점, 도시형 주택, 대형 쇼핑시설, 대형 주차장 등의 복합적인 도시형 기능을 가진 가리야의 새로운 역전타운이 2009년 10월에 탄생했다.(그림 9.5)

주변은 2005년에 책정된 교통 배리어프리 기본구상에 의한 중점정비지구로 위치해 있고, 재개발사업에서도 지구단위 전체의 정합성을 지키도록 원활한 수직·수평이동이 가능한 시설정비가 약속되었다.

도시재개발의 실무는 도시재생기구와 건축설계사무소가 담당하고 건물만이 아닌 교통도 포함한 도심 전체를 유니버설디자인으로 하는 대책으로서 특징이 있다. 역전 광장과 보도공간에도 여러 가지 유니버설디자인의 기법이 포함되어 있다.

시설건축물로서는 크고 작은 회관과 평생학습시설에서 나눠는 공익시설과 공익주차장(가리야 종합문화센터 아이리스, 그림 9.6) 및 민간사업자가 정비하는 상업시설과 주택으로 구성된다.

재개발지구 전체에는 '모두 와라 가리야'라는 애칭을 붙였다.

가리야시 종합문화센터는 건설단계에서 시민, 장애 당사자 단체 등 다수의 의견을 듣고 그 의견을 '유니버설디자인검토회'에서 검토해 건물설계에 반영하

그림 9.5 가리야역 주변 보행자 배리어프리 네트워크

그림 9.6 유니버설디자인 설계의 가리야시 종합문화센터 아이리스

고 실현한 것이 특징이다.

· 대회관 객석에 휠체어석 설치
· 객석에서 무대로 단차 없이 오를 수 있다.
· 모든 객석에서 자기유도 루프·FM전파를 이용해 감상할 수 있다.
· 다목적 화장실 이외에 손님용 일반화장실 내에도 다목적 부스 설치
· 엘리베이터의 버튼 위치를 연구(발 스위치 채용)
· 크기와 색을 관내 모두 통일
· 엘리베이터 홀 부근에는 위치를 안내하는 공통 음향사인을 상시 튼다 등

이것들은 어느 것이나 당사자 의견을 토대로 독자로 연구하고 있고 관 전체가 종합적으로 검토하고 있다.

또 기존에 만들어진 가리야역 남북 연결통로를 연장시키는 형태로 보행자용 통로가 설치되어 2층에서 바로 상업시설과 공공시설에 연결된다(그림 9.5). 더구나 데크에는 비막이가 세워져 있다. 상업시설 정면의 공간은 '모두 와라 광장'으로 칭하는 다목적 광장으로 조성되었다. 역 남쪽입구 역전 광장에서 버스·택시·자가용차의 동선과 보행자의 동선은 분리되어 있다.

재개발 지구의 남측에서는 보건센터, 육아지원센터, 건강만들기를 촉진하는 건강플라자가 들어간 가리야시 종합건강센터도 있다.

역과 주변도로의 개선에 머무르지 않고 시설정비와 일체성 있는 유니버설디자인에 의한 마을만들기가 실현되고 있다.

여기의 우수한 점은 뭐라하더라도 설계단계에서 당사자가 참여한 것이고 나아가 당사자의 다수 요구를 반영하여 계획·설계를 행한 것이다. 한큐 이타미역에서도 도입한 이 방식은 조금씩 계속 늘고 있지만 아직 적용한 경우는 적어 가리야의 사례는 귀중하다. 계획단계에서 당사자 참여는 조례화해야 한다는 목소리도 있다.

위의 대처로 2010년도 배리어프리·유니버설디자인 추진공로자 표창내각부 특명담당 대신표창 장려상과 2009년도 아이치현 사람이 살기 좋은 마을만들기 특별상을 수상했다.

3 중부국제공항 여객터미널 – 아치현 도코나메시

> 공항은 대형 시설의 유니버설디자인화를 항상 리드하여 선진 사례를 만들어 왔다. 중부국제공항은 배리어프리로 대처한 간사이국제공항의 노하우를 계승하여 새롭게 계획단계에서 당사자 제안형 계획·설계·시공을 진행한 것을 받아들인 점에서 시대를 구분하는 일본의 유니버설디자인화의 금자탑이 되었다. 신치토세공항(삿포로), 도쿄국제공항(하네다 국제공항)은 중부국제공항의 사상을 이어받아 그 후에도 새로운 과제를 연구하고 고쳐나가고 있다.

중부국제공항은 아이치현 도코나메시 바다를 매립하여 용지를 조성하고 거기에 3500m 활주로와 여객터미널이 건설되어 2005년 2월에 개항했다. 애칭은 센트리얼이다. 누구에게나 알기 쉽고 조밀하게 기능적인 공항으로 정비기본방침을 내세워 '누구든지 사용하기 쉬운 터미널'을 목표로 계획(기본설계)단계에서 유니버설디자인이 검토되었다.

공항건설을 담당한 중부국제공항 주식회사는 장애인과 학식경험자 등을 구성원으로 한 '유니버설디자인연구회'를 만들고, 거기에서 학식경험자 등에게 설계방침 정리를 의론하는 '연구회'와 그 토대로 당사자에게 검토를 받는 '부회'로 활동을 나누었다. 특히 부회에서는 폭넓은 참여자와 설계담당자와의 질의응답과 당사자 간의 요구조정을 실시했다.

연구회의 개최기간은 대체로 표 9.1의 4가지로 나뉠 수 있다.

검토의 실시체제에는 다음과 같은 특징이 보인다.

사회복지법인으로의 업무위탁

연구회의 설치·운영 및 정비방침·내용, 배려사항 등의 의견정리 업무를 나고야 시내에 있는 사회복지법인 'AJU자립의 집'으로 공항회사가 업무위탁. 연구회와 부회에서 여러 가지 장애인의 의견을 집약했던 것은 이 조직의 존재가 크다.

자주적 검토회

제1기와 제2기 사이에 연구회, 부회의 구성원 이외의 관계자도 포함해서 검토작업을 계속했다. 제조업자 등 전문가의 참여를 통해 자주적인 검토회를 개최했다. 제3기 이후에는 분과회로 한 테마마다 그 검토 조직이 계속되었다.

검토작업의 실시

탁상의론에서 판단할 수 없는 경우에는 검증에 참여하는 모니터, 연구회와 부회의 구성원, 공항회사 직원, 설계담당자들이 제조공장까지 방문해 검증을 했다.(그림 9.7)

그림 9.7 개항 전의 검증

시공확인에 따라 개항 전에 수정이 가능했던 것도 있고, 개항 후에 변경된 것도 있다.(그림 9.8)

유니버설디자인연구회의 효과로는 다음을 들 수 있다.

① 계획단계부터의 정보개시
② 장애인의 시설·설비 이용특성이 설계에 반영
③ 장애인 자신이 회합을 운영
④ 건설업자·설비업의 기술력 향상
⑤ 타 프로젝트에 대한 규범사례

표 9.1 중부국제공항 유니버설디자인연구회의 활동내용

기	기 간	주 제	부회에서의 검토사항	특기사항
1기	2000년 6월에서 8월	기본설계에 의견 반영과 협력	'교통동선(이동)' '유틸리티' '상업공간' '정보제공·사인' '소프트 대응 기타'	기본설계를 위한 연구회는 약 2개월간 활동 후 종료. 그 후 회사 측이 기본설계 마무리에 들어간다. 그 사이 유지모임 '공항을 잘 만들자 모임'을 세워 장애담당자, 설계관계자, 설비관계자 등 다양한 사람이 관여
2기	2001년 8월에서 2001년 12월	실시설계에 의견 반영과 협력	'화장실의 배치와 설계' '이동경로(동선)' '정보제공·사인계획' '상업공간(양도)·여러 가지 서비스 제공' '공항에서의 이동, 교통기관' '공항 내 호텔'	연구회 3회와 부회 7회를 개최. 마지막으로 '연구회 설치의 장점' '개선점' '연구회 및 그 성과에 대해서 대외적으로 홍보한 사항'은 정리했다. 결과적으로 상호이해가 높아지고 설계단계에서 시공단계로 이행해도 연구회는 계속되었다
3기	2002년 1월에서 2003년 3월	시공 및 그 준비에 의견반영과 협력	분과회로서 '동선·승강기' '정보제공·사인' '화장실' '유틸리티'	'공항을 잘 만들자 모임'에서 활동해 온 내용을 '분과회'로 자리매김했다. 공항회사에서 수주한 시공회사, 설비회사도 참여하여 검토
4기	2003년 4월에서 2005년 2월(개항)까지	시공에서 준공까지의 여러 가지 확인작업에 의견반영과 협력	분과회로서 '동선·승강기' '정보제공·사인' '화장실' '유틸리티'에 더해 '시각장애인 대응설비' '청각장애인 대응설비' '공항접근성' '협정호텔' '소프트 대응'	검증작업과 시공확인작업도 포함한 회의의 횟수는 70회에 이르렀다. 시공확인 내용을 기록하고 수정 가능한 것은 곧 설계·시공 측에서 대응했다. 공항관련시설인 호텔, 철도역, 선착장에 대해서도 검토했다. 또, 이용자의 특성별 검토도 실시했다.

그림 9.8 중부국제공항(센트리얼)의 배리어프리디자인

4 고야마을 내와 배리어프리 케이블 – 와카야마현 고야마을

세계유산의 고야마을은 2006년에 배리어프리 기본구상을 작성했다. 마을만들기 전체의 배리어프리화, 관광 배리어프리화를 추진하고 난카이전철은 케이블카를 설계·개선해 배리어프리화했다. 또 방문자의 마을탐방 실제체험까지 진행했다. 타 시에서는 볼 수 없는 선진사례라고 말할 수 있다.

고야마을은 4600명(2005년)이 사는 작은 산골마을이다. 시내에 진언종 고야산이 있고, 연간 130만 명의 참배객, 관광객으로 활기차다. 지형적으로 산간지라는 어려움이 있고 고령화가 진전되어 주민의 배리어프리화가 서둘러졌다. 또 동시에 참배객·관광객의 관점에서도 배리어프리 대책이 필요했다. 일반적인 배리어프리를 포함시켜 지형의 기복 때문에 많은 휴게시설과 옥외 배리어프리 화장실이 필요했다. 또 고야산까지의 공공교통으로 난카이전철 케이블을 사용하였지만 거기까지 휠체어를 이용해서 승차를 할 수 없는 상태였다.

배리어프리 기본구상을 작성할 때에는 지역 내 주민만이 아닌 지역 외의 이용자 의견도 모았다. 관광객·통근객 등의 의견을 청취했던 기본구상은 전국적으로 봐도 의외로 적고, 대도시의 터미널 등 이용자는 대부분이 지역으로 드나드는 외부인임에도 불구하고 대부분의 경우 휠체어 사용자·시각장애인을 포함한 방문자 의견청취와 현지 점검을 하지 않았다. 여기에서는 지역 외 이용자의 설문조사만이 아닌 지역 외 이용자에게 '마을탐방 조사'까지 하였던 것은 유니버설디자인 지향의 좋은 예이다. 유니버설디자인의 일체적·연속적 정비에서 전국적인 과제이고 고야마을 방식을 보급시키고 싶다.(그림 9.9, 9.10)

일반적·기본적 배리어프리와 다음의 내용에 힘을 쓰고 있다.

① 케이블카 특유의 곤란성에 대응한 계단식 승차장 배리어프리화
② 경관을 배려한 새로운 엘리베이터 탑
③ 배리어프리 화장실 설치
④ 하이브리드 저상버스 배치
⑤ 안내표식, 휴게시설, 벤치 등 배치

고야산의 현관입구 '고야산역'과 산기슭의 '고쿠라쿠바시역'은 케이블카역으로 인해 플랫폼이 계단으로 되어 있다. 이 구조가 휠체어 사용자와 고령자 등의 케이블카 이용에 큰 부담이 되기 때문에 난카이전철은 엘리베이터를 설치하는 등 배리어프리화를 실행했다.

고야산역의 배리어프리화

고야산역에서는 엘리베이터를 설치하고 연결통로

그림 9.9 고야산 극락교 케이블카의 배리어프리화

그림 9.10 고야산의 평면보도와 민간에서 보급한 벤치

를 설치하여 배리어프리 경로를 확보했다. 그 밖에 비탈길을 걷기 어려운 고령자·장애인을 위해서 엘리베이터만이 아닌 복수의 경로도 확보했다. 그 사이 고야산의 이미지에 어울리는 경관이 되도록 목재를 사용하고 절벽에서의 시공방법도 검토한 다음 배리어프리와 디자인을 융합시켰다.

고쿠라쿠바시역의 배리어프리

코쿠라쿠바시에서의 최대 과제는 휠체어 사용자가 케이블카를 이용할 수 있도록 하는 것이었다. 케이블카의 케이블은 늘었다 줄었다 하기 때문에 정차위치가 고정되지 않는 문제가 있었지만 위치조정이 가능한 계단승차기를 도입해 유연한 접근위치를 가능하게 했다. 휠체어 접근을 위한 차량개선검토도 반복했다. 고령자 등에게는 슬로프를 신설하여 편의를 도모했다.

이와 같이 고야야마역, 고쿠라쿠바시역, 케이블카 차량을 동시에 개선하는 것으로 배리어프리화가 실현됐다.

칼럼 하코네 케이블카도

등산 케이블카는 예전부터 배리어프리화는 불가능이라고 생각했지만 고야산에서는 관계자가 끝까지 포기하지 않고 불가능을 가능하게 했다. 차량의 내부설치까지 모두 검토되었다. 같은 사례로 하코네 케이블카에는 케이블 전선에 걸쳐 개선공사를 진행했다(8장 5절 참조). 엘리베이터와 에스컬레이터의 설치, 곤돌라(케이블카 객실)와 플랫폼의 단차·플랫폼의 틈을 해소하여 넓은 승강구를 확보했다. 또한 승차 시 잠시 멈추게 하여 휠체어를 탄 채로 승강이용이 가능하다. 곤돌라 내의 좌석은 휠체어 대응으로 접고 펴지도록 되어 있다. 이와 같이 기술적으로 불가능하다고 이야기해도 포기하지 않고 끈질기게 방법을 검토하면 길이 열리는 것도 있다. 하코네 케이블은 그 밖에 수유실 정비와 서비스 보조사 배치 등 기존사례들과 다른 연구를 진행하고 있다.

휠체어를 탄 채로 승강할 수 있는 케이블카
제공: (주)하코네 케이블카

5 미나미세이쿄우 병원 – 아이치현 나고야시

> 미나미세이쿄우 병원은 유니버설디자인에 의한 의료시설의 규범이 됨과 동시에 의료의 틀을 넘어 육아, 건강 등 시민의 커뮤니케이션 기지로서 지역사회에 융화된 새로운 병원 모습을 제시하고 있다. 일반적인 마을만들기의 견본으로서 우수한 사례라고 할 수 있다. 의료의 틀을 넘어 지역사회와 융합하는 것에 의해 본래의 의료도 발전하고 지역도 활력을 가지는 것을 목표로 하고 있다. 시민협동으로 이 병원을 만든 '천인회의'가 이것들을 실현시킨 포인트이다.

미나미세이쿄우 병원은 JR 미나미오다카역에 면해 새롭게 개설된 종합병원이다. 개설할 때 기본 콘셉트는 최신 의료내용을 서비스하면서 다음과 같이 의료분야 이외의 마을만들기와 융합시키는 것이었다.(그림 9.11, 9.12)

① 시민협동으로 병원을 만들고 운영한다.

주민회인 '천인회의'를 통해서 지역의 지혜를 모으고 시설정비에 반영했다. 이 회의는 45회에 걸쳐 총 5380명이 참여했다.

② 병원은 '환자'를 치료하는 것만이 아니라 '일반인'이 건강을 유지하고 병을 예방하는 '건강마을 만들기'의 장이기도 하다.

다수의 일반인이 모여 체조 등의 건강유지활동이 가능하도록 연구했다. 그 밖에 시민이 기획한 이벤트가 빈번하게 이루어지고 있다. 엔트런스 홀은 연중으로 아침 7시부터 밤 11시까지 상시 개방하고 통근·통학·쇼핑하는 사람의 통행을 허가하고 있다.

③ 지역사회와 일체화하고 유니버설디자인의 개념으로 도서관 등 여러 가지 시설을 병원 내에 설치한다.

④ 역과 주택을 연결하는 동선을 적극적으로 도입했다. 카페, 피트니스, 조리원, 체육실 등 다양한 시설을 만들고 병원이라 느낄 수 없는 번화한 거리 공간을 만들고 있다.

또, 유니버설디자인 프로젝트팀을 만들어 장애인에 의한 검증을 실행했다. 실제크기에 의한 사인(표식)의 크기, 색 검증을 실행했다.

이 병원만들기는 의료라는 틀을 벗어 지역사회에

그림 9.11 미나미세이쿄우 병원
로비에서 건강만들기 페스티벌을 정기적으로 개최하고 있다. 일반인도 다수 내원한다.

제공: 남의료생협

그림 9.12 미나미세이쿄우 병원
매주말에 병원 내에서 '단란시장', '식품시장' 등을 개최하여 활기가 있다.

제공: 남의료생협

필요한 시설도 내포시키고 외부의 '마을'과 병원을 전체적으로 보행자 네트워크화하여 광역적 마을만들기의 일환으로서 병원을 자리매김한 독특한 것이다. 또 병원은 배리어프리가 당연하다고 생각하는 속에서 팀을 만들고 유니버설디자인의 개념으로 철저하게 검증하고, 많은 일반적인 공간과 시설을 만들어내 지금까지 매뉴얼화된 병원설계에 새로운 시점을 불어넣었다. 이런 움직임은 더욱 발전해 JR오다카역에 착공한 '미나미세이쿄우에 따른 골목' 개설로 연결된다.

칼럼　병원은 건강한 사람이 오는 곳

상식적으로 '병원은 환자가 오는 곳'이다. 그것을 미나미세이쿄우 병원은 뒤집고 있다. 건강한 사람이 오도록 만든다를 표어로 지역사람들의 건강유지, 질병예방을 전면적으로 내세워 활동하고 있다. 생각해보면, 이것은 병원의 중요한 기능이고 지극히 합리적인 것이다. 당초 어리둥절한 의사도 있었지만 이해하고는 다음을 위한 지혜를 모으고 있다. 이것을 유니버설 사고라고 말하고 싶다.(다음은 미나미세이쿄우 병원 홈페이지에서)

병원다운 병원?
- 24시간 365일의 구급의료, 구급외래·구급병동의 충실 (장래 ICU를 개설해 갑니다)
- 요양환경을 중시(개인실을 50% 이상 확보)
- 완화의료의 확대
- 혈액정화센터의 확대 등

병원답지 않은 병원?
- 모두 아는 문고(도서관)
- 휘트니스 클럽 wish
- '내추럴 카페 You' 오오디기점 (천연효모·돌가마구이 제과점)
- 신선한 채소카페 & 레스토랑 '닌징' (유기농 레스토랑)
- 미나미 여행점(여행대리점)
- 세이쿄우 간 연계로 카페·레스토랑·숍 등을 병설
- '다세대 교류관 단란'(요리교실·연수·지역 단란시 등)

천인회의가 아닌 '10만인 회의'가 일어나고 의료·간호·고령자 거주의 시설로, 아기·어린이·젊은이를 연결하는 큰 복합시설로 된다.

이 예는 병원과 유니버설디자인 마을만들기의 융합이지만, 이후 여러 가지 공공시설을 기능특화시키지 않고 유니버설디자인 마을만들기와 융합시켜 정비하고 싶다. 스포츠·레저시설, 복지시설, 대학 등 유니버설디자인 마을만들기와 친화성이 좋은 대형 시설은 다수 있다.

2012년도 배리어프리·유니버설디자인 추진공로자 표창 내각부특명 대신표창 우수상을 수상했다.

6　도요나카시의 전역정비 – 오사카부 도요나카시

> 도요나카시는 일찍이 배리어프리화를 시작하고 이동 등 원활화 기본구상 만들기를 진행했다. 신중한 배리어프리협의회에서의 의론과 당사자 참여에 의한 현장검증을 통해 철도, 도로, 공원 등 시역 전체로 배리어프리를 실현하고 있다. 모범이라고도 말할 수 있는 이 대책은 많은 시에서 참고되고 있다.

오사카시의 북쪽에 접하는 도요나카시는 교통 배리어프리법 성립 직후 2001년에 기본구상 검토위원회

그림 9.13　도요나카시 배리어프리 기본구상

출전: 도요나카시 홈페이지

를 설치하고 시내를 통하는 철도 4노선 13역 모두 기본구상을 책정했다. 그 후 끊이지 않고 책정협의회, 개선협의회를 개최해 왔다. 분야를 막론한 폭넓은 배리어프리화를 전개하고 있는데, 그 특징은 다음과 같다.(그림 9.13, 9.14)

방법과 프로세스

① 당사자를 주체로 한 현장검증과 검토를 했다.

② 워크숍 방식을 능숙하게 이용했다.

③ 매회 협의회 등의 내용을 시민에게 알리기 위해 배리어프리 뉴스를 계속해서 39호까지 발행하고 있다. 이것은 타 시에서도 보이지 않는 예이다.

하드면의 성과

① 모든 역의 기본구상을 기초하여 대체적으로 사업계획대로 순조롭게 진척되고 있다.

② 그 중에서 특히 어려운 사업으로 생각되는 것은 다음과 같다.

- 센리추오역은 엘리베이터가 없었다. 오사카부가 역 빌딩의 경매를 예정하고 있던 중에 배리어프리협의회의 토론은 힘들었지만 끈질긴 설득으로 결국 배리어프리화를 조건으로 한 매각 방향으로 결정시켰다.
- 교외 뉴타운에 위치하는 기타오사카 급행 모모야마다이역은 내·외부 모두 오래 전 설계된 시설로 배리어프리화가 적용되어 있지 않았다. 당시 역사 배치에서는 구조적으로 대책이 어려웠고 지상교통의 복잡함을 피하기 위해서 역사 전체를 이동시켰다. 배리어프리, 안전대책을 위해 역사를 방대하게 이동한 예이다.
- 그 밖에 한큐 다카라즈카선의 역은 오래되었기 때문에 많은 장벽이 남아 있었고 기술적으로도 해결이 어려운 역으로 남았다. 협의회에서 끈질지게 검토하여 결국 사업자는 대부분 문제를 해결하고 배리어프리화를 달성할 수 있었다.

소프트면의 성과

도요나카시의 성과는 이와 같이 하드면만이 아닌 소프트면도 크다.

① 영속적 개선 시스템(PDCA) 사이클을 확립했다. 매년 계속 협의회를 정례화하여 체크했다.

② 시의 담당자와 당사자의 커뮤니케이션이 습관화하여 점검시스템을 만들었다.

③ 장애인이 사전에 공사정보를 파악할 수 있도록 했다. 이것도 타 시에서는 거의 볼 수 없는 예이다.

그림 9.14 도요나카시 신역사 배리어프리 보행자 네트워크

출전: 도요나카시 홈페이지

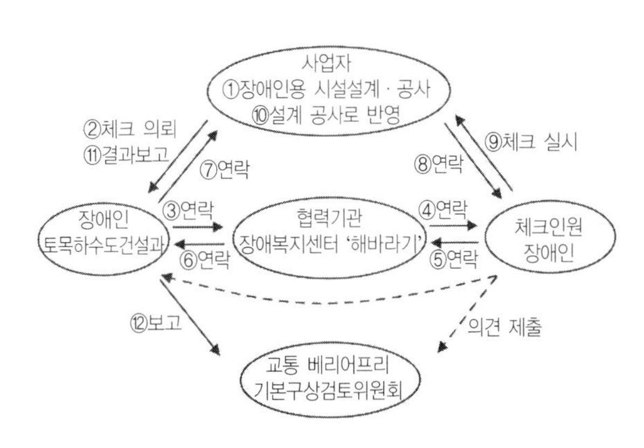

그림 9.15 공사체크 시스템의 진행방법(도요나카시)

출전: 도요나카시 배리어프리 기본구상

④ 공공시설의 공사에는 장애인이 체크하는 시스템을 만들고 매뉴얼화했다.(그림 9.15)

⑤ 장애 당사자, 시민의 유니버설디자인 수준과 기량이 향상했다.

도요나카시의 배리어프리화 특징은 뭐라고 해도 당사자 참여를 시가 주도해서 진행해 온 것이다. 대부분의 시는 기본구상을 만들어 그냥 두어버리고, 사업은 사업자에게 맡기는 것이 많다. 결과도 시민·당사자에게는 진척상황조차 불명확하다. 기본구상 담당부·국이 해산했기 때문에 요청할 접수창구조차 불명확하거나 새로운 창구에는 기본구상의 사정이 통하지 않는 예도 많다. 도요나카시는 시 전역을 당사자의 참여로 배리어프리화하고 계속해서 개선하는 '뜻'을 세워 실행하여 장기적으로 많은 성과로 나타나고 있다. 제4회 국토교통성 배리어프리화 추진공로자 대신표창을 수상했다.

7 시즈오카철도 시즈오카역 주변 상업시설·철도·버스터미널 – 시즈오카현 시즈오카시

시즈오카철도㈜는 시즈오카시와 연계하여 '시즈오카역 주변지구 교통배리어프리 기본구상'을 근거로 노후된 철도·버스터미널·상업시설을 일체화한 배리어프리의 재개발사업 정비를 진행했다. 철도와 버스의 상호 환승의 원활화는 독특한 예이다. 동시에 시즈오카시는 연계해서 전선지중화 등의 정비를 진행한 중심시가지 활성화를 꾀했다. 배리어프리를 상점가 활성화 등의 마을만들기와 연결한 예로 주목된다.

다음은 시즈오카철도 시즈오카역 주변지구의 배리어프리화의 특징이다.(그림 9.16, 9.17)

① 철도와 버스 환승을 일체화하여 무단절화했다.

② 장애 당사자와 협의회를 설치하고 당사자 참여로 정비를 진행했다.

③ 이것을 겸해서 시즈오카시가 주변정비를 진행하고 보다 광범위하고 효과적인 배리어프리화를 진행했다.

④ 상업시설과 교통터미널의 일체적인 재개발을 진행했다.

종전에는 대상지 내를 버스터미널이 관통하고 철도역과 버스정류장을 이용하는 사람은 지하를 경유하여 이동해야 했다. 이와 같이 보행자가 지하를 걷고 계단의 장벽이 연속되는 것이 오래된 역전 광장에서는 일반적이었지만, 최근 역전의 지상은 '버스·자동

그림 9.16 철도역·버스터미널·상업시설을 일체적으로 정비한 재개발 빌딩의 공공용 통로(시즈오카시)

제공: 오쿠마 아키라

그림 9.17 신시즈오카역의 황색과 진회색을 조합한 시각장애인 유도용 블록

제공: 오쿠마 아키라

차'가, '사람'은 지하를 걸어서 계단을 오르내리던 상태를 해소하고, 사람이 광장을 배리어프리로 걷는 역 광장만들기가 추진되고 있다. 이 사례는 모범적이다.

또 보행자의 회유성을 향상시키고 중심시가지의 활성화에도 연결된 재개발 사업을 추진하면서, 지역의 장애인 단체 등과 '신시즈오카 세노바 배리어프리 추진협의회'를 설립하고 당사자를 참여시켜 사업을 추진했다. 시즈오카시는 해당 재개발사업의 완성에 맞춰 주변의 전선류를 지중화하는 등, 교통사업자와 지방공공단체가 서로 제휴함으로써 보다 광범위하고 효과적인 배리어프리화를 실현했다. 이와 같이 당사자를 중심으로 시와 사업자가 확실히 제휴한 PDCA 사이클을 할 수 있고 마을의 활성화에도 도움이 되는 점이 흥미롭다.

제6회 국토교통성 배리어프리화 추진공로자 대신 표창을 수상했다.

다른 교통수단과 노선의 단절 없는 환승에 대해서 최근에는 도쿄국제터미널(하네다)에서 게이힌 급행열차를 공항 플로어에서 바로 탑승하도록 장벽을 없앤 우수한 예가 나왔다.(그림 9.18)

외국의 예이지만 노면전차(LRT)와 버스가 같은 플랫폼에서 환승하는 방법(그림 9.19), 바닥높이가 다른 교외철도와 낮은 바닥의 노면전차가 같은 플랫폼에서 환승하기 위해 이동용 슬로프를 플랫폼에 설치한 예(그림 9.20) 등을 표시해 두었다. 이것들은 일본에서는 아직 드물다.

그림 9.19 버스와 노면전차가 같이 사용하는 플랫폼. 양측으로 출발, 도착(프라이부르크, 독일)

그림 9.18 도쿄국제공항 국제선터미널과 바로 연결된 모노레일역

그림 9.20 다른 높이의 차량이 도착한 플랫폼과 슬로프 (쾰른, 독일)

8 삿포로 리소로 상점가 – 홋카이도 삿포로시

> 삿포로 리소로 상점가는 삿포로시와 연계하여 휠체어 배리어프리, 시각장애인 배리어프리를 위해 자동차교통을 금지하고, 중앙에 점자 블록을 설치하며, 미끄럽지 않은 포장 등을 면적으로 정비했다. 이런 시책은 상점의 동의를 얻기 어렵고 일반적으로는 곤란하다고 하지만 리소로 상점가는 서로 끊임없이 대화하고 장애 당사자 참여로 실현했다. 상점가는 또 유례를 볼 수 없는 대형 정보판을 기획하고 있다. 상점가의 유니버설디자인화 예로 주목된다.

삿포로시 리소로 상점가는 삿포로시 중심부에 위치한 상점가이다. 지금까지 상점가는 사람과 차가 혼재하여 통행과 함께 간선적인 도로와 교차해 있고 보행자, 특히 고령자·장애인에게 그다지 안전하고 쾌적한 마을이라고 말할 수 없었다. 한편, 삿포로시는 미리 책정하고 있던 '배리어프리 기본구상'을 개정하고 2009년 3월에 배리어프리 신법에 기초한 '신 삿포로시 배리어프리 기본구상'을 책정했다. 리소로 상점가는 '리소로 상점가 도로환경정비 검토협의회'를 세워 교통환경 개선방책의 검토를 개시했다. 협의회는 상점가회원·장애인·일반시민과 반복하여 토론·협의를 하고, 삿포로시 홋카이도 경찰과 연계하여 도로개량과 교통규제에 관한 사회실험을 했으며 2012·2013년에 본격정비를 진행했다. 그 내용은 다음과 같다.

① 시각장애인 유도용 블록의 도로중앙부설(시각장애인에 대한 대응)

② 도로횡단구배의 완화 등(휠체어 사용자에 대한 대응)

③ 24시간 보행자전용화의 교통규제(자동차와 보행자의 마찰을 없앴다)

④ 통행허가를 얻은 화물처리차 등의 차량통행 규칙을 자주적으로 규정

⑤ 해당 규칙의 계속적인 운용(소프트면에서의 '계속개선')

⑥ 포장면의 높이를 올리는 등을 진행하고 도로중앙에서 점포 측으로의 구배를 완화. 각 점포의 출입구와 도로의 높이를 정돈했다(도로와 사유지의 높이 정비(4장 참조))

우수한 점을 상세하게 서술하면 다음과 같다.

① 도로 폭이 좁고 보도의 설치가 곤란한 아케이드 거리에서 시각장애인 유도용 블록을 어떻게든 설치할 수 없는 것인지 검토했다. 당사자인 시각장애인이 참여하고, 최종적으로 그것을 도로 중앙에 설치하기로 결정했다. 상점가에서의 점자 블록 부설에 대해서는 도로환경조건이 다양하기 때문에 가이드라인 등으로 규칙을 정하지 않고 관계자가

그림 9.21 중앙에 점자 블록을 부설(삿포로시 리소로 상점가)

그림 9.22 당사자 참여로 노면도 개선되었다 (삿포로시 리소로 상점가)

모여 자주적으로 '리소로 방식'을 만들어냈다.

② 그러기 위해서는 전면적인 교통규제와 도로의 배수처리의 연구 등이 필요했다. 상점가의 경우, 교통규제는 방문객의 감소와 연결되는 우려로 좀처럼 합의를 얻기 힘들다. 또 자동차의 전면 통행금지는 주변의 도로교통의 원활한 처리에 지장을 주는 것으로 좀처럼 실현이 어렵다. '혹독한' 토론에 의해 장기적 관점에서 이 상점가와 주변지역 전체의 활성화를 목표로 하는 '해답'을 유도해냈다.

③ 그 밖에 상점가가 자주적으로 통행허가를 얻은 화물처리차 등의 차량통행의 규칙을 규정하고 24시간 보행자 전용화를 실현시켰다. 또 점자 블록 부설개소 주변에 1.5m폭의 배색을 바꾼 포장을 입히는 것으로 휘도비(4장 참조)를 높여 보행공간을 명확하게 했다(그림 9.21). 포장면의 마감을 미끄럽지 않게 줄눈이 좁은 소재로 하거나 해서 눈이 쌓였을 때의 대책을 준비했다(그림 9.22). 이와 같이 '타인이 정한 규칙의 기계적 적용'이 아닌 '자신들이 생각한 대책'을 정하는 유니버설디자인 마을만들기 예가 되었다.

④ 이 움직임은 배리어프리, 유니버설디자인, 상점활성화의 단일 목적이 아닌 이것들이 조합된 것이다. 상점가의 뜻이 일관되게 보인다. 그것이 장기적으로 계속 개선을 가능하게 하고 있다. 일체적·연속적인 상점가 정비의 견본이다.

리소로 상점가는 타 상점가에서는 유례를 볼 수 없는 대형 정보판 설치도 도입하려고 하고 있다. 이것도 상점가가 유니버설디자인을 목표로 하는 것에 한층 더 활성화를 목표하는 사례로 주목된다.

제7회 국토교통성 배리어프리화 추진공로자 대신 표창을 수상했다.

참고문헌

1) 谷口元·磯部友彦·森崎康宣·原利明『中部国際空港のユニバーサルデザイン~プロセスからデザインの検証まで』, 鹿島出版会, 2007.
2) 高山市HP『高山市のバリアフリーのまちづくり施策』.
3) 国土交通省HP『第1回国土交通省バリアフリー化 推進功労者大臣表彰について, 同第2回~第7回』.
4) 土木学会土木設計学研究委員会『参加型福祉の交通まちづくり』, 学芸出版会, 2005.

제 10 장

참여형 복지마을 만들기

계속적인 대응을 위해서

핵심 모든 사람의 요구에 응하기 위해서는 사회의 대표자에 의한 의사결정만으로는 불충분하거나 치우친다. 또 한 번 결정된 내용도 시대와 함께 부적합하게 되는 것도 있다. 그렇게 되지 않기 위해서는 다양한 사람들이 의사결정이나 재검토에 참여할 수 있는 구조가 필요하다. 제도확립과 그것을 운영할 수 있는 인재육성이 중요하다.

1 복지마을 만들기 시책에서의 시민참여

1 시민참여의 목적

복지마을 만들기에 관계하는 계획과 설계에 맞닿아서는 복지분야, 교통분야, 주택분야 등의 한정되는 범위 내에서 의론하는 것이 아닌, 여러 분야와 입장 관계자와 그 이용자인 시민 등이 참여하여 검토를 진행하는 것이 필요하다. 그때에 '시민참여'라는 방법이 다음과 같은 내용을 기대하고 활용시킨다.

문제·과제 발굴과 그 해결법의 실마리

우선, 문제의 당사자 의견에 귀를 기울이는 것이 필요하고, 그 당사자(특히 장애인)의 참여가 반드시 필요하다. 장애인은 장애의 내용, 정도의 개인차가 있고, 주위사람들은 그것을 주의할 필요가 있다.

또 같은 장애인이라도 여러 장애가 있는 사람이 있고, 어떤 이는 극복할 수 있는 것이 다른 사람에게는 장벽으로 나타나는 것도 있다. 따라서 문제·과제의 인식과 문제해결의 방법검토에서는 당사자도 포함한 다양한 사람들 사이에서 의견교환·조정이 필요하다.

시민의 문제의식 양성

마을만들기의 이해관계자인 동시에 마을만들기 추진자인 시민 각자에게 문제의식을 배양시키는 것이 필요하다. 자신들의 복지실현에 대한 바람을 복지마을 만들기 사업에 반영시키는 것만이 아닌 서로 이해에 의한 지역사회 전체의 복지를 실현하기 위한 방법을 발견하는 것이 필요하다.

폭넓은 인재육성

시민 각자가 서로를 이해하고 자신들의 의견·주장을 보강·수정하거나, 지금까지 깨닫지 못한 점을 이해하는 것에 의해 참여한 시민이 인간으로서 성숙하고, 공적 장소에서 의견교환에 따른 합의형성을 꾀하는 것으로 지역사회 만들기를 목표로 하는 인재로 성장할 수 있다.

2 시민참여의 단계와 형성

시민참여는 그림 10.1에서 나타낸 것과 같이 여러 가지 단계와 형성이 있다. 가장 일반적인 참여는 설문조사와 사전청취에 의한 계획안 의향표명이고, 한 단계 나아가서는 배리어프리 기본구성책정 등의 검토회·위원회 등의 참여이다. 또, 워크숍이라고 불리는 시민참여형 마을점검에도 다양하게 사용되고 있다. 게다가 문제해결을 위한 복지마을 만들기 사업의 수행에서 계획안과 설계안의 검토단계에서의 참여, 시공단계에서의 참여, 유지·관리단계에서의 참여 등도 적극적으로 진행되고 있다. 한편, 정비수법과 기술기준 책정단계에서 시민참여도 진행되고 있다.

3 시민참여의 원칙

시민참여를 진행하기 위한 원칙으로 '참여의 공평성', '개인의 존중', '유연한 대응', '합의 형성' 4가지를 들 수 있다. 우선, 참여자는 서로 대등관계이어야 한다. 그것은 이용자와 사업자와의 관계, 다양한 시민·다양한 장애인의 관계, 공적기관과 민간조직과의 관계 등에서도 대등한 입장을 보증해야 한다. 그 다음, 참여자 한 사람 한 사람의 입장과 의견이 존중되어야 한다. 독선적으로 보이는 의견에도 그 발언자 자신의 곤란한 상황을 솔직하게 표현하고 있다고 볼 수 있다. 여러 가지 이해관계가 존재하는 상황을 공유하는 것은 개개의 의견표명부터 시작된다. 다양한 참여자로부터 가지각색의 의견과 제안이 나온다. 때에 따라서는 실현성이 낮다고 생각되는 것과 종래의 법규와 상식에 맞지 않는 것도 나온다. 그러나 전제조건(사업목적, 예산규모, 스케줄 등)이 변하면 실현성이 높아지는 것도 있다. 그것들을 최초부터 배제하지 말고, 우선 여러 가지 제안을 받고 그 후에 실현 가능성을 유연하게 검토할 필요가 있다. 시민참여의 최종목표는 참여자들과 관계자들 사이에서 합의형성이 이루어지는 것이다.

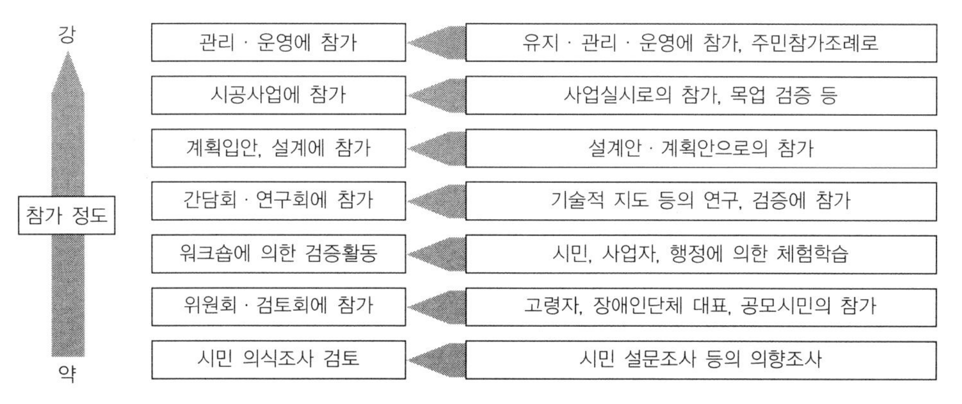

그림 10.1 시민참여의 단계와 형식

출전: (사)토목학회 토목계획학 연구위원회 감수, 교통 에콜로지 모빌리티 재단, (재)국토기술연구센터 편, 「참여형·복지의 교통마을 만들기」, 학예출판사, 2005.

2 배리어프리 시책실시로 영향을 받는 관계자

배리어프리화의 실시에 따른 영향에 대해서는 간단하게 말하면 장애인·고령자의 외출가능 및 사회참여의 잠재력이 높아지고, 실제로 사회참여가 증가한다고 한다.

이동에 관한 배리어프리 시책으로는 ① 사업자 또는 관리자가 설정해버린 장애물을 물리적으로 제거하는 정비, 혹은 ② 국가·지방공공단체에 의한 규제·유도(법률, 조례, 기준, 가이드라인, 보조금의 조건 등)가 있다. 배리어프리 시책의 목적은 시설정비이고 ①이 최종목적이지만, ②는 ①을 실시하기 위해 촉진수단으로 설정할 수 있다.

배리어프리 시책의 영향은 고령자·장애인 등의 당사자 범위에서 머무르지 않는다. 다음으로는 배리어프리 시책의 영향을 관계자별로 검토한다.(표 10.1)

고령자·장애인 등

배리어프리 시책의 주된 수익자는 고령자·장애인 등이다. 신체와 사회환경 상황에 따라 수익의 정도가 달라 일괄로 묶을 수 없다.

배리어프리화가 실시되려면 고령자·장애인 등의 이동 잠재력은 높아지고, 사회참여도 가능하고, 생활의 질 개선, 생활의 충실·만족의 향상이 기대된다. 부상자, 어린이를 데리고 있는 사람, 임산부 등 일시적으로 기능이 저하된 사람도 포함된다.

더구나 장애인·고령자의 물리적인 고용환경이 정비되는 것으로 취업률이 높아지고 수입을 얻게 된다.

시설의 관리자·사업자

배리어프리화를 진행하는 것으로 고령자·장애인 등의 이용객이 증가하면 수익이 개선된다. 일본에서는 '장애인 고용의 촉진 등에 관한 법률'에 의해 사업주는 일정비율(법정 고용수) 이상의 장애인 등을 고용하는 것이 의무로 되어 있다. 법정 고용수에 달하지 않는 사업소는 장애인 고용납부금을 납부해야만 한다. 따라서 종업원을 위한 직장의 배리어프리화도 중요하다.

공공교통 사업자의 경우도 시설정비에 비용이 증가한다. 그러나 공공교통기관의 배리어프리화에 의해 편리성 향상이 이용자 증대를 가져오고 수입의 증대로 이어진다.

간호자

간호자에게는 가족간호와 위탁간호 2종류가 있다. 우선 가족간호의 경우, 배리어프리화로 간호자는 간호의 시간적 구속과 정신적 고통에서 해방되고 자유롭게 사용할 수 있는 시간이 증가한다. 간호자·피간호자 쌍방의 정신적 고통에서 해방되는 것도 있다.

한편 위탁간호의 경우, 배리어프리화로 경미한 장애를 가진 피간호자에게 간호가 경감될 수 있고, 보다 간호가 필요한 피간호자에게 집중할 수 있다.

일반국민(일반인)

고령자·장애인 등을 제외한 일반인도 관계가 있다. 역에서 승강기가 정비되면 일반인에게도 이동부담이 경감된다. 그 효과는 개인단위로는 작지만 전체적으로는 큰 효과가 예상된다. 또 시책실시를 위한 비용부담자(납세자)로서 관계한다. 여기에서 장래 무엇인가 향유할지 모르는 가치(옵션가치)에 대해서 생각해 본다. 일반인은 현재 배리어프리화에 무관심하지만 장래 어떤 장애를 가질 우려가 있고, 그 시점에서 배리어프리화된 시설 등을 이용 가능하다는 가치가 현재에도 발생하고 있다고 생각된다.

국가·지방공공단체

배리어프리화에 의해 사회보장비를 경감할 수 있는 가능성이 있다. 더구나 크로스 섹터 베네피트*로서 방문의료, 간호비용의 감소 등도 기대할 수 있다.

그 밖의 관계자

그 밖의 관계자로 경쟁하는 타 사업자와 배리어프리화된 점포에 부속하는 주변의 상업시설(철도역 구내의 시설 포함) 등이 있다. 주변 상업시설의 경우, 배리어프리화에 의해 시설 이용자의 증가에 동반하여 주변 상점가 이용자가 증가하고, 그 결과 매상으로 연결된다. 위와 같이 배리어프리화 시책에 의해 영향을 받는 관계자 또는 그 영향의 사례를 정리하면 표 10.1과 같다.

표 10.1 배리어프리화의 영향을 받는 관계자 및 그 영향

관계자	장 점	단 점
고령자·장애인 등	·생활의 질, 만족도의 향상, 사회적 참여의 활발화 ·부상 등의 감소 ·취업에 의한 수입증대	·배리어프리화의 비용이 상품가치 등에 전가된 경우는 그 비용부담
사업자·시설관리자	·이용객 증가로 인한 매상증가 ·국가·지방공공단체에 의한 조성, 보조금 등의 수탁 ·장애인 고용에 의한 납부금 면제	·배리어프리화에 의한 비용증가 ·비용을 전가한 경우는 매상감소(가능성) ·매상증가에 의한 법인세 등 증가 ·배리어프리화하지 않았던 것에 대한 소송비용
보조자	·정신적 고통, 시간적 구속에서 해방(가족보조의 경우)	·수입의 감소(위탁보조의 경우)
일반시민(일반인)	·편의성 향상, 부상 등의 감소 ·장래, 자신이 피해 입을지 모르는 옵션가치	·배리어프리화의 비용이 상품가격 등에 전가된 경우는 그 비용부담(소비세 포함)
국가·지방공공단체	·사회보장관계보험의 감소 가능성 ·장애인의 취업촉진, 소비증가 등에 의한 세수증가	·배리어프리화에 따른 지출증가(시설정비, 조성 등)
기타	·주변의 상점 등의 매상증가	·주변상점 등에서의 세부담증가 ·경쟁사업자에 의한 매상감소

*1) 장애인 등에는 부상자, 어린이 동반자 등도 포함한다.
출전: 국토교통성 국토교통정책연구소, 「배리어프리화의 사회경제적 평가 확립을 향해」.

3 시민참여 진행방법

1 회의의 유니버설디자인

여러 가지 종류의 장애를 가진 사람이 위원회와 워크숍에 참여하는 것 자체로 많은 장벽이 존재한다. 당연하지만 참여자 모두에게 같은 의론의 기회를 제공해야 한다. 회의에서 사용하는 자료의 준비에서도 참여자의 커뮤니케이션 능력에 따라 준비할 필요가 있다. 전문용어는 읽는 방법과 의미를 알도록 하고 문자의 크기와 색의 사용방법에 대한 배려도 필요하다. 다음은 각각의 배려를 서술한다.

시각장애인에게는 점자 자료를 준비하고, 또 지도를 이용한 표현을 이해시키기 위해서는 구두로의 자료설명, 현장에서의 확인, 입체모형으로의 설명 등 사전에 준비할 필요가 있다. 또, 장소와 경로를 구체적인 지명으로 표현할 수 있는 지도를 작성해 두고 참여자와 확인하면서 부르는 방법을 결정하는 것이 바람직하다.

청각장애인에 대해서는 수화통역자를 준비하거나 요약 필기자를 준비한다. 따라서 청각장애인이 참여하는 회의에는 난해한 전문용어와 업계용어 사용은 피하고, 천천히 발언할 필요가 있다. 또, 청각장애인과 수화통역자·요약 필기자와의 사전협의를 회의 주최자(주로 발언자도 포함하는 것이 바람직함)에게 전달하고 실시한다. 또, 자기유도 루프라는 장치를 사용하면 그것에

---

* 크로스 섹터 베네피트(cross sector-benefit) : 통상 생각되고 있는 좁은 분야의 경계를 넘어서 영향을 미치는.

대응할 보청기 사용자에게 마이크의 음성을 직접적으로 전달 가능한 경우도 있다. 휠체어 사용자의 경우에는 큰 도면 자료를 책상에 두면 세부적인 부분을 확인할 수 없는 경우도 있다. 그와 같은 경우에는 벽면 전시, 바닥 설치 등의 유도가 필요하다.

2 워크숍 방법

효과적인 워크숍은 참여자가 보고 효과를 기대하는 워크숍 구축을 목표로, 다양한 참여자가 자기들의 마음과 사고, 의견을 표명할 수 있고, 공유하고 납득할 수 있는 합의가 얻어지는 것이다. 복지마을 만들기에서는 특히 고령자와 장애가 있는 당사자를 비롯 다양한 시민참여가 큰 특징이고, 그 때문에 워크숍의 진행방법에는 배려가 필요하다.

워크숍은 기획→준비→실시→사후정리라는 수순으로 진행된다.

기획

- **목적의 명확화**: 무엇을 검토하기 위해서 워크숍을 개최하는 것인가를 명확하게 한다. 참여자의 다양한 요구가 있을 것으로 알고 이해할 수 있도록 기획한다.
- **대상범위의 명확화**: 철도역 정비, 공공시설의 정비 등 무엇을 검토하는 것인가를 명확하게 한다.
- **참여자의 검토**: 목적달성을 위해서 누구의 의견을 수집해야 하는가를 명확하게 한다. 이해관계자, 사업관계자의 범위도 명확하게 한다.

준비

- **주최자 측의 인식공유화(사전 워크숍)**: 주최자 구성원에 의한 사전검토를 한다.
- **참여자의 의뢰·모집**: 장애가 있는 당사자의 참여의뢰, 전문가 어드바이저에게 의뢰를 한다.
- **정보보장 준비**: 『워크숍 안내서』와 당일 운영도 포함한 정보보장(점자자료, 음역데이터, 수화통역, 요약필기 등의 제공)을 배려한다.

실시

- **오리엔테이션**: 점검에서 문제점과 과제, 체험적으로 이해하는 방법 등을 장애가 있는 당사자 등 참여자에게 설명한다.
- **점검을 위한 마을걷기**: 장애가 있는 당사자 등 자신과 다른 이용자의 지적과 요구에 접하고 요구의 다름을 실감한다.(그림 10.2)
- **유사체험 실시**: 일반인에게 공감적 이해를 얻을 수 있도록 유사체험을 실시한다. 장애가 있는 당사자는 매일 생활 속에서 여러 가지 대응과 행동수단, 인지방법 속에서 행동하고 있다. 그러기 때문에 당사자와 함께 유사체험을 하고 오해와 의문에 대해서 그 장소에서 해설을 듣고 체험적으로 이해하는 기회가 유용하다.
- **점검작업의 정리**: 퍼실리테이터(칼럼 참조)가 진행자로서 정리한다. 회의는 현재 어떻게 의론이 흘러가는가를 참여자 전원이 알도록 그래프를 작성해 간다. 내용은 다른 의견과의 관련, 의견의 단계적·계층적인 구조, 논리의 흐름과 인과관계 등 의견 및 의론구조를 한눈에 보고 이해하기 쉽게 한다.
- **발표**: 워크숍에서의 작업은 반드시 참여자 전원에게 발표하고 생각을 공유한다. 시점의 다름, 알아차림의 차이, 제안의 다름 등 다양한 요구와 다양한 의견을 안다. 발표내용에 대해서 장애가 있는 참여자와 어드바이저의 다른 시점에서의 의견과 강평을 듣는 것이 중요하다.(그림 10.3)

사후정리

- **평가**: 워크숍에 대해서 참여자의 평가를 청취한

다. 복수로 개최하는 워크숍의 경우, 각 회의 워크숍 간 숙제와 자주활동을 계획하면 자신들이 연구·조사하거나 현장을 보게 되고, 주체적으로 워크숍에 관여하는 모습을 양성시킨다.

- **뉴스레터**: 뉴스레터(정보지)를 발행하고 보다 많은 시민에게 활동내용을 보고하여 의견을 모으는 것도 생각한다.
- **보고회·강연회 등의 개최**: 시민과 관계자를 모아서 워크숍의 성과를 보고하는 것과 타 지구 사례를 잘 알고 있는 사람의 강연을 듣는 것은 뉴스레터보다도 구체적인 정보를 제공하는 도구로 유용하다.

그림 10.2 현장점검 모습(나고야시 가마야마역 주변)

그림 10.3 워크숍 모습(아이치현 가스가이시)

칼럼 퍼실리테이터란

[역할]

회의와 미팅, 주민참여형의 마을만들기 회의와 심포지엄, 워크숍 등에서 의론에 대한 중립적 입장을 지키면서 개입하고, 의론을 유연하게 조정하면서 합의형성과 상호이해를 위한 깊은 의론이 되도록 조정한다. 단순한 사회자 역할과 진행만이 아닌 참여자와 의론의 대상에 따라서 의견교환, 시각적 수법과 신체의 움직임, 이동을 활용한 기법, 감정·추상적 표현에서 문제점을 구체화시키는 방법 등을 사용한다. 퍼실리테이터가 참여자의 입장도 겸하는 경우도 있다.

[워크숍에서 입장]

퍼실리테이터는 워크숍의 기획입안 책임자이기도 하다. 즉, 워크숍을 마을만들기 계획과 정비계획에 어떻게 활용할 것인가, 혹은 어떻게 평가할 것인지 이해가 필요하고, 계획을 만들 때 확실히 필요한 과정이라고 말할 수 있다.

[진행역할로서의 유의점]

① 전원 발언을 듣고(행정직원도 참여자도) 발언은 모두 평등·공평하게 배분한다.

② 퍼실리테이터의 의견으로 이끌어 가지 않는다. 즉, 필요 이상으로 해설과 설명·설득은 하지 않는다.

③ 유연한 대응, 무리하게 수렴시키지 않는다.

[인재육성에도 배려]

지역에서 주체적으로 참여형 마을만들기를 짊어질 인재육성도 퍼실리테이터의 역할이다. 특히 장애가 있는 당사자가 워크숍에서 적절한 어드바이저로서 의견을 전달하는 것이 중요하다. 그러나 자신의 장애 이외의 다양한 요구를 이해하고 복지마을 만들기에 관한 시민참여의 경험을 쌓은 당사자는 아직 부족한 상황이고, 각종 연수를 통해 실시되고 있다.

[자질]

퍼실리테이터에는 다음의 자질이 필요.

① 시민참여의 프로그램을 신뢰할 것

② 참여한 시민을 신뢰할 것

③ 장애 당사자를 포함한 다양한 시민과 협동작업의 경험이 있을 것

④ 다양한 의견에 대해 재치 있게 정리할 수 있고, 그것을 위해 지식·기술·경험이 있을 것

⑤ 워크숍은 자신 스스로 알아차리고 배우는 장소인 것을 알 것

4 계속적 개선(교통 배리어프리를 사례로)

배리어프리 기본구상 등의 계획이 책정된다면 그 내용을 실현해야 한다. 그때의 검토사항을 제안한다.

남겨진 의론에 대한 대응

협의회에서의 의론에는 대상지역과 목표연차의 제약 등에서 나오는 한계가 있다. '중점정비지구 이외의 정비는?', '2020년 이후는?'이라는 의론이 나와도 기본구상을 정리할 때는 무의식중에 뒷전으로 미뤄버린다. 그러나 '마을 전체'를 보다 좋게 만드는 것이 궁극적인 목표이기 때문에 남겨진 과제를 이어서 검토하는 조직을 시·구·동 독립적으로 설치할 필요가 있다. 그것은 배리어프리 기본구상 책정협의회를 그대로 남겨놓는 것도 하나의 안이고 별도 조직으로 두어도 좋다. 그림 10.4에 계속적 추진체제의 예를 나타낸다.

특정사업계획의 책정과 실시

도로, 공공교통, 교통안전 등의 특정사업계획을 기본구상과 동시에 책정하는 경우와 기본구상 성립 후에 책정하는 경우가 있다. 후자의 경우에는 여러 관계자(특히 당사자와 시민) 간에 의론과 확인작업이 행해지지 않는 상황도 발생한다. 또, 설계, 시공단계에서의 당사자 참여가 보증된다고도 말할 수 없다. 특정사업으로 되면 예산조치도 포함된 구체적인 내용이 전문적으로 되기 쉽지만 그 경우에도 공정관리 속에서 당사자 등에게 확인작업을 당초부터 집어넣어 두는 것이 중요하다.

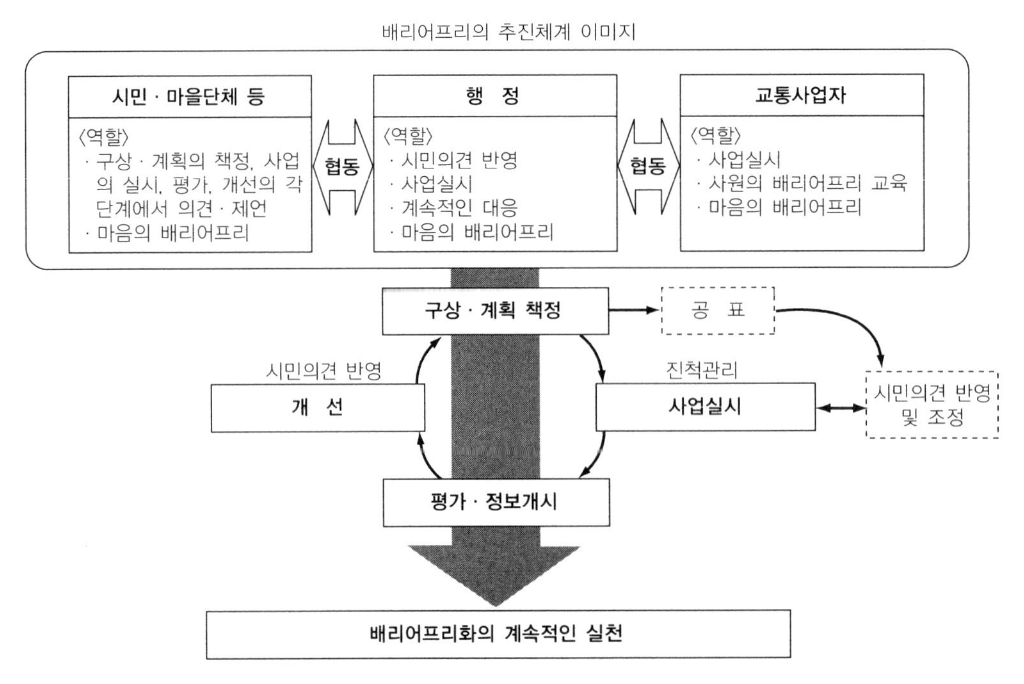

그림 10.4 배리어프리 추진체계의 사례(아이치현 세토시)

출전: 세토시 홈페이지, 「신세토역·세토시역 주변 배리어프리 구상」, 2009.

참고문헌

1) (社)土木学会土木計画学研究委員会監修, 交通エコロジー·モビリティ財団·(財)国土技術研究センター編『参加型·福祉の交通まちづくり』, 学芸出版会, 2005.

2) 国土交通省国土交通政策研究所「バリアフリー化の社会経済的評価の確立へ向けて - バリアフリー化の社会経済的評価に関する研究(Phase II) -」『国土交通政策研究』第2号, pp.47-50, 2001.

3) 寺島薫「効果的なワークショップの進め方」『土木計画学研究·講演集』Vol. 31, 2005.

4) 瀬戸市HP『新瀬戸駅·瀬戸市駅周辺バリアフリー基本構想』, 2009.

제 11 장

지역사회와 복지마을 만들기

다양한 사람들과의 다양한 진행방법

핵심 누구든지 지역에서 생활할 수 있는 것은 중요하다. 그러기 위해 우리가 살아가는 사회에 대해서 생각해야 한다. 여기에서는 복지정책에 있어서 소프트 시책을 포함한 다면적인 마을만들기 진행방법, 복지정책과 복지도시 환경정비의 필요성을 학습하는 방법에 대해 서술한다. 다양한 사람들과의 존재를 이해하고 서로에게 협력하는 것으로 지속가능한 지역사회를 구축하는 의의와 그 방법을 배운다.

1 지역에서 유지하는 복지

1 자조·공조·공적 제도

앞으로의 마을만들기는 어린이부터 고령자까지 주민 누구든지 살면서 정든 지역에서 안심하고 살아가도록 시스템을 만들고 지속시켜가는 것이 중요하게 여겨지고 있다. 그러기 위해서는 여러 가지 생활과제에 대해서 주민 각자의 노력(자조), 주민의 상호부조(공조), 공적인 제도의 제휴에 의해 해결해 가는 시스템이 필요하다.

예를 들면 일본 정부의 『사회보장에 관한 간담회 정리』(2006년 5월)에는 사회보장에 대한 기본적인 개념에 자조·공조·공적 제도의 개념을 그림 11.1과 같이 제언하고 있다.

이러한 배경에는 각각 다른 개성을 가진 사람들이 개성을 존중하면서 타인과 행정 등에 과도하게 의존하지 않고 자립한 생활을 할 수 있고, 서로 협력해서 서로의 부족을 보완하면서 협동할 수 있는 지역사회를 만드는 것을 전제로 하고 있다.

일본의 복지사회는 자조·공조·공적 제도의 적절한 조합에 의해 만들어진 것이고, 그 속에서 사회보장은 국민의 '안심'을 확보하고 사회경제의 안정화를 꾀하기 위해 이후에도 큰 역할을 완수한다.

이 경우 모든 국민이 사회적·경제적·정신적인 자립을 꾀하는 관점에서

① 자급자족의 생활을 지원하고 자신들의 건강은 자신들이 유지하는 '자조'를 기본으로

② 이것을 생활 리스크를 상호 분산하는 '공조'가 보완되고

③ 그 다음에 자조와 공조에서 대응할 수 없는 곤란한 상황에 대해 소득과 생활수준 가정생활 등의 수급요건을 정한 다음 필요한 생활보장을 진행하는 보조금과 사회복지를 '공적 제도'로 자리매김하는 것이 적절하다.

그림 11.1 앞으로의 사회보장 방식에 대하여

출전: 수상관저 홈페이지.

2 국제생활기능분류 – ICF

사람의 건강상황과 생활상황의 관계를 표현하는 방법으로 국제생활기능분류(International Classification of Functioning, Disability and Health, 이후 ICF)를 세계보건기구(WHO)가 2001년에 정하였다. ICF에 의하면 사람의 장애개념을 재정리할 수 있다.

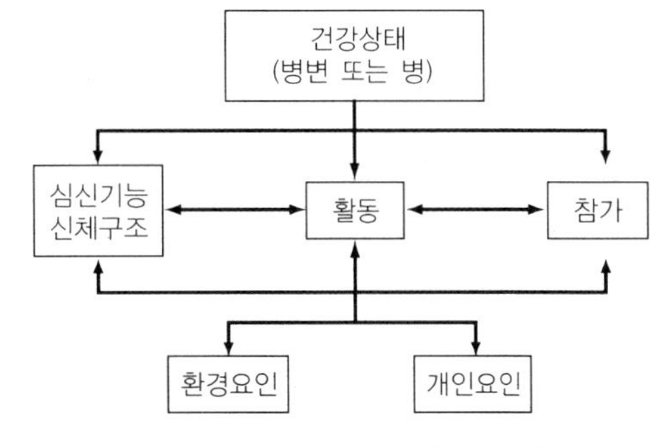

그림 11.2 ICF 구성요소 간 상호작용

출전: 후생노동성 홈페이지

ICF에는 2가지 부문이 있고, 각각은 2가지의 구성요소로 된다.

〈제1부: 생활기능과 장애〉

a) 심신기능(Body Functions)과 신체구조(Body Structures)

b) 활동(Activities)과 참여(Participation)

〈제2부: 배경인자〉

c) 환경인자(Environmental Factors)

d) 개인인자(Personal Factors)

심신기능이라 함은 신체의 생리적 기능(심리적 기능을 포함)이다. 신체구조라고 함은 기관·지체와 그 구성부분 등의 신체 해부학적 부분이다. 활동이라고 함은 과제와 행위가 개인에 의해 수행되는 것이다. 참여라고 함은 생활·인생장면에 대한 관여인 것이다. 사람의 생활기능과 장애는 건강상태(질병, 부상 등)와 배경인자와의 다이나믹한 상호작용이라고 생각된다. 즉, 심신상황만으로 장애인으로 결정하는 것이 아니라 활동과 참여가 불가능한 것을 장애로 정의할 수 있다.

배경인자에는 '환경인자'와 '개인인자'의 2가지가 있다. 환경인자라고 함은 사람들이 생활하고 인생을 보내고 있는 물적인 환경과 사회적 환경, 사람의 사회적 태도에 의한 환경을 구성하는 인자이고, 생활기능과 장애의 모든 구성요소와 서로 작용한다. 개인인자라고 함은 개인의 인생과 생활의 특별한 배경이고 건강상태와 건강상황 이외의 그 사람의 특징에서 비롯된다. 이것은 성별, 인종, 연령, 그 밖의 건강상태, 체력, 생활방식, 습관, 학력, 직업, 과거 및 현재의 경험, 전체적인 행동양식, 성격, 개인의 심리적 자질, 그 밖의 특질 등을 포함한다.

ICF에 의한 여러 가지 구성요소 간의 상호작용을 그림 11.2와 같이 표시하는 것으로 장애과정을 쉽게 이해하게 된다. 앞의 자조라고 함은 개인인자에 대한 대처이고, 공조·공적 제도는 환경인자에 대한 대처라고 말할 수 있다.

의학모델과 사회모델

장애와 생활기능의 이해와 설명을 위해서 여러 가지 개념모델이 제안되어 왔는데, 주로 '의학모델'과 '사회모델'을 대비하여 설명하고 있다.

의학모델에서는 장애라는 현상을 개인의 문제로 받아들이고 질병·외상과 그 밖의 건강상태에서 직접적으로 생기는 것이며, 전문직에 의해 개별적인 치료라는 형태의 의료를 필요로 하는 것으로 본다. 장애에 대한 대처는 치료 혹은 개인의 보다 좋은 적응과 행동변화를 목표로 한다. 주요과제는 개인에 대한 의료이다.

한편 사회모델에서는 장애를 주로 사회에 의해 만들어지는 과제로 간주하고 기본적으로 장애가 있는 사람이 사회에 완전히 통합하는지의 문제로 본다. 장애는 개인에게 귀속하는 것이 아닌 여러 상태의 집합체고, 그 많은 사회환경에 의해 만들어져 나오는 것이다. 따라서 그 문제를 해결하려는 사회행동이 요구되고 장애가 있는 사람이 사회생활의 전 분야에 완전참여가 가능한 환경변화를 사회 전체가 공동책임을 져야 한다. 그러므로 문제인 것은 사회변화를 요구하는 태도 또는 사상의 문제이고 인권문제도 포함된다. ICF는 2가지 대립하는 모델을 통합하고 설명 가능하도록 노력하고 있다. 즉, 1가지 통합한 관계성(통합모델)에 기초하여 생물학적·개인적·사회적 관점에서 건강에 관한 다른 관점의 초지일관한 견해를 제공한다.

사회모델과 복지마을 만들기

사회모델의 개념에는 사회환경을 변경하는 것에 의해 장애상황을 바꿀 수 있다. 공공공간의 물리적 장벽 해소, 이용방법의 재검토에 따라 장애상황을 경감할 수 있거나 없앨 수 있다. 사회적 참여가 보장되면 심신의 상황은 그 사람의 '개성'으로 여기면 좋다. 그러기 위해 여러 관계자, 전문직과의 공동작업이 필요하다. 복지마을 만들기의 의의는 사회모델의 실천이라고 말할 수 있다.

3 지역복지계획

예전에는 복지라고 하면 행정에 의해 조치나 일방적 서비스 제공이 주였고, 대상자는 그 지원을 필요로 하는 사람과 그 가족이었다. 그 사람들의 대부분은 복지시설에 거주하고 그곳에서 서비스를 받았다.

그러나 저출산·고령화의 급속한 진행과 핵가족화, 산업구조의 변화와 생활방식의 다양화에 의해 가족 내의 부양기능 저하와 지역에서의 상호부양기능 저하가 일어나고 있다. 또, 학교에서의 괴롭힘과 직무, 인간관계의 스트레스에 따른 우울증과 질병, 경제적인 이유 등을 동반하는 자살증가, 배우자의 폭력, 유아학대와 간호로 인한 피로 등 새로운 문제도 많이 발생하고 있다. 이러한 상황 속에 복지도 필연적으로 크게 변해 가야 하는 상황이다.

이후는 모든 주민이 연령과 장애유무 등에 상관없이 생애에 사람답게 안심하고 살아가도록 행정, 서비스제공 사업자, 사회복지 관계기관과 연계·협동, 복지서비스의 적절한 이용추진과 질적 향상, 서비스 기반정비가 요구된다. 그것과 함께 자치회, 봉사활동, NPO 등의 여러 조직이 유기적으로 협동하고, 주민이 일상지역에서 복지의 여러 가지 문제에 몰두할 필요가 있다.

사회복지사업법에서 법명이 개정되어 재시작된 '사회복지법(2000년 개전)'에는, 이후 사회복지의 기본이념의

표 11.1 사회복지법에서 지역복지를 추진하는 주체와 목적에 관한 조문

조	조 문
제4조 (지역복지의 추진)	지역주민, 사회복지를 목적으로 하는 사업을 경영하는 자 및 사회복지에 관여하는 활동을 하는 자는 상호 협력하고, 복지서비스를 필요로 하는 지역주민이 지역사회를 구성하는 일원으로 일상생활을 영위하고 사회·경제·문화 그 밖 모든 분야의 활동에 참여하는 기회가 주어지도록 지역복지의 추진에 노력해야 한다.
제107조 (시·구·동 지역복지계획)	시·구·동은 지방자치법 제2조 4항의 기본구상에 의거하여 지역복지의 추진에 관하는 사항으로서 다음에 게재하는 사항을 일체적으로 정한 계획(이하 '시·구·동 지역복지계획'이라 한다)을 책정하고 또는 변경하려고 할 때는 미리 주민 사회복지를 목적으로 하는 사업을 경영하는 자 외에 사회복지에 관한 활동을 하는 자의 의견을 반영시키기 위해서 필요한 조치를 강구함과 함께 그 내용을 공표하는 것으로 한다. 1. 지역에서 복지서비스의 적절한 이용추진에 관한 사항 2. 지역에서 사회복지를 목적으로 하는 사업의 건전한 발전에 관한 사항 3. 지역복지에 관한 활동으로의 주민참여촉진에 관한 사항

1가지로서 '지역복지의 추진'을 게시함과 함께 지역복지를 추진하는 주체와 목적을 정하고, 지역의 복지시책과 주민의 복지활동을 종합적으로 전개하는 것을 요구하고 있다. 이 법률에 준하는 법정계획으로 각 시·군·구에서는 지역복지계획을 정하고 있다.(표 11.1)

다음에 제시한 내용이 지역복지계획을 책정하는 중요한 목적이고, 지역주민의 의견을 충분히 반영하면서 책정해야 한다.

- 대상자별 종적계획의 해소와 복지시책 전체에 걸친 종합화 실현, 지역주민과 복지서비스사업자 등과의 네트워크 구축
- 복지분야에서 마을만들기를 생각하는 주민참여 기회와 지역활동 촉진
- 계획책정을 통한 주민의 복지의식 고양과 지역 커뮤니티 활성화

지역복지라고 함은 제도에 의한 서비스(그림 11.3의 '공적 제도') 이용뿐만 아니라 지역의 사람과 사람의 연결을 중요시하여 서로 돕거나 도와주거나 하는 관계와 시스템(그림 11.3의 점선으로 둘러싼 '공조')을 만들어가는 것이다.

2 배리어프리 소프트 시책

1 지역주민에 의한 소트프 시책

고령자·장애인 등의 이동 등 원활화를 실현하기 위해서는 시설의 정비(하드)만이 아니고 소프트면에서

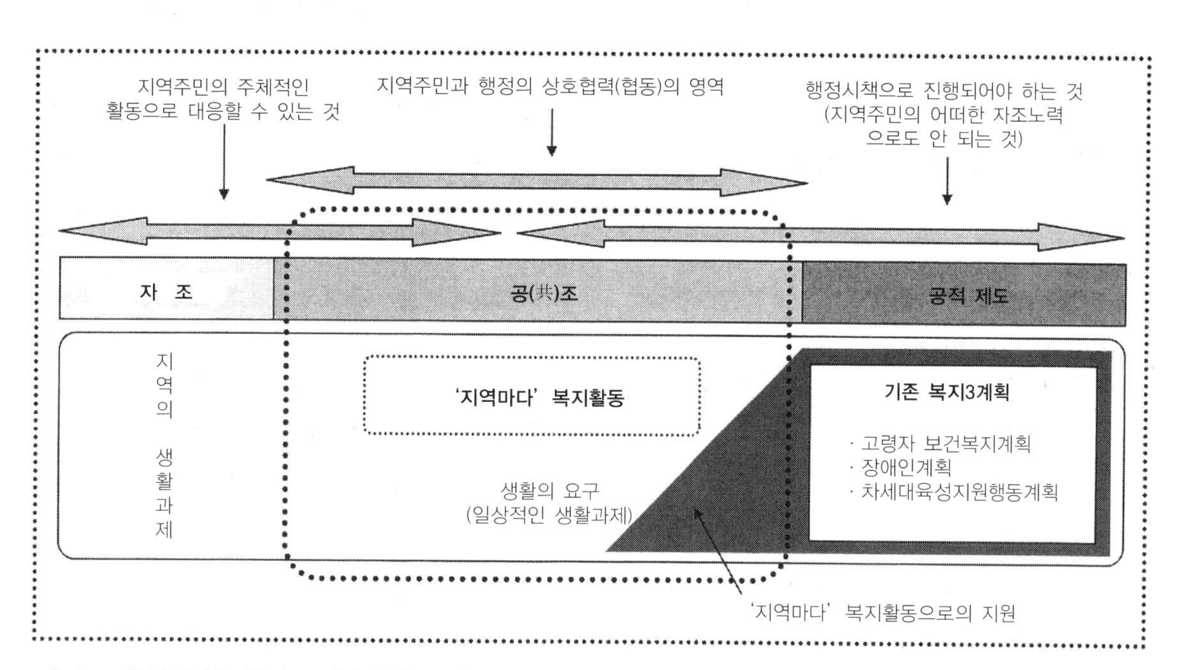

* 자조 : 개인과 가정에 의한 자조노력(자신이 할 수 있는 것은 자신이 한다)
* 공조 : 지역사회에서 상호보조(친구, 지인과 서로 돕는다)와 민간 비영리활동·사업, 봉사활동, 주민활동, 사회복지법인 등에 의한 지원('지역마다' 복지활동에 참여하여 지역에서 서로 돕는다)
* 공적 제도 : 공적인 제도로서의 복지·건강·의료 그 밖에 관련된 시책을 기반으로 서비스 제공(행정에서 해야 하는 것은 행정이 확실히 한다)

그림 11.3 '자조', '공조', '공적 제도'와 지역복지계획의 관계도(기후현 가이즈시의 사례)

출전: 가이즈시 홈페이지

의 시책 전개가 필요하다. 소프트 시책에 관한 대책으로서 '마음의 장벽 허물기(이후 배리어프리)' '정보제공' '방해행위·저해행위의 자숙' '설계·시공기술의 향상' '교류·협동활동의 촉진' 등 여러 가지를 들 수 있다. 이것들의 실시주체, 대처내용, 실시시기를 가능한 한 구체적으로 기전하는 것이 중요하다. 그 방책을 이동 등 원활화 기본구상에 구체적으로 표시하는 것도 중요하다.

이 소프트 시책의 실시주체로서 중요한 역할을 달성하는 것은 지역주민이다. 행정과 각 사업자의 대책효과를 충분히 발휘할 수 있을지는 지역주민 자신들의 행위·행동이 적절한 상황에 있는지에 의존한다. 그러기 위해서는 장애인, 고령자, 그 관계자만이 아닌 지역주민도 같이 배리어프리에 관한 정보제공을 비롯하여 여러 가지 소프트 시책을 실시해 가는 것이 중요하다.

2 마음의 배리어프리 추진

장애 당사자 등과 그 관계자에게 민폐와 방해되는 행위를 하지 않으려는 마음과 함께 사람들에 대해 관심을 가지고 충분한 주의를 주거나 필요한 지원·협력을 하는 대응이 필요하다. 이와 같이 사람들과의 행위와 의식작용을 '마음의 배리어프리'라고 한다.

또, 일본 정부의 『배리어프리·유니버설디자인 추진요강』에서는 '하드·소프트의 시스템 충실과 더불어 국민 누구나 지원을 필요로 하는 사람이 자립하는 일상생활과 사회생활 확보의 중요성에 대하여 이해하고 협력할 수 있도록 한다'는 것을 마음의 배리어프리라고 부르고 소프트 시책과는 다른 차원의 개념도 있다.

어느 쪽이든 배리어프리화의 중요성과 고령자·장애인 등에 대한 이해와 행동으로 '마음의 배리어프리'를 추진하는 것이 상당히 중요하다.

구체적인 대책의 예로 다음을 들 수 있다.

홍보·계발

· 고령자·장애인 등에 대한 주민의 이해 촉진
· 생활관련경로의 관계주민(상점주 등)에 대한 배리어프리 이해 촉진
· 건축주·사업주에 대한 배리어프리 계몽
· 행정기관의 직원과 각종 서비스사업 종사자의 고령자·장애인 등에 대한 이해 촉진과 대응 향상

교육

· 학교에서 복지(마음의 배리어프리) 교육 실시
· 주민에 대한 교육활동, 학습기회 제공

3 배리어프리에 관한 정보제공

시각, 청각 등 정보 장애인에게 큰 장벽은 각종 정보취득과 전달의 곤란함, 커뮤니케이션의 곤란이다. 또, 평상시와 긴급 시·이상 시에 각종 정보전달이 불충분한 장면이 많은 것이 지적되어 왔다. 각종 정보전달 장치와 커뮤니케이션 툴이 발달·보급되어 왔지만 정보내용과 발신시기에 대해서도 충분한 배려가 필요하다. 각종 매체의 활용·연구가 필요하다.

구체적인 대책으로는 다음을 들 수 있다.

· 시·구·동에 의한 특정사업 등에 관한 정보(진척상황, 실시예정 등) 개시
· 공사정보 제공
· 배리어프리 맵(또는 배리어 맵) 작성·배포
· 배리어프리 사례 소개, 사례집 작성 등

4 그 밖의 소프트 시책

상기 이외에도 다음에 표시하는 여러 종류의 소

프트 시책을 생각할 수 있다. 폭넓은 대상자에 대한 대응, 신기술의 활용도 당초에는 소프트 시책으로 접근한다.

방해행위·저해행위의 자숙

· 자동차 불법주차 단속 강화와 방지에 대한 계몽
· 방치자전거 대책
· 안전한 보행공간을 저해하는 행위에 대한 대책
· 보도상에 진열된 상품과 자동판매기·간판 등의 설치, 안전한 보행공간 확보에 지장을 미치는 행위를 방지하기 위한 지도와 활동

설계·시공 기술의 향상

· 설계·시공자 등의 의식계몽·기술력 향상
  시설을 설계·시공하는 사람들에 대하여 배리어프리에 관한 의식을 높이는 활동과 기술력을 향상시키기 위한 지원을 행하는 것
· 공사중의 배리어프리
  통로폭 확보, 단차 해소, 시각장애인 유도용 블록 설치, 유도원 배치 등 공사 중에도 이용자가 안전하고 안심하게 걸을 수 있는 공간 확보, 공사정보 제공 등

교류·협동활동 지원·촉진

· 지적장애인 등의 공공교통 이용촉진
  지적장애인 등이 혼자서 공공교통을 이용하도록 지원하는 프로그램 작성 등
· NPO·봉사활동 등으로의 활동지원과 제휴
· 배리어프리 점검을 정기적·계속적으로 실시
· 배리어프리에 대한 시민참여·시민과의 협동

3 배리어프리를 배운다

1 배리어프리 필요성의 학습방법

배리어프리 대책의 필요성을 지역주민을 비롯하여 많은 사람들의 이해도를 향상시키는 것이 필요하다.

그 방법으로서 장애인과 고령자의 생활을 유사체험을 하거나 문제점을 이야기하는 것이 효과적이다. 10장에서 소개한 워크숍 구성원에게 장애인·고령자·관계자가 서로 교류할 수 있는 자리를 만드는 것도 효과적이다. 또, 미래사회의 주인공인 차세대들의 이해도의 향상을 위해서 통상 학교교육의 내용에 포함하는 것도 유효하다. 예를 들면, 오사카부 가시와라시에서는 교통 배리어프리 해설수첩『이 마을에서 살고 싶다』를 대학과의 제휴로 작성하고 같은 시내의 초·중학교에서 교재로 활용하고 있다.(그림 11.4)

장애인과 고령자에 대한 대처방법을 사회인은 직장연수 시, 지역은 방재훈련 시 채택하는 것도 필요하다.

그림 11.4 가시와라시 교통 배리어프리 해설수첩

2 배리어프리 교실의 의의

급속한 고령화와 장애인의 자립과 사회참여의 요청에 적절하게 대응하고 고령자·장애인 등이 공공교통기관을 원활히 이용할 수 있도록 하기 위해 시설정비(하드면)와 도움 주기 쉬운 환경만들기(소프트면)를 병행하는 것이 요구되고 있다.

그렇기 때문에 고령자·장애인 등에게 안내의 체험을 진행하는 것을 주 내용으로 한 '배리어프리 교실'을 개최하고, 그 체험을 통해 배리어프리에 대해 이해와 함께 봉사활동에 관한 의식을 양성하여 고령자·장애인 등에게 누구든지 자연스럽고 기분 좋게 도움을 줄 수 있는 '마음의 배리어프리' 사회를 실현하는 것이 필요하다.

행정(예를 들면 국토교통성, 지자체), 사회복지협의회, 공공교통 사업자, 장애인단체 등이 배리어프리 교실의 주체자가 되고 교육기관과 연계하여 실시하고 있다.

각종 자격취득을 위한 연수와 직장연수로 진행되고 있는 경우도 있다.

3 배리어프리 체험시설(국토교통성)

국토교통성에서는 기술사업소(전국 각지) 대상지 내에 '배리어프리 체험시설'을 설치하고 있다.

이것은 여러 배리어프리 구조와 신기술을 도입시킨 체험형 시설이다. 누구든지 안전·안심·쾌적하게 이용 가능한 보행공간의 정비를 추진하기 위해 활용된다. 다음에는 중부기술사무소의 배리어프리 체험보도에 대해서 설명한다.(그림 11.5)

① **투수성포장** : 보도포장을 수평하게 하면 통행이 쉽게 되지만 '물굄 현상'이 일어나기 쉽다. 그래서 물이 스며들기 쉬운 포장으로 하고 있다.

② **유도 블록과 포장재의 휘도비** : 각종 색채의 포장에 따라 유도 블록의 보이는 방법 차이를 비교할 수 있다.

③ **측구의 덮개** : 휠체어 바퀴와 지팡이 등이 끼지 않도록 그물코를 좁게 하는 연구 등을 하고 있다.

④ **슬로프(판로)** : 여기에서는 종단구배가 다른 3가지 슬로프(5%, 8%, 11%)를 만들고 비교할 수 있다.

⑤ **휠체어의 회전공간** : 여러 가지 넓은 구획을 만들고 휠체어의 회전과 방향전환에 필요한 공간을 체험할 수 있다.

⑥ **진동이 적은 포장재** : 휠체어와 유모차가 통행할 때 진동이 적은 포장재(표면에 작은 홈이 만들어져 있다)를 사용하고 있다. 또 포장재의 연결 틈에 대해서 끊임없이 연구하고 있다.

⑦ **유도 블록과 맨홀** : 맨홀을 우회하기 위해 구부려 설치된 유도 블록을 나쁜 사례로 소개하고 있다.

⑧ **교차점 부근의 유도 블록** : 횡단보도 앞 정지선으로서 경고 블록을 2열로 나열하는 등 일반적인 사례를 소개하고 있다.

⑨ **횡단보도에 접속하는 보도와 차도의 단차** : 보도와 차도의 단차가 0cm, 1cm, 2cm, 3cm의 장소가 만들어져 있고, 실제로 양측의 입장에서 비교·검토하여 바람직한 단차에 대해서 검토가 가능하다.

⑩ **버스정류장** : 보도의 높이를 15cm로 하고 보행자의 이동에 지장이 없도록 정거장·벤치 등 설치, 유도 블록, 조명설비, 안내시설 등이 설치되고 있다.

⑪ **차량 탑승부** : 수평에 가까운 보도의 폭을 가능한 만큼 넓게 함으로써 휠체어 이용자에게도 올라갈 수 있는 경사가 되도록 배려하고 있다.

⑫ **경사의 유도 블록** : 횡단보도에서 진행방향을 틀리지 않도록 자기 앞의 구간에서 경사로 유도 블록을 설치하고 횡단보도의 중심부근을 걸을 수 있

도록 연구가 진행되고 있다.

⑬ **시각장애인용 횡단대**(에스코트 라인) : 유도 블록과 같은 모양의 돌기를 횡단보도에 만들고 있다. 또 보도의 연석부분에도 돌기를 연장하여 보도상의 유도 블록과 연속성을 확보하고 우·배수와 토사퇴적에 대한 연구도 하고 있다.

⑭ **유니버설디자인 벤치** : 휠체어 사용자를 위한 공간을 확보하고 '일어남'과 '앉음'의 행동을 지지하는 손잡이를 붙이고 있다.

⑮ **발광기능을 붙인 유도 블록** : 주변 환경이 어두워지더라도 인식 가능하도록 선상과 점상에 발광하는 기능을 가진 유도 블록이 있다.

4 배리어프리 교실의 사례

배리어프리 교실이라는 계몽활동을 국토교통성 등에서 힘쓰고 있다. 초·중학교에서 종합학습, NPO

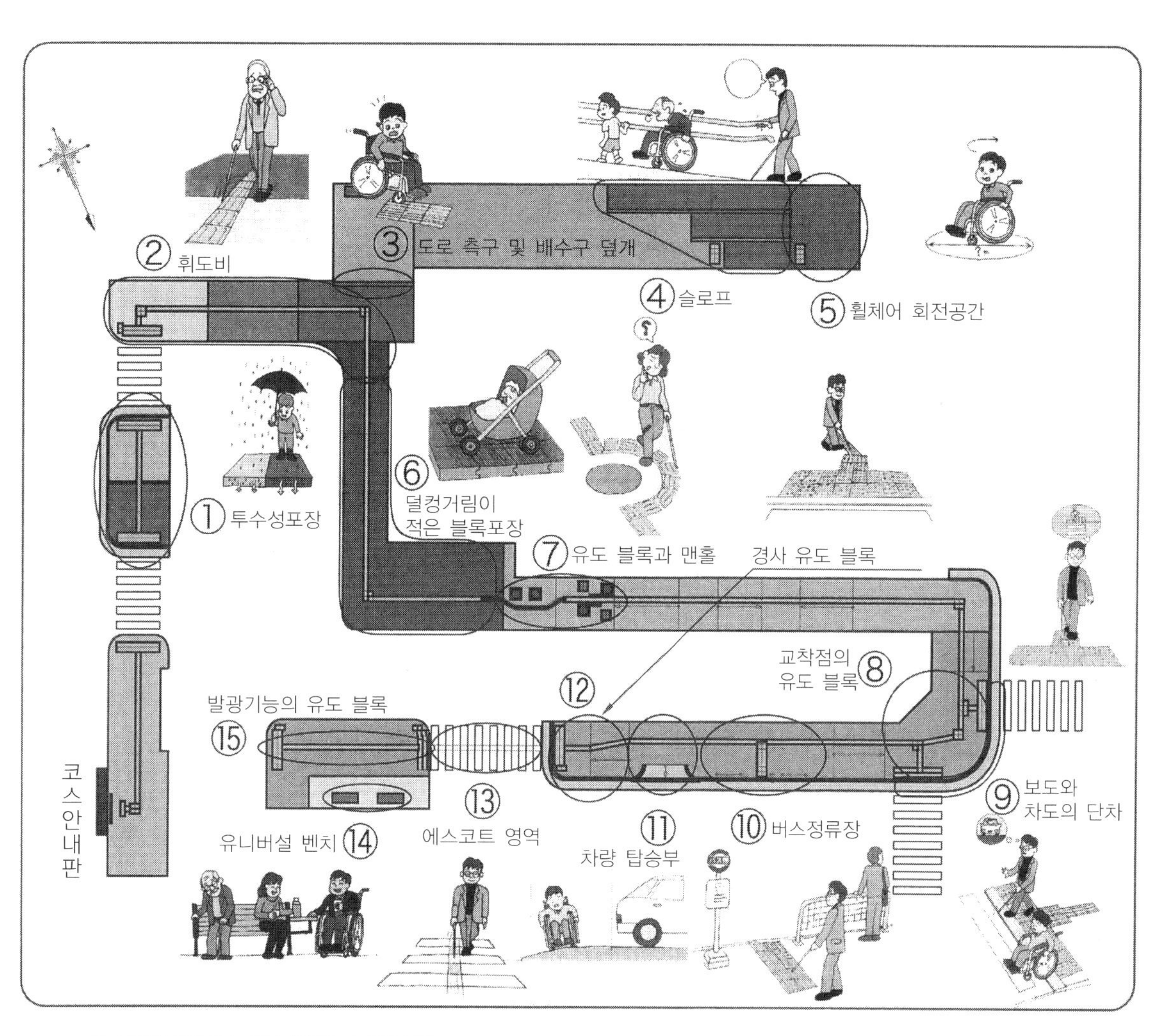

이 시설은 무료로 누구나 이용할 수 있습니다.
사무소 대지 안에 있기 때문에 일반 교통이 없는 안전한 상태에서 유사체험을 할 수 있습니다.

그림 11.5 배리어프리 체험보도코스 사례

출전: 국토교통성 중부지방정비국 홈페이지, 「배리어프리 체험보도(중부기술사무소)」

표 11.2 배리어프리 교실의 실시 사례(아이치현 도요타시)

개최일정	2009년 3월 2일
개최장소	도요타시립 조스이초등학교
주최	아이치운수지국
공동주최	우메츠보역 주변 유니버설디자인 기본구상 책정위원회
협력	도요타시 사회복지협의회, 나고야철도(주), 메이테츠버스(주), NPO 유토피아 어린왕자(궁의 도련님) NPO 시각장애인센터 지팡이마을
참여인수	도요타시립 조스이초등학교 3학년 81명
참여자의 발표내용 일부	· 옥외에서 휠체어를 체험해보고는 사람과 물건에 부딪히지 않도록 보조하는 사람도 주의가 필요했다. · 계단과 단차로 넘어질 것 같았지만 지팡이와 보조자의 유도, 음성안내 덕분에 안심하고 걸을 수 있었다. · 긴 계단을 오르고 내리는 것은 어린이에게도 힘들기 때문에 고령자에게는 더욱 힘들 것이라고 생각했다. · 휠체어로는 단차가 있으면 이동할 수 없기 때문에 엘리베이터가 필요하다고 생각했다. · 휠체어를 탄 채 버스로 환승할 때, 승강구의 슬로프 경사가 급하여 혼자서는 승차가 불가능하여 보조인의 도움이 필요한 것을 알게 되었다. · 눈가리개를 하고 있으면 동전의 종류, 요금을 넣는 장소, 버튼위치 등 아무것도 모르겠고, 친구의 도움으로 표를 살 수 있었다.

출전: 국토교통성 중부수송국, 「배리어프리 교실」.

등의 시민 활동, 지자체와 교통사업자의 보급활동과의 제휴도 적극적으로 노력하고 있다. 여기에서는 아이치현 도요타시에서 실시된 모습을 소개한다(표 11.2). 이 교실에서는 배리어프리화된 역과 배리어프리화되기 전의 역을 사용하고 배리어프리 정리의 필요성과 고령자와 장애인 등에 대한 배려심을 키우기 위해 개최되었다.

참고문헌

1) 厚生労働省HP『「国際生活機能分類 - 国際障害分類改訂版 -」(日本語版)の厚生労働省ホームページ掲載について』, 2002.
2) 静岡県長泉町·社会福祉法人長泉町社会福祉協議会『長泉町地域福祉計画, 長泉町社会福祉協議会地域福祉活動計画【概要版】』, 2012.
3) 内閣府HP『バリアフリー·ユニバーサルデザイン推進要綱~国民一人ひとりが自立しつつ互いに支え合う共生社会の実現を目指して~』, 2008.
4) 国土交通省総合政策局安心生活政策課『バリアフリー基本構想作成に関するガイドブック』, 2008.
5) 横浜市HP『工事中の歩行ほこう者に対するバリアフリー推進ガイドライン』, 2005.
6) 柏原市HP『交通福祉のまちづくり このまちに暮らしたい~In Kashiwara~』, 2004.
7) 国土交通省中部地方整備局HP『バリアフリー体験徒歩(中部技術事務所)』.
8) 国土交通省中部運送局HP『バリアフリー教室』.

제 12 장

비상시를 대비하다

과거의 경험에서 배우는 재해피해 감소에 대한 과제

핵심 대규모 재해에서 집중적으로 큰 피해를 입는 사람은 고령자·장애인 등이다. 한신·아와지 대지진과 동일본 대지진 때의 고령자·장애인의 재해, 안부확인, 피난, 피난생활에 관한 데이터에서 재난일반의 공통사항을 생각해 보자. 반드시 입게 되는 재해에 대해 고령자·장애인의 입장에서 대책을 강화하고 재해피해 감소에 맞서는 것도 복지마을 만들기의 중요과제라 말할 수 있다.

1 피해와 '약자'

일본은 세계에서도 굴지의 재난피해가 많은 나라이다(그림 12.1). 1980년 이후 대규모 피해로 105년에 1회 지진, 태풍, 호우, 쓰나미, 분화 등의 대규모 피해가 일어나고 있다.(표 12.1)

동일본 대지진에서는 원전사고에 의한 방사능피해라는 일본에서 전혀 경험하지 못한 대재앙도 일어났다. 귀택난민도 동일본 대지진에서 발생한 재앙이다. 대규모 재앙으로 그 밖의 과거에 전쟁으로 인한 전재, 큰 화재, 테러 등 여럿 있었다. 이것들은 광역적으로 대규모 피해이고, 작은 화재, 침수 등 소규모 재앙은 일상적으로 일어나며, 피해에서 사람의 생명·재산을 지키는 것은 사회의 기본적 과제이다.

피해의 메커니즘에 대한 문헌에는 피해근거의 '원인', 현실에서 사람에게 피해를 초래하는 '필수요인', 피해를 확대하는 각종의 '확대요인' 3가지 요인으로 된다고 적혀 있다(참고문헌 1). 피해약자에게서 필수요인으로 신체적 특징을 반영함과 함께 피해를 더 확대시키는 요인이 많이 존재하는 것이 문제이다.

피해는 동일하게 지역주민을 습격하지만 그 피해가 가장 큰 대상은 고령자·장애인·어린이 등 이른바 '피해약자'이다. 최근 고령화 속에서 동일본 대지진과 한신·아와지 대지진 등에서 고령자의 피해가 특히 눈에 띈다. 과거에 피해재난에서 약자문제는 충분히 취급하지 못했지만 한신·아와지 대지진 이후 고령자·장애인 등의 피해재난이 보도, 조사·연구되었고, 큰 사회문제로 인식되기 시작했다. 고령자·장애인 등 방재·재해피해 감소에 신경 쓰는 것 자체가 '복지마을 만들기'의 중요한 과제로 배리어프리를 비롯한 평상시의 '복지마을 만들기'가 중요하다. 또 피해 시, 구출·구원, 피난생활의 지원 등 대규모 피해 시

표 12.1 1980년 이후 일본 대규모 피해

시 기	대규모 재해	장 소
1980.12.–1981.3.	폭설	도호쿠, 호쿠리쿠
1982.7.–8.	7, 8월 호우 및 태풍 10호	전국(특히 나가사키, 구마모토, 미에)
1983.5.26	동해 중부 지진(M7.7)	아키타, 아오모리
1983.7.20–29	장마전선	호우 산간 이동(특히 시마네)
1983.10.3	미야케 섬 분화	미야케 섬 주변
1983.12.–1984.3.	폭설	도호쿠, 호쿠리쿠(특히 니가타, 도야마)
1984.9.14	나가노현 서부 지진(M6.8)	나가노현 서부
1986.11.15–12.18	이즈오섬 분화	이즈오섬
1990.11.17–	운젠 다케시 분화	나가사키현
1993.7.12	홋카이도 남서호 지진(M7.8)	홋카이도
1993.7.31–8.7	1993년 8월 호우	전국
1995.1.17	한신·아와지 대지진(M7.3)	효고현
2000.3.31–2001.6.28	우스산 분화	홋카이도
2000.6.25–2005.3.31	미야케섬 분화 및 니지마, 고즈 섬 인근바다 지진	도쿄도
2004.10.20–21	태풍23호	전국
2004.10.23	2004년 니가타현 주에쓰 지진	니가타현
2005.12.–2006.3.	2006년 호우	호쿠리쿠 지방을 중심으로 한 동해 측
2007.7.16	2007년 니가타현 주에쓰 지진	니가타현
2008.6.14	2008년 이와테·미야코시 내륙지진	동북(특히 미야코시, 이와테)
2010.12.–2011.3.	폭설	북일본~서일본에 걸친 동해 측
2011.3.11	동일본 대지진(Mw9.0)	동일본(특히 미야코시, 이와테, 후쿠시마)

출전: 내각부, 「방재백서」, 2011.

에 봉사활동의 역할이 인식되었다. 복지사회에서 평상시의 역할과 함께 현 시대의 특징으로 '봉사활동'을 들 수 있다.

그림 12.1 동일본 대지진의 쓰나미 피해

2 한신·아와지 대지진, 동일본 대지진에서 본 고령자·장애인 등의 재해

1 피해 현황

고령자·장애인 등 모든 피해약자의 재해에서 피난생활 등 복구·부흥과정까지 각 문제에 관한 조사연구의 축적은 아직 많지 않다. 여기에서는 조사연구가 보고된 한신·아와지 대지진과 동일본 대지진을 예로 피해상황과 대책을 검토한다.

피해는 종류에 따라 성격이 다르다. 예를 들면, 동일본 대지진의 방사능피해와 미야케 섬 분화와 같이 장기간 거주지에 돌아갈 수 없는 피해, 쓰나미와 같이 단시간에 고지대까지 피신해야 하는 피해, 지진과 같이 화재를 동반하는 피해 등 여러 가지이다. 이와 같이 피해의 성격은 일률적이지 않고 각각 다양하게 전개되지만, 피해자 입장에서 보면 일반적으로 다음과 같은 단계를 따라간다.

① 제1단계 : 피해발생 시의 '재해'

② 제2단계 : 피해발생을 듣고(알고) 안전한 피난장소까지의 '피난'

③ 제3단계 : 피난소·자택·시설 등에서의 '피난생활'

④ 제4단계 : 복구·부흥과정에서의 '부흥생활'

각 단계마다 장애 특징에 따라 어떻게 불리한 영향을 끼치는지를 이해하고 그 대책을 세울 필요가 있다. 이것은 매뉴얼화와 함께 일률적이지 않는 개별마다 응용하는 훈련도 해야 한다.

2 장애인·고령자의 피해률

미야기현에 의하면 미야기현 연안부의 대지진에 의한 사망률은 총 인구비로 0.8%, 장애인수첩 소지자비로 3.5%로 나타났다(참고문헌 2). 최근 지자체와 신문사 등에서도 이 비율을 추계하고 있지만, 공통적으로 장애인의 사망률이 일반인에 비해 2~4배로 상당히 높게 나타났다. 그 원인으로 첫째, '장애'로 불이익을 가지고 있고 둘째, 평상시의 장애인에 대한 지원이 늦음을 들 수 있다. '사망자를 연령별로 보면 인구 구성비율과 비교하여, 사망자의 연령별 구성비율은 60대를 넘으면 급속히 높아지고, 70대에는 인구 구성비율보다도 약 2배에서 3배, 80대에는 약 2.5배에서 3.5배의 고령자가 죽은 것으로 파악된다(참고문헌 3). 또, 인구 구성비율상에서는 고령의 남성이 여성보다도 많이 사망했다'고 파악된다.

칼럼 감재

'감재'라는 용어는 동일본 대지진 이후 많이 사용되고 있다. 제방을 비롯한 '피해 제로'의 물리적 대책이 거대한 쓰나미 앞에 붕괴되었다. 그래서 '현실적'으로 예상하지 못한 거대한 피해에 대해서는 피난행동과 마을만들기에서 피해를 줄일 수 있는 생각을 중시하게 되었다. 간단히 말하면, 쓰나미의 경우 '제방에 의존하지 말고 즉각 가까운 높은 장소로 도피하여 피해를 줄인다'는 개념이다. 단, 고령자·장애인이 그렇게 할 수 있기 위해서는 누가 무엇을 어떻게 하면 좋은 가라는 것이 과제이다.

3 한신·아와지 대지진·동일본 대지진

고령자 및 장애인의 피해

1995년 1월에 발생한 한신·아와지 대지진에 의해

칼럼 횡단적인 지원단체의 설립

'NPO법인 꿈바람기금'과 '일본 복지마을만들기학회' 등 다수의 관련단체가 한신·아와지 대지진의 장애피해자 구조와 연구조사 중에 설립되었다.

장애인의 피해사상율은 지금까지 틀림없이 높았다. 그러나 과거 관동 대지진을 비롯한 피해기록에서 이 문제에 관한 기록은 거의 볼 수 없다. 한신·아와지 대지진의 보도로 인해 연구조사도 진행되었는데, 그 배경에 장애인의 권리확대, 사회참여가 있었다. 'NPO 법인 꿈바람기금'은, 한신·아와지 대지진 때 피해지의 장애인의 마음을 헤아려 후원·설립된 광범위한 사회기금으로 동일본 대지진에서 큰 역할을 다했다. '일본 복지마을만들기학회'도 한신·아와지 대지진의 장애인 조사에 참여한 연구자들에 의해 설립되고, 당사자가 참여한 학회로서 활동하고 있다. 동일본 대지진에서는 재빨리 이동지원 NPO 'Rera'와 자립지원, 장애인 지원의 횡단적인 지원단체가 설립됐다. 이것은 과거의 피해에서 볼 수 없었던 새로운 움직임이다.

오사카와 고베 지역은 큰 피해가 덮쳤다. 지금까지 만들어 온 사회기반은 붕괴되고, 전기·수도·통신·교통망 등은 두절되었다. 그때까지 장애인·고령자가 살기 좋은 마을만들기가 진행되어 왔지만, 지진에 의해서 복지기반도 모두 파괴되었다. 재해로 인하여 장애인은 피난활동, 물자보급의 지연, 정보에 관한 고립과 교통을 비롯한 생활의 곤란, 지원활동의 곤란 등 장애인 특유의 문제를 껴안았다. 한신·아와지 대지진은 '정보피해'라고 불린 것처럼 피해자의 정보전달·수집부족에 관한 문제가 특히 많은 곤란을 증대시켰다. 이 문제들을 살펴보면 그 후 동일본 대지진의 문제와 공통적이라고 말할 수 있다.

피해발생 시

우선 지진발생 시의 피해는 다음에 따른 부상·사망으로 구별된다.

① 집의 무너짐 또는 갇힘
② 가구의 무너짐·직격 등
③ 지진 직후의 화재·폭발 등

한신·아와지 대지진에서 발생한 지진은 일반인, 고령자, 장애인을 직격했다(그림 12·2). 정확한 통계는 아니지만 집안에서 민첩한 이동이 곤란한 고령자·장애인의 피해가 컸다. 냉장고 등 대형가구가 인간에게 피해를 초래했다. 직후 가스와 불에 의한 화재는 지진재해의 특징이기도 하다.

그림 12.2 한신·아와지 대지진 도로상황

또 갇힘은 집이 무너질 때의 피해 특징이다. 혼자서 탈출할 수 없었던 사람들을 찾아내고(안부확인), 기재를 이용해 구출한다. 현장의 혼란과 전화회선이 끊겨 안부를 장시간 확인하지 못하는 문제는 한신 대지진에서 특히 주목되었다. 동일본 대지진에서도 같았지만 쓰나미의 피해로 안부확인은 한신·아와지 대지진 때보다 더 어려웠다. 동일본 대지진은 휴대전화(특히 스마트 폰), 인터넷의 역할이 컸다. 정보사회를 살아가는 사람들은 재해 시에 보다 큰 불익과 곤란을 안고 있다.

피난 시에 장애인의 이동문제

그림 12.2는 한신·아와지 대지진 때 도로가 파괴된 상황이다. 표 12.2와 같이 한신·아와지 대지진에서 '피난 시의 도로상황과 곤란·위험을 느꼈던 것'은 각 장애종류와 집의 무너짐, 유리파괴, 도로의 균열 등으로, 당초 도로상황이 극히 나쁘고 장애인이 걸을 수 있는 상황이 아니며, 피난소 등으로 이동하는 것

표 12.2 피난 시의 도로상황과 피난 시의 교통곤란 개소 (한신·아와지 대지진)

도로 상황	신체부자유자	휠체어 사용자의 전차 이용은 보조자 한 사람으로는 곤란
	시각장애인	생계의 다름, 발 감각의 다름, 함몰 등으로 맹도견도 사용할 수 없어 걷는 것이 불안
	청각장애인	오토바이, 자전거가 많아 위험
	공통	노면(요철, 균열, 지반침하), 담장, 허물어진 가옥, 유리비산, 물고임에 의한 단차, 정체
피난 시에 어려움·위험을 느꼈던 곳	신체부자유자	가스냄새. 자동차가 많기 때문에 도망이 어려웠다.
	시각장애인	도로의 폐쇄, 중장비의 엔진소리, 차도에서 임시보도가 있을 때, 맹도견과 걷고 있을 때 맹도견의 부상, 환경변화
	청각장애인	정보 부족, 급수 고지, 광고차 방송
	공통	가옥, 잔해, 가구 등의 전도, 도로(장애물[역 자전거], 요철, 전선)

은 상당히 어려웠던 것으로 판단된다. 또, 지체부자유자는 전차 이용, 청각장애인은 오토바이·자전거와의 뒤섞임이고, 교통 이외에는 정보의 늦음으로 어려움을 느꼈다. 특히 시각장애인은 환경변화에 따라 당황스럽고 공사의 소음 등에 위험을 느꼈다. 도로 노면의 파괴, 특히 전면에 깐 '블록 포장'은 제각기 붕괴되어 휠체어 사용자, 시각장애인의 피난을 결정적으로 어렵게 했다. 전국적으로 경관을 중시한 블록포장을 사용하지 않은 것은 한신·아와지 대지진 이후이다. 아스팔트 포장·콘크리트 포장의 파괴도 상당히 보여 기술적 개선문제로 지적되었다. 표 12.3은 동일본 대지진을 고려하여 작성된 피난경로에서의 도로조사 항목 체크리스트이다. 방재체크로 이용하고 싶다.

표 12.3 동일본 대지진에서 피난경로의 도로조사 항목 체크리스트

항 목	체크리스트
도로의 상황	□도로 폭원
	□보도 유무
	□보도 형상(도로와 보도의 구분)
	□보도 폭원
	□장애물(폭원을 좁히는 것)
	□시각장애인 유도용 블록 설치
도로	□노면의 함몰과 노면의 요철 등 걷기 어려움 등 위험함
	□단차가 커서 걸음걸이가 불안
	□경사가 급하고, 구배가 급함
	□길(또는 보도)이 좁고, 걷기 어려워 위험함
	□길(또는 보도)이 좁고, 나란히 보조하면서 보행을 할 수 없음
차로 인한 위험	□자동차가 많아 통행이 위험
	□자동차가 많아 교착점이 위험
	□교착점의 신호 유무
길가(가로)의 위험	□쓰러질 것 같은 가옥, 창고
	□쓰러질 것 같은 블록 담장, 자판기, 전신주
	□떨어질 것 같은 기와, 간판, 유리
화재 관련	□토사 붕괴의 위험
	□도로 붕괴의 우려
	□노면 함몰과 물고임이 걱정스런 부분이 있음
	□비상사태에 도로인지 용수로인지 식별이 불가능할 듯함
	□범람할 듯한 하천 등이 가깝게 있음
사인(피난하는 방향을 표시하는 것)	□사인 유무
	□사인의 알기 쉬움
	□사인의 기전(표시)내용
밝기 확보	□야간의 밝기 확보
	□정전 시의 밝기 확보
	□야간 사인의 알기 쉬움

출전: (재)국토기술연구센터 보고서.

(동일본 대지진)
스태프 보고에서
대지진이 발생하고 1주간 시시각각 변하는 상황. 혼란 속에서 AJU스태프가 보고한 것은 다음 내용이었다.

- 피난상황의 파악이 곤란. 행정, 피난소 담당자도 파악할 수 없었다. 정보수집의 곤란함, 특히 보통 관계가 없는 사람에게는 장애인의 정보를 얻기 어렵다
- 물자배포의 불균형. 피난소 내에서만, 배포 시에 있던 사람에게만 배포되어 피난소 이외의 피해자는 보급품이 남아 있어도 받기 어려웠다. 필요한 사람에게 필요할 때에 필요한 양이 전해지지 않는다. 활용할 수 있을 것 같은 물자가 있지만, 그 용도가 물자 담당자의 역량부족으로 이해하지 못해 배포되지 않는다. AJU에서는 필요하다고 생각된 물자를 받았지만, 장소에 따라 필요한 것이 달랐다.
- 장애가 있는 사람에게 피난소에서의 생활은 매우 곤란. 체육관, 학교로 들어가는 계단. 체육관 외에 간이화장실을 설치하고 있지만, 휠체어는 이용불가. 학교 내에 휠체어 대응 화장실은 있지만 계단 때문에 이용불가. 안아서 화장실까지 이동했다. 이동보조가 필요하지만 보조자가 없다. 가설 화장실은 운동장의 반대 측에 있다. 공사현장용 화장실이기 때문에 다리, 허리가 약한 고령자는 이용할 수 없다
- 보조자의 확보가 곤란. 현지의 단체에서는 스태프도 피해자. 같은 스태프가 거의 매일 쉬지 않고 지원하고 있었다. 여성이용자의 보조스태프가 없고 단발적으로 외인부대로 보충할 수 없다. 지속적으로 지원이 곤란하다는 판단으로 장애 당사자는 부모에게 돌아가는 것으로

그림 12.3 피해 시의 체험을 쓴 지원스태프의 기록

출전: AJU 자립의 집 홈페이지 pdf, 재해약자 지원프로젝트, 장애인은 피난소에 피난할 수 없다. 재해지원방법을 근본부터 재검토한다.

1995년 한신·아와지 대지진 때는,

- 시각장애인 : 피난소의 학교 내에서 이동할 수 없다 / 환경의 급격한 변화에 의해 도로와 시설을 인식할 수 없다 / 전차·버스를 이용할 수 없다 / TV정보를 얻지 못해 상황파악을 할 수 없다 / 침술 일이 없어져 생활할 수 없다 / 헬퍼와 연락이 닿지 않는다 등
- 청각장애인 : 피난소에서 음성이 들리지 않아 의미를 모른다 / 시청의 차량에서 스피커에 따른 홍보내용을 모른다(급수정보를 모른 채로 생활하고 있다) / 수화뉴스가 방송중지되어 보도내용을 모른다 / 피난소에 FAX가 없다 / 수화통역을 이용하는 환경이 없었다
- 신체부자유자 : 휠체어를 잃다 / 전도물과 노면파괴에 의해 휠체어를 사용할 수 없다 / 피난소인 학교에 장애인용 화장실이 없다 / 피난소 소학교는 1층밖에 사용할 수 없다 / 피난소에서 사람 사이를 지나갈 수 없다 / 헬퍼·자원봉사자와 연락할 수 없다 / 전차·버스를 사용할 수 없다 / 가옥 내에서 갇혀 있었다(5일간 마시지도 먹지도 못한 보도도 있다) / 맨션 문이 열리지 않아 휠체어로 탈출할 수 없다 등
- 내부장애인·환자 : 통원할 수 없다 / 인공투석을 받을 수 없다 / 약을 구할 수 없다 / 체온계·혈압계가 없어 건강파악을 할 수 없다 / 인공 배설기 사용자 대응의 설비가 없다 등
- 기타 : 겁·불안 등의 정신적 실조 / 이웃·지인이 군데군데 가설물로 이동에 따른 고독감 등

그림 12.4 한신·아와지 대지진에서 피난소·피난생활의 장애인의 주된 어려움

4 피난생활·피난소·가설주택·부흥주택

피난한 장소가 피난소, 자택, 복지시설이냐에 따라 그 후의 피난생활 환경은 상당히 다르다. 고령자·장애인에게 자택, 복지시설의 피난생활에서 서비스까지도 받을 수 있다면 기본적으로 바람직스럽다. 어려움을 극에 달하게 했던 것은 피난소이다.

그림 12.3는 'AJU 자립의 집'이 정리한 동일본 대지진 지원 레포트이다. 통상 피난소는 장애인과 체력이 떨어진 고령자가 생활할 수 있는 장소는 아닌 것을 잘 알 수 있다.

그림 12.4는 한신·아와지 대지진 때의 피난소에 관한 조사·정보로 특징적인 문제를 정리한 것이고, 동일본 대지진에서도 그림 12.3과 공통적이었다.

이와 같이 장애인 등에게 피난소가 혹한 장소라는 것은 한신·아와지 대지진으로 명확해졌음에도 불구하고 그 후 피해의 경험으로 개선이 되었다고 말하기 어렵다.

명확해진 과제는 다음과 같다.

① 통상 피난소에서 장애인이 생활하기는 어렵다.

② 그렇지만 경도의 장애인을 포함한 모든 피난자에 대응하기 위해 평소부터 피난소로 지정된 학교를 포함한 공적 시설은, 엘리베이터·점자 블록·다기능 화장실·텔레비전·라디오 등을 갖추어야 한다: 학교와 공공시설의 배리어프리는 일반적으로도 당연한 사항이지만 한신·아와지 대지진 이후 전국적으로 피해 시를 대비하여 각지의 복지마을 만들기 조례에도 포함시키도록 되었다. 그러나 정비는 아직 진행 중이다.

③ 한편 한신·아와지의 교훈으로 고령자·장애인에 특화된 2차 피난소(복지피난소)를 설치한다: 이것은 97년 피해구조법에 의해 자리매김했다. 배리어프리 요건과 간호복지사와 간호사 등의 스태프 요건이 필요하다. 2007년 노토반도 지진에서 처음으로 개설되었고, 현재 전국적으로 설치와 지침이 검토되고 있는 단계이다. 국가의 『재해약자의 피난지원 가이드라인(2005년 작성, 2006년 개정)』이 책정되고 있다. 동일본 대지진의 조사부터 복지적·의료적 관점에서 본 피난생활에서의 요구를 이와테현 사협이 표 12.4와 같이 정리했다. 이것의 대부분은 복지피난소만이 아닌 일반의 일시피난소에 해당하

는 것이 많다.

④ 가설주택·부흥주택을 복지대응으로 한다: 한신·아와지 대지진의 초기쯤 가설주택은 기본적으로 비와 이슬을 피하는 '가설'이고, 본래의 커뮤니티는 존중되지 않았기 때문에 상당히 문제가 제기되었다. 이후, 가설주택, 부흥주택에는 배리어프리 설비요건을 더해 고령자·장애인이 살기 좋고 커뮤니티가 유지되며 교통접근성 확보, 매물 등의 조건 확보, 친환경 신기술이 생겨났다(그림 12.5-12.7). 동일본 대지진으로 피해를 입은 각 시에서 이와 같이 가설주택이 충분히 보급되었다고 말하기는 어렵지만, 새로운 흐름으로 바뀌고 있다. 그림 12.8은 동일본 대지진의 장애인 피난생활지원을 위한 이동지원 봉사활동이다. 동일본 대지진에서는 봉사활동에 의한 물자와 서비스 지원의 규모가 현격히 넓어졌다.

표 12.4 피난생활에서의 요구

항목	No.	내용	항목	No.	내용
거주환경	1	정서안정이 필요한 사람을 위한 공간	전문직	25	의사
	2	체온조정이 필요한 사람을 위한 설비		26	간호사
	3	가족(주로 보조자)도 같이 피난할 수 있을 것		27	신체보조
	4	장애의 종류로 구별되어 있을 것		28	수화통역
배설	5	배리어프리 화장실		29	지적·자폐·발달장애 등
	6	인공 배설기 사용자가 사용 가능한 화장실		30	심리치료사
	7	요강		31	생활상담·코디네이터
	8	휴대화장실		32	재활사
입욕설비	9	배리어프리 욕실	식사	33	잘게 썬 식단
	10	리프트		34	채소식
	11	개별욕조		35	죽
의료	12	재택인공호흡기의료법에 필요한 것		36	관급식
	13	재택산소의료법에 필요한 것	커뮤니케이션 툴	37	점자판
	14	재택인공복막투석요법에 필요한 것		38	음성시계
	15	간질 약·인슐린·항경련제 등 계속해서 복용이 필요한 약		39	필담용구
	16	기관절개와 담수흡인에 필요한 것		40	문자방송 전용 텔레비전
				41	음성 레코더
생활기구	17	욕창 대책이 가능한 것		42	팩스
	18	앉은 자세 유지 장치		43	컴퓨터 인터넷
	19	침대		44	전광게시판
장구류	20	보청기와 전용전지		45	자택 등에 피난할 수 없을 경우의 물자반입
	21	인공 배설기와 전용기구		46	이송지원
	22	휠체어의자		47	기타(　　)
	23	보행기			
	24	지팡이			

출전: 이와테현 사협조사별표 2.

그림 12.5 야마코시 복구주택

지역 전통적 생활을 중시한 복구주택

그림 12.6 커뮤니티 케어형 가설주택지(가마이시시)

제공: 가마다 미노루

그림 12.7 배리어프리화된 피해지 가설주택

제공: 가마다 미노루

그림 12.8 동일본 대지진 피해지 이동지원

제공: 이동픽업 지원활동 정보센터

그림 12.8은 동일본 대지진의 장애인 피난생활지원을 위한 이동지원 봉사활동이다. 동일본 대지진에서는 봉사활동에 의해 물자와 서비스 지원의 규모가 현격히 넓어졌다.

5 장애인의 외출일수(사회활동)의 변화(한신·아와지 대지진)

피난생활·부흥(복구)생활에는 주택문제와 함께 마을의 부흥(복구)문제가 있다.

한신·아와지에서 피해경험자의 월당 외출일수를 장애유형마다 평균을 내고 지진 전과 지진 후의 추이를 비교했다(그림 12.9). 각각의 장애에서 지진 전은 1개월당 15~18일 이상 외출빈도가 있었다. 그런데 지진 직후는 3~9일로 현저하게 외출일수가 줄어들었다. 청각장애인은 2월에는 지진 전의 외출빈도로 돌아왔다. 또, 중증 신체부자유자는 지진 후 1월 중의 외출이 낮고, 청각장애인과 비교하면 속도는 느리고, 지진 후 4월에는 평균외출일수가 지진 전으로 돌아갔다. 한편 시각장애인은 4월 시점에서도 통상시의 외출일수보다도 현저하게 낮고, 지진 후 8개월이 경과하고도 지진 전 상황으로 돌아가지 않았다.

게다가 각 교통수단에 따른 외출환경의 변화를 정

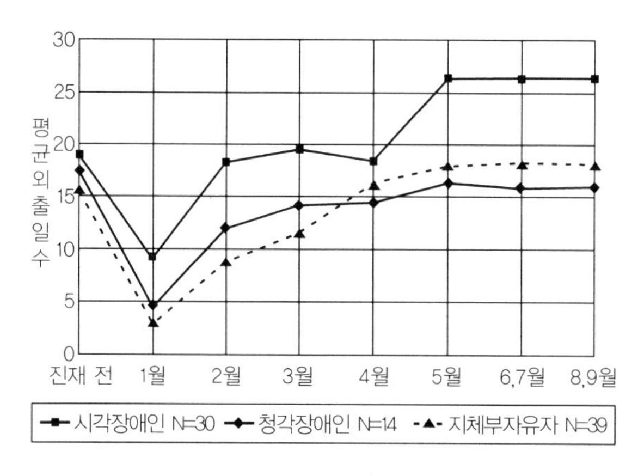

그림 12.9 한신·아와지 대지진(1995.1.17) 피해 후의 장애인 월별 외출횟수 변화

출전: 미호시 아키히로·기타가와 히로시 외, 「한신·아와지 대지진 토목계획학 조사 연구논문집」, 토목학회 토목계획학 연구위원회, 1997.

리한 것을 표 12.5에 표시한다. 철도·버스에서는 이용객과 교통정체 등의 혼잡, 통행상의 문제, 역 주변의 장애물이 공통문제로 올라왔다. 또 자동차 이용, 자전거·보행에서는 노면상태의 나쁨이 각각 교통항목으로 올라왔다. 특히 시각장애인은 역 구조의 변화, 안내의 부족, 전조등이 없는 자전거, 경음 등의 문제를 지적하였고, 이 항목이 시각장애인에게는 외출을 상당히 방해하고 있는 요인이라고 말할 수 있다. 이와 같이 한신·아와지 대지진에서는 환경이 대폭으로 변하고 평상시에는 상상하기 어려운 특수한 문제도 일어났다. 대체버스는 휠체어가 탈 수 없고, 시각장애인에게는 일단 바뀐 환경은 쉽게 인식되지 않는 상태에서 좀처럼 적응되지 않은 것을 알 수 있다. 그러나 그 중에 순차적으로 복구되는 역 등 원래 배리어프리화된 경우는 순조롭게 장애인 환경도 회복되었다. 정리하면 평상시의 배리어프리가 어디까지나 기본이다.

표 12.5 한신·아와지 대지진 후의 외출환경 변화

철도	시각장애인	역 구조가 바뀌어 이동이 곤란
	공통	혼잡에 의한 문제 불통에 의한 문제 역전 자전거 등의 장애물의 문제 파손으로 기존과 같이 이용할 수 없다
버스	시각장애인	목적지를 모른다 정확한 정차위치에 머무를 수 없다
	공통	체증에 의해 시간을 읽을 수 없다 기다리는 시간이 길다 철도의 불통구간이 혼잡하여 이용불가능 통상 이용하고 있는 노선의 운행중지 사내방송 등의 안내가 불충분
택시	공통	도로체증 승차거부가 증가했다 규제에 따른 간선도로를 이용할 수 없다 수가 적다
자가용차	공통	통행금지, 교통규제, 도로체증으로 시간이 걸린다 교통규제 면제의 통교증을 원한다 노면상태가 나쁘다 가설주택에 주차장이 적다
자전거	시각장애인	불을 켜지 않고 주행하는 경우가 많고, 충돌·접촉의 위험
	공통	이사 등으로 지리감이 없기 때문에 이용하지 않는다 노면상태가 나빠 위험하다
보행·휠체어	시각장애인	화물트럭 등의 경음 보차도의 구별이 없었다
		노면상태가 나쁘다(요철, 단차, 파손잔해) 건물이 무너질 위험성 먼지와 잡음

주: 공통은 지체부자유자·시각·청각장애인 공통의 문제점을 가리킨다.

6 청각장애인 단체 FAX기록으로 본 구조활동의 기록(한신·아와지 대지진)

1995년 1월 17일 지진 후 머지않아 일본 전국의 농아연맹은 피해 청각장애인을 지원하기 위해 전 일본 농아연맹 내에 전국 지원대책본부를 설립하고, 지진 발생 4일 후에는 피해지를 지원하는 효고현 지원대책본부를 고베 시내에 설치했다. 게다가 1월 23일에

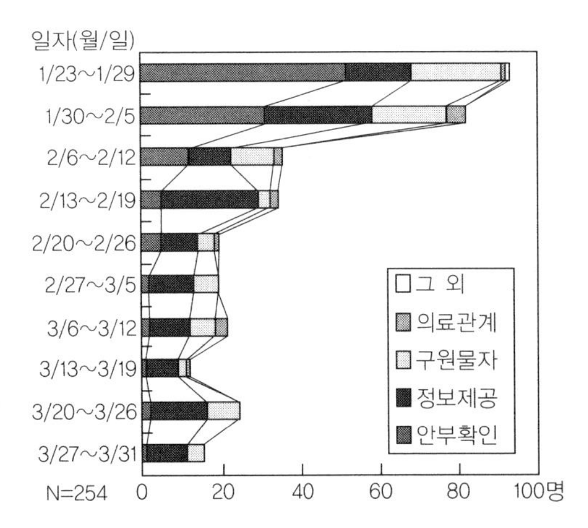

그림 12.10 한신·아와지 대지진 후의 청각장애인 지원요구

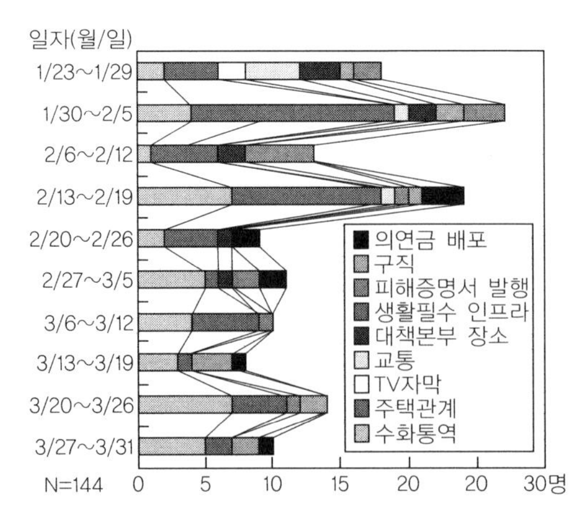

그림 12.11 한신·아와지 대지진 후 청각장애인 정보요구의 내용

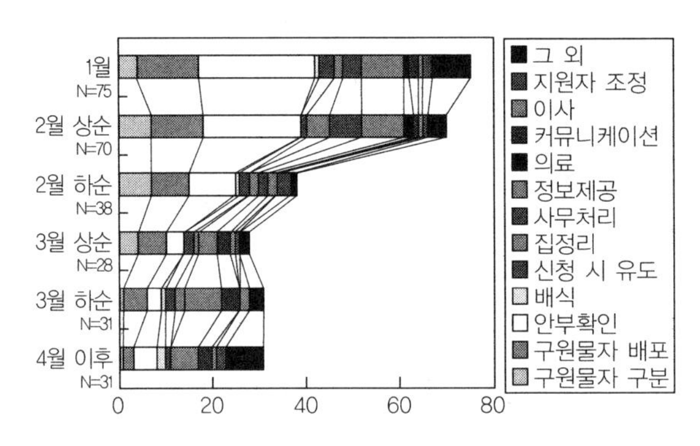

그림 12.12 한신·아와지 대지진 후 시각장애인 단체의 지원내용

는 평상시부터 청각장애인을 지원하는 단체의 스태프와 봉사활동자가 피해 청각장애인의 지원활동을 실시했다.

피해 청각장애인의 요구는 그림 12.10과 같이 '안부확인'에 관한 요구로, 지진 직후의 1월 23일~29일 기간에 53건으로 많았다. 그 후 1월 30일~2월 5일 기간에는 34건, 2월 6일~12일 기간에는 15건으로 시간경과와 함께 감소하고 있다.

다음으로 '구원물자'에 관한 요구건수도 안부확인 요구와 같이 1월 23일~29일 기간에 21건, 그 후 1월 30일~2월 5일 기간에는 18건, 1월 6일~12일 기간에는 9건으로 시간경과와 함께 감소하고 있지만, 구원물자 요구는 안부확인 요구의 감소속도보다는 느리다. 또 '정보제공'의 요구는 지진 초기의 1월부터 건수가 보통 10~20건으로 거의 일정했다.

이것에 의해 피해 청각장애인의 요구가 지진 직후는 친구·지인의 인명을 파악하기 위한 안부확인 요구와 동시에 구원물자로의 요구로 변화되고, 지진 전의 생활로 회복하기 위한 정보제공과 시간의 경과와 함께 변화하고 있다.

정보요망의 내용을 그림 12.11에 표시한다. 지진 직후의 1월 중은 피난소 생활에서 가설주택 등 사생활이 지켜지는 거주를 찾기 위해서 필요한 피해증명서, 주택관계 요망비율이 높아지고, 실제로 거주 수속을 할 때와 사람과의 커뮤니케이션을 바랄 때에 필요한 수화통역자 파귀비율이 높아짐을 알 수 있다.

7 시각장애인이 본 구원활동의 기록 (한신·아와지 대지진)

지진 직후에 설립된 봉사활동 단체인 HABIE(해비 : 한신·아와지 대지진 시각장애 피해자 지원대책본부)의 협력을 얻어 피해 시각장애인을 지원해 온 봉사자를 대상으로 1997

년 2, 3월에 설문조사를 실시했다. 1월은 75명, 2월 상순은 70명으로 2개월간에 지원활동을 했던 사람이 많고, 2월 하순에는 35명, 3월 상순은 28명으로 감소했다. 지원활동 내용에 대해서 피해 시각장애인의 생존, 피난거처를 확인하기 위한 '안부확인' 활동의 참여자가 지진 직후 1월에 가장 많고, 일수경과와 함께 감소하였다. 피해자의 인명, 거처를 파악하는 것은 공통적으로 중요하고 초기활동으로 가장 필요한 활동이다. 또 '구원물자 분류·배포'의 지원활동에 대해서 1월 17명, 2월 상순은 18명, 2월 하순은 15명, 3월 상순은 10명으로 정기적인 인원수가 활동하였다. '정보제공' 활동에서는 1월은 9명, 2월 상순은 9명, 2월 하순은 2명, 3월 상순은 3명, 3월 하순은 4명과 지원활동에 종사하고 있는 사람도 시간의 경과와 함께 감소하였다.

8 한신·아와지 대지진 피해정리

결과로서, 피해 장애인에게 교통조사를 한 내용에 피난 시에는 어쩔 수 없이 우회시켜 신속한 피난활동을 할 수 없었다. 또 장애인의 외출에 영향을 끼치는 항목에 관해 시각장애인에게는 지금까지 외출환경 변화, 공사 등 소음에 따른 위험을 느끼는 것으로 외출에 지장을 주는 경향이 있었다. 지진 후의 외출 변화에는 지체부자유자·시각장애인은 지진 전의 외출일수로 돌아가는 데에 시간이 걸렸다. 그 중에서도 시각장애인은 환경변화가 특히 영향을 미쳤고, 외출을 못나가게 하는 경향이었다. 또 피난을 한 사람은 장애에 관계없이 외출변화가 유사하였다.

뒤이어 청각장애인의 FAX기록에 의하면 지원조직은 지진 직후에 결성되었고, 안부확인과 구원물자 요구를 받고 신속히 이루어졌다. 그렇지만 통상 정보입수수단이었던 FAX가 직접사용이 안 되고, 특히 정보에 관한 케어는 상당히 필요한 것을 알았다.

더욱 시각장애인의 지원에 관해 청각장애인과 같이 지진 직후는 안부확인이 지원내용의 제1내용이었다. 그리고 일수경과와 함께 지원건수는 감소하였지만, 사무적 처리와 정보제공에 관한 사항은 필요성이 높았다. 긴급 피해 시의 교통상의 문제와 장애인 지원에는 평상시부터의 활동이 특히 필요한 것을 알 수 있다. 이후 이동제한이 없도록 교통시설을 정비하는 것뿐만 아니라 평상시부터 봉사활동·훈련의 중요성도 이번에 지적되었다. 이후는 하드면만의 정비에 구애받지 않고 소프트면을 고려한 복지마을 만들기 구축에 대해서 고려해 나갈 필요가 있다.

9 동일본 대지진을 근거로 한 고령자·장애인 등 배려사항 체크리스트

고령자·장애인의 피해에서 피난생활에 관한 조사로서 일반 재단법인 국토기술연구센터의 교통약자조사이다. 여기에는 조사결과를 토대로 고령자·장애인의 배려사항 체크리스트를 정리하였다(표 12.6). 단계를 ① 평상시 준비, ② 재난발생 시 또는 발생의 우려가 있을 시, ③ 피난경로, ④ 피난장소를 분리하고 과제와 구체적인 체크리스트를 작성하여 이후 피해대책에 역할을 할 것으로 기대된다.

장애인의 피해특징은 한신·아와지 대지진과 동일본 대지진에서 상당부분 공통적인 것이 흥미롭다. 물론 동일본 대지진은 쓰나미 피해라는 한신·아와지 대지진에는 없었던 문제가 있고 원전피해와 나란히 특징짓고 있지만, 공통적인 피해로 정보수집 문제, 피난할 수 없었던 점, 피난생활의 불편 등은 이후 피해감소대책을 고려하는 데 상당히 참고가 되었다.

표 12.6 고령자·장애인 등의 배려사항 체크리스트(안) (동일본 대지진)

장 면		고령자·장애인 등의 피난에 관한 과제	체크리스트
평상시의 준비		피난하는 장소 등에 관한 정보의 이용이 곤란	◇ 피난처(복지피난소 포함)에 관한 정보와 각종 긴급대피 경로도 등의 정보를 얻었습니까 ◇ 피난처에 계단이 없는지, 다기능 화장실이 있는지 등의 정보가 있습니까
		지원과 지원의 향상	◇ 커뮤니케이션이 가능한 수단이 있습니까
피해발생 시 또는 피해발생의 우려가 있을 때		피해상황 등에 관한 정보이용이 곤란	◇ 피해상황을 신속하게 전달하기 위해서 시각, 청각, 촉각 등의 여러 감각을 활용한 정보제공(문자, 음성, 점자, 기호, 필담, 수화, 녹음, 빛, 진동 등)이 있습니까
		수직이동시설이 사용 불가능하여 위험한 장소에서 탈출이 곤란	◇ 엘리베이터를 사용할 수 없을 때, 계단을 오르고 내릴 수 없는 사람에 대한 대책이 있습니까
피난 경로	공통	평상시부터 이동이 곤란(계단이 있다·불필요한 단차가 있다)	◇ 피난경로는 배리어프리화되었습니까 ◇ 피난경로는 위험이 적습니까, 또 경로단축 등이 되었습니까
		피난장소의 방향을 모른다	◇ 피난경로상 알기 쉽고 보기 쉽게 안내표시는 있습니까 ◇ 안내표시는 야간에도 알기 쉽도록 되어 있습니까
		밝기가 확보되지 않아 주위와 노면상황을 확인할 수 없어 이동이 곤란	◇ 피난경로가 정전 시, 어둡지 않도록 되어 있습니까
	쓰나미 피난의 경우	보행속도가 느리기 때문에 쓰나미 도달까지의 짧은 시간에 피난이 곤란	◇ 쓰나미 도달까지 단시간 피난이 곤란한 사람에 대해서 근처에 피난할 수 있는 장소와 피난경로를 확보했습니까 ◇ 보행속도가 늦는 사람이 있어도 안전하게 피난할 수 있도록 피난경로에 충분한 폭이 있습니까 ◇ 차로 피난하는 경우에 대비하여 주차 가능한 공간이 있습니까
		피난 도중의 급격한 구배와 계단을 오르는 것이 곤란(고지대)	◇ 고지대로 피난하는 경로 등이 급격한 구배와 계단인 경우, 안전하게 오르도록 되어 있습니까
		피난 도중의 급격한 구배와 계단을 오르는 것이 곤란(쓰나미 피난 빌딩·타워)	◇ 쓰나미 피난 빌딩과 쓰나미 피난 타워의 계단을 오르는 것이 곤란한 고령자와 장애인에 대해 배려하고 있습니까
	연소피난의 경우 지진에 따른 화재	함몰, 균열 등으로 노면단차에 의한 이동이 곤란	◇ 피난경로에 대해서 흔들림에 의한 함몰, 균열 등과 계단의 인터로킹 포장을 삼가는 등, 단차를 만들지 않는 포장으로 되어 있습니까
		도로상 장애물에 의한 이동이 곤란	◇ 피난경로에 대해서 가로의 간판, 화분 등 통행의 방해가 되는 장애물이 경로상에 흩어져 있지 않도록 가로대책이 있습니까
피난장소		장거리 보행이 곤란하고 먼 곳의 피난장소 도달이 곤란	◇ 장거리 보행이 곤란하고 먼 곳의 피난장소로 도달이 곤란한 경우, 가까운 시설을 피난장소로 지정하는 등의 준비가 있습니까
		피난장소로 들어가는 것이 곤란 또는 들어간 후에 이동이 곤란	◇ 시설 출입구 등의 단차 해소를 비롯하여 피난소의 배리어프리화가 되었습니까
		피난장소가 지내기 어렵다	◇ 넓은 공간에 많은 사람이 있어 지내기 어려움을 느끼는 고령자와 장애인 등에 대한 배려가 있습니까
		화장실을 사용할 수 없다는 절실한 문제	◇ 다기능 화장실이 있습니까 ◇ 재해용 화장실은 준비되었습니까
		다른 피난자가 입수할 수 있는 정보를 입수할 수 없고, 입수가 어렵다	◇ 피난자에게 필요한 정보를 전하기 위해서 시각, 청각, 촉각 등의 여러 가지 감각을 활용한 정보제공(문자, 음성, 점자, 기호, 필담, 수화, 녹음, 빛, 진동 등)이 있습니까
		이동과 정보의 이용에 필요한 전원 등을 확보할 수 없다	◇ 이동과 정보이용에 필요한 전원 등이 있습니까

출전: 「피해 시·긴급 시에 대응한 피난경로 등의 배리어프리화와 정보제공의 방법에 관한 조사연구보고서」, 국토교통성 종합정책국 안심생활정책과, 2013.

참고문헌

1) 佐藤武夫·奥田譲·高橋裕『災害論』, 頸草書房, 1979.

2) 藤井克徳『東日本大震災と被害障害者~高い死亡率の背景に何が~JDFによる支援活動の中間まとめと提言』, (未定稿), 2012.

3) 立木茂雄 「HATコラム, 高齢者, 障害者と東日本大震災」 (http://www.hemri21.jp/columns/columns038.html).

4) 三星昭宏·北川博巳 ほか「阪神大震災発生後の障害者の交通問題について」『阪神·淡路大震災土木計画学調査研究論文集』 土木学会土木計画学研究委員会, 1997.

5) 三星昭宏·新田保次·土居聡·北川博巳·飯田克弘·杉山公一「阪神大震災における障害者の避難行動調査と今後の課題」 『土木学会関西支部阪神·淡路大震災高齢者障害者の実態と今後のまちづくり課題資料集』, pp.2-12, 1995.

6) 東京都身体障害者団体連合会『東日本大震災における障害者の行動等に関する調査報告書』, 東京都委託事業.

7) 『東日本大震災 障害者の支援に関する報告書』, 日本障害 フォーラム (JDF), 2012(HP: http://www.dinf.ne.jp/doc/japanese/resource/df/jdf_201203/index.html).

8) 柿久保 浩次「東日本大震災下での移動送迎支援活動から生活支援としての移動送迎サービスを考える」『交通科学』 Vol.43, No.1, 交通科学研究会, 2012.

9) 「特集I 東日本大震災復興調査報告その4」『福祉のまちづくり研究』 Vol. 14, No.1, 日本福祉のまちづくり学会, 2012.

10) 沼尻恵子·朝日向猛·岡正彦「災害時·緊急時に対応した避難経路等に関する考察」『福祉のまちづくり研究』 Vol.14, No.1, 日本福祉のまちづくり学会, 2014.

11) 社会福祉法人 AJU 自立の家「災害時要援護者支援プロジェクト障害者は避難所に避難できない - 災害支援のあり方を根本から見直す」(http://www.aju-cil.com/public-doc/bousai/manual/rep_201104.pdf).

12) 鈴木圭一·朝日向猛·沼尻恵子「災害時·緊急時に対応した避難経路避難 場所のバリアフリー化に関する研究」『JICE REPORT』 Vol.24, 2012.

집필자 좌담회

"유니버설디자인의 과제는 현대 일본의 기본과제 그 자체"

– 다카하시 기헤이·미호시 아키히로·이소베 도모히코

◈ 복지마을 만들기 여명기 – 연구와 실천의 계기

다카하시 여러분 모두 복지마을 만들기의 연구와 실천에 관여하게 된 계기가 무엇입니까?

미호시 1975년에 장애인분들과 교류하면서 배웠던 것이 계기가 되었습니다. 되돌아보면 교통공학, 교통계획에서는 대상인 사람을 항상 평균치로 생각했습니다. 이것이 정말 사람을 대상으로 하는 학문인가라고. 또 인생 후반에 겪은 한신·아와지 대지진도 컸습니다.

이소베 저는 아버지가 장애인이기 때문에 어릴 때부터 장애인운동과 교육이나 취업에서 차별이 있는 사정을 자주 들었습니다. 그것이 제 연구로 연결되리라고는 정말 생각지도 못했지만, 그 영향이 컸겠죠. 직접 관여한 것으로는 2000년부터 중부국제공항(센트리얼) 프로젝트와 병행해서 2000년 교통 배리어프리법의 기본구상 책정작업에 5년 정도 집중해서 의론을 한 것은 성과가 컸습니다.

다카하시 저는 1974년에 사이타마현 가와구치시에서 장애인 케어를 제공하는 주택만들기에 관여했습니다. 뇌성마비자 그룹이 시장에게 주택건설을 요구하며 자신들의 요구를 도면으로 그려줄 사람을 찾았습니다. 직감적으로 그 장애인운동에 참여했습니다. 그것이 계기가 되어 1976년에는 수도권의 '장애인 세대용 특정목적 공영주택' 전체를 조사했습니다. 실은 그때 현재 일본을 대표하는 장애인운동 리더들과 만났습니다.

◈ '우세사상'과 '최대다수의 최대행복'에 대한 반발

미호시 그 당시 이미 '핸디캡 소위원회'(일본건축학회 내에 설치된 일본 최초 배리어프리 관계 학술위원회)가 있었습니까?

다카하시 소위원회는 1977년에 시작했습니다. 저는 장애인운동을 하다가 이 세계로 들어왔기 때문에 건축학회에 가면 저는 이단아, 주위는 연구자 중의 연구자라고 느꼈습니다. 행정업부에 관여하게 되었던 것은 배리어프리법(마음의 빌딩법)이 제정될 때 건축설계 표준작업에 참여했습니다.

미호시 1980년대 비로소 홋카이도대학의 고 이가라시 히데모 선생님이 토목계획학연구위원회에 고령자 분과회를 발족시켰습니다. 그 즈음 학회에서는 "생물은 경쟁 속에서 강한 것이 살아남기 때문에 지나치게 '약자'를 구제하는 것은 법칙의 역행이다"라는 의견이 있었는데, 그것에 대해 저는 다양한 개체가 서로 도우며 공존하는 집단이 강인하다는 견해로 반론한 기억이 있습니다. 아키타대학의 고 시미즈 고우시로 선생님이 배리어프리 연구자는 관점을 '휴머니즘'에만 두지 말고 '사회시스템론'으로 발전시켜야 한다고 역설하셨던 것이 인상 깊었습니다.

이소베 장애인운동 속에서도 '우생사상(태어나지 않았으면 하는 인간의 생명을 인공적으로 태어나지 않도록 해도 상관없다라는 사고)'에 대한 반론이 나왔습니다. 우생사상이 나온 사회배경은 '최대다수의 최대행복'이었죠. 특히 세금을 써 사회시스템을 만들기 때문에 다수의 편이 중요하다라는 것이 당시 토목계의 입장이었습니다.

다카하시 그것은 건축계에서도 마찬가지입니다. 다만, 건축연구자·전문가가 행운이었던 것은 일본 건축계를 이끌었던 도쿄대학의 요시타케 야스미 선생님이 이 문제에 관심을 가졌던 것입니다. 건축에서는 누구나가 큰 건물을 설계하고 싶어합니다. 그러면 거리를 거니는 장애인과 반드시 부딪히게 됩니다. 요시타케 선생님도 학교와 도서관, 병원 등에 관여했지만, 복지환경은 건축세계에서 주류가 아니었습니다. 그러한 건축계 동향을 비판적으로 보고 '장애인들의 삶터'를 어떻게 만들것인가를 고민하고, 이동수단과 공영주택이 필요하다고 주장했습니다. 이 선생님의 영향으로 건축연구자의 관심이 한순간 확대되었습니다. 단, 그들도 연구자 중에서 소수집단이었지만 흐름이 변한 것은 1986년 행정이 고령화대책을 세우고부터였습니다. 오늘날에는 건축학과가 있는 대학이라면 고령자주택, 배리어프리와 유니버설디자인을 가르치지 않는 곳은 없겠지요. 그러나 대체로 책상 앞에 앉아 강의로만 끝나지 않나요? 예를 들면, 건축물에서 구배(기울기)문제, 1/12에서 승강할 수 있는 사람들이 어느 정도 있는지, 어떠한 검증을 했는지를 학생에게 전하지 않으면 배리어프리는 가르칠 수 없습니다. 그런 의미에서 아직 해야 할 것이 많다고 생각합니다.

◈ 당사자가 참여한 의견조정의 어려움

다카하시 2000년 전후부터 장애인문제도 여러 분야와 연관되어 나왔습니다. 장애인 측의 의식은 어떻게 변화되어 온 것 같습니까? 중부국제공항 프로젝트(센트리얼)에서의 경험에서 무엇을 얻었습니까?

이소베 센트리얼에서 주체인 '중부국제공항 주식회사'가 다양한 장애인을 참여시켜 유니버설디자인 연구회를 설치했습니다. 다양한 장애를 가진 사람들이 모여 의론하는 장이라는 것은, 즉 일종의 이해조정의 장이기도 합니다. 그것에 당사자 자신이 참여하는 것에 큰 의미가 있습니다. 앞으로 각 단체가 모여 의론하는 것이 지금 아이치현에서는 주류가 되었습니다.

다카하시 확실히 관서지방에서 장애인 개개인이 자신들의 의견을 발언하는 그룹이 생겨나는 변화의 과정이 있었습니다.

미호시 관서지방에서는 장애 당사자 단체가 1970년대에 '산들바람처럼 거리로 나서자'를 표어로 장애인이 자립하여 사회에 참여하는 운동이 시작되었습니다. 그 후, 배리어프리화, 복지마을 만들기 조례제정은 당사자 자신들의 운동으로 전개된 것입니다. 지금에는 장애인이 배리어프리 정책, 시설의 계획·설계·평가에 관한 구체적인 제언을 하기까지에 이르렀습니다. 1990년대 후반 고베항 나카토테이 중앙터미널과 한큐이타미역 정비는 장애인이 계획 당초부터 참여한 획기적인 예가 되었습니다. 이 흐름은 전국으로 파급되었고, 중부국제공항 센트리얼·삿포로 산치토세 공항터미널·하네다공항 국제선터미널 정비에 당사자 참여로 이어졌습니다.

이소베 당사자 참여 필요성에 대해서 예를 들면 엘리베이터 버튼의 설치에 관련한 이해조정 사례가 있습니다. 당초 버튼은 1곳에 설치하게 되었는데, 어디에 설치할 것인가를 의론했습니다. 시각장애인은 손을 내밀어 바로 앞밖에 찾을 수 없기 때문에 문 바로 옆에, 휠체어 사용자는 바닥에서 1m 높이를 원하는 의견이 나왔고, 결국 버튼은 2군데 모두 설치했습니다. 당사자끼리 의론을 해서 그 필요성을 상호 이해할 수 있어서 조정할 수 있었던 사례입니다.

미호시 의견조정의 예로는 횡단보도와 보도의 경계 단차 문제가 있습니다. 휠체어 사용자에게는 단차가 없는 편이 좋고, 시각장애인에게는 단차가 명확한 쪽이 좋습니다. 이 문제는 양쪽에게 아직 불만이 있고 기술의 연구도 포함하여 앞으로의 검토과제입니다.

다카하시 단체 간의 의견조정은 좀처럼 잘 진행되지 않지요. 1990년에 미국에서 ADA(Americans with Disabilities Act)법이 제정됐을 때 그 리더는 청각장애인이었습니다. 다양한 장애를 가진 사람들이 존재하는데 어떻게 미국에서는 이처럼 장애인이 하나로 뭉칠 수 있었는지 처음에는 이상했습니다. 반차별, 장애인의 권리 획득을 명확히 의사표시했습니다. 그러한 배경이 있었기에 일본에서도 2013년 6월에 성립된 장애인차별 해소법의 요구과정에서 여러 장애인 단체가 하나로 뭉친 의의는 큽니다.

◈ 행정의 벽 – 의식과 실상

다카하시 센트리얼의 성과를 행정은 어떻게 보고 있지요?

이소베 당사자 참여가 어느 정도 인식되어 있는지는 모르겠습니다. 완성된 공항시설만이 아닌 프로세스에 주목해줬으면 합니다만…. 센트리얼 프로젝트는 약 5년간 PDCA 관리 사이클이 확실하게 진행된 것이 좋았습니다. 한편, 행정은 단년도 단위로 움직이기 때문에 좀처럼 장기적인 시간계획으로 생각을 넓히지 못한 상황입니다.

다카하시 생각해 보면 일반적인 도시개발사업에서도 단년도에 사업완료는 불가능합니다. 기본구상에 당사자가 참여하여 워크숍을 한다고 적혀 있어도 다음 해로 넘어가면 운영예산이 없습니다.(쓴웃음)

이소베 예산이라면, 센트리얼 유니버설디자인 연구회 운영자금은 실은 설계비의 일부 명목이었습니다. 계획단계의 워크숍이라는 명목으로는 돈을 쓰기가 어렵다고 느꼈습니다. 계획단계에서의 워크숍 비용이 정말 필요한데 말이죠.

미호시 하물며 참여형이라는 개념은 최초부터 예산이 필요하다는 발상이 없기 때문이지요. 이것은 국가와 시군구 행정에서 제도화했으면 하는 부분입니다. 모든 행정의 업무평가는 '어떤 것을 몇 개 만들었나' '법률을 몇 개 만들었나'로 평가하고 있는데, '하드가 아닌 소프트를 몇 개 만들었나'로 평가되는 시대로 전환되어야 합니다.

다카하시 제가 관여하고 있는 도쿄 어느 구에서 복지마을 만들기에 열심인 사람이 몇 명 있습니다. 그러나 그 사람이 어떻게 평가되는지는 …. 역시 사람을 평가하고 싶습니다.

◈ 해외 사정 - 아시아 국가에서는 기세가 높다

다카하시 해외로 눈을 돌리면 세계를 선도하고 있는 도시는 어디입니까?

미호시 공공교통의 배리어프리 견인국은 북유럽, 영국, 프랑스 등의 유럽과 북미의 캐나다, 미국의 대도시입니다. 단지 미국은 극도의 자동차 대중화 국가이고, 이동수단이 기본적으로 자동차라는 큰 문제가 있습니다. 일본에서는 공공교통과 자동차교통에 대한 태도에서 유럽국과 30년 정도는 차이가 있습니다. 그것이 배리어프리화가 늦어진 원인도 되었습니다. 하드면의 배리어프리 정비에는 2000년 이후 겨우 북미에 따라붙은 상태입니다. 공공교통을 중시하기 위해 일본은 2013년에 '교통정책기본법'을 성립시켰습니다.

다카하시 아시아에서는 어디가 평가되고 있습니까?

이소베 홍콩, 서울, 싱가포르의 지하철은 조금 오래되었지만, 1987년 개발 당초부터 스크린도어 설치 등 좋은 시스템을 도입하고 있습니다. 교통시스템을 잘 사용하고 배리어프리도 잘 진행되어 쾌적한 가로환경을 만든 곳이 많습니다.

다카하시 홍콩과 싱가포르가 선행되고 서울과 베이징과 상하이가 뒤에서 쫓아오고 있는 상황입니다. 중국에서는 베이징올림픽도 있었고 하향식 방식으로 마을만들기를 진행하였기 때문에 장소에 있어서는 일본 수준에 접근했다고 말할 수 있습니다. 서울 지하철의 사인물도 완벽하게 정리되었습니다. 단, 보행환경개선에 대비한 배리어프리의 마을만들기와 비교하면 아직은 격차가 큽니다.

미호시 그래도 홍콩, 대만, 한국의 기세가 상당합니다. 특히 고령자·장애인 이동성을 확보하는 교통대책은 일본을 뛰어넘고 있는 면도 있습니다. 이제 일본은 '가르치는 입장'만이 아니라 '배우는 입장'도 필요하고 더욱 활발히 교류해야 합니다. 게다가 베트남, 캄보디아 등도 몰입하고 있습니다.

◈ 젊은이에게 거는 기대

다카하시 마지막으로 젊은 학생들에게 이 복지마을만들기와 유니버설디자인에서 어떤 것을 느끼고 공부했으면 하는지에 대해 이야기하고 싶습니다.

미호시 마을만들기는 도로주택철도 등을 만드는 것만이 아니라 그곳에서 생활하는 모든 사람들이 안전하고 쾌적하게 지내도록 '장치'를 만드는 것이라 생각합니다. 마을만들기에서 우리가 다루는 것은 인간으로서, 자연을 다루는 이공계적 고정관념은 버려야 하겠지요. 확실히 인문계와 이공계의 융합이 이 분야입니다.

이소베 우선 '다름을 알자'는 것이 중요합니다. 다음으로 옆 사람과 자신은 다르지만 함께 생활하고 있다는 것을 깨달았으면 합니다. 그것을 의식하면서 공부하고 거리의 형태와 배리어프리의 기준이 이대로 좋은지 생각해 봤으면 합니다.

다카하시 초등학교 종합학습에서 유니버설디자인을 이야기한 적이 있습니다. 초등학생은 적극적으로 질문도 많이 합니다. 그에 비해 대학생은 활기가 없습니다. 어린이들이 왜 활기차냐면 장애인에 대한 선입견이 없기 때문입니다. 무엇이든 주저없이 듣습니다. 대학에서는 유니버설디자인의 개념만을 이해한 채 졸업

하는 것은 아닌지 의문이 듭니다.

이소베 지식만으로 전문가라고 말할 수 없습니다. 커뮤니케이션 능력과 새로운 것을 발견해내는 능력을 가지고 있는지가 앞으로 전문가에게 필요한 부분이겠지요.

미호시 유니버설디자인의 워크숍에서 통감한 것은 '한 사람 한 사람 개성과 다양성을 중시한다' '영역에 담을 쌓지 않는다' '다름은 약점이 아닌 그것을 활용해 장점으로 만들어간다' '마지막까지 포기하지 않고 연구한다' 등 현대 일본의 기본과제 자체입니다. 젊은이들이 꼭 유니버설디자인 활동에 참여해서 개인과 개성이 존중되는 사회만들기를 꿈꿨으면 합니다.

편집후기

"일관되게 당사자 입장에서 기인한 뜻을 높이자"

'복지마을 만들기' 연구는 마을만들기 학문을 구성하는 한 분야로 발전해 왔습니다. 예를 들어 토목학회, 건축학회, 인간공학회 등 개별학회의 한 분야로 연구가 진행되었지만, 현장에서의 발전과 함께 분야별 연구로는 따라가기 어려웠습니다. 각각의 분야가 서로 연계하고, 장애인과 고령자 등의 자립과 사회참여를 지향한 융합적 체계가 필요하게 되었습니다.
그 관점에서 보면 이 책에서 다루는 분야는 충분하다고 말할 수는 없습니다. 특히 '마음의 배리어프리' 등 소프트면의 접근방법은 더 충실하고 싶었던 주제입니다. 독자분들이 이 책을 학습한 후에는 폭넓게 타 분야에도 관심을 가졌으면 좋겠습니다.
복지마을 만들기, 유니버설디자인은 일관되게 당사자 입장에서 기인하는 것임을 명심해야 합니다. 목적은 어디까지나 장애인·고령자 당사자의 자립과 사회참여입니다. 연구를 위한 연구가 되어서는 안 됩니다. '뜻'을 세워 배우는 복지·마을만들기·인간공학 관련 학생, 행정, 실무자 모두가 이 책을 넘어 새로운 복지사회를 만들기를 기원합니다.

– 미호시 아키히로

"모두 참여하는 마을만들기"

복지마을 만들기, 배리어프리, 유니버설디자인의 실천은 결코 어려운 것이 아닙니다. 누구든지 참여할 수 있고, 즐길 수 있고, 매력 있는 마을만들기 활동 중 하나입니다. 연령, 성별, 국적, 직종에 상관없이 누구든지 도시와 마을만들기에 대해서 자신의 의견을 낼 수 있는 활동이고, 마을과 타인을 새롭게 알아가는 활동입니다. 동시에 자신이 살고 있는 마을을 '좋아하게 되는' 계기가 생깁니다.
21세기는 인구감소 시대입니다. 고령자 중심의 마을과 커뮤니티가 우려스럽지 않습니까? 확실히 과소 농어촌 같은 지역에서는 전체 인구 대비 고령자 비율이 절반을 넘었지요. 그러나 그러한 지역사회일수록 주민의 여러 가지 생활의 지혜에서 새로운 유지방법이 나오고 있습니다. 고령자 비율이 높은 것이 문제가 아니라 젊은 세대의 활력을 잃는 것이 가장 문제입니다. 용기를 내어 배리어프리, 유니버설디자인 활동에 도전하지 않겠습니까? 불안감이 성취감으로 바뀌겠지요.

– 다카하시 기헤이

"사회적 기술로서의 복지마을 마들기"

기술은 사회를 위해 역할을 다해야 합니다. 전쟁을 위해서가 아닌 평화스러운 사회생활을 위해 이용되어야 합니다. 신기술과 신제품은 그것을 필요로 하는 사람들에게 중요한 가치를 지닙니다. 그러나 그 가치를 객관적으로 계측하거나 다양한 사람들 간의 가치관을 공유하기란 어렵습니다. 높은 비용이 드는 고성능·고기능이 꼭 필요한지는 충분히 검토되어야 할 것입니다.

그 속에서 '사회적 기술(인류·사회를 위해서 여러 가지 요소기술을 융합하여 고도화를 꾀하는 것)'의 발전이 필요해지고 있습니다. 복지마을 만들기가 그 전형입니다. 그때 최적의 기술과 판단은 기술자가 아닌 이용자인 것, 의견이 나뉠 때에는 최적의 답이 아닌 서로가 양보한 타협점이 사회적으로 최선인 것을 유념해야 합니다.

여러 입장, 분야의 독자 모두가 배우거나 체득한 기술분야의 연장으로서 복지마을 만들기 분야가 존재한다는 것을 알고, 계속해서 큰 관심을 갖길 기대합니다.

– 이소베 도모히코

찾아보기

맺음말

현재 유니버설디자인의 현장에서는 입문서가 없어 많은 사람들이 출판을 기대하고 있다. 이 책은 어쨌든 쉽고 폭넓은 내용인 것을 유념하고, 학생에게는 교과서, 실무자에게는 길잡이로서의 역할이 되길 바란다. 아무튼 아직 새로운 분야이고 성장하고 있는 분야로, 기재해야 할 내용, 범위에 대해 일반적으로 합의를 얻을 수 있는 구성을 결정하기 어려워 집필자 3명이 몇 번의 검토를 반복하면서 이 책을 집필했다.

2000년 교통 배리어프리법에 의한 배리어프리 기본구상 만들기는, 거국적인 사회기반 배리어프리화 제1기라고 할 만한 노도의 시대였다. 지금 다시 마을만들기, 도시활성화와 결합하며 지역 풍토와 개성을 반영하고 대상자를 확대한 제2기라 할 수 있는 공생의 유니버설디자인 시대가 시작되었고 정부도 새로운 대책을 수립하고 있다.

모색단계였던 제1기에서 발전해 개념, 지식, 방법, 내용에 있어 보다 높은 수준이 필요하다. 이 책이 그 역할을 한다면 뜻하지 않은 기쁨일 것이다.

이 책 집필 당시, 모노 아키라 씨(국토교통성), 하야시 다카후미 씨, 누미 지리 게이코 씨, 후지무라 마리코 씨(일반 재단법인 국토기술연구센터), 사와다 다이스케 씨(공익 재단법인 교통 에콜로지 모빌리티 재단) 등 많은 분들께 신세를 졌다. 서면으로 감사의 뜻을 표한다.

마지막으로 이 책 집필과 작성에 학예출판사의 이노구치 나쓰미 씨에게 큰 신세를 졌다. 이 책은 이노구치 씨의 격려에 힘입어 만들어졌다고 해도 과언이 아니다 다시 한 번 감사의 뜻을 표한다.

저자 일동